S. FISCHER

Monika Dommann

Materialfluss

Eine Geschichte der Logistik
an den Orten ihres Stillstands

S. FISCHER

Aus Verantwortung für die Umwelt hat sich der S. Fischer Verlag zu einer nachhaltigen Buchproduktion verpflichtet. Der bewusste Umgang mit unseren Ressourcen, der Schutz unseres Klimas und der Natur gehören zu unseren obersten Unternehmenszielen.

Gemeinsam mit unseren Partnern und Lieferanten setzen wir uns für eine klimaneutrale Buchproduktion ein, die den Erwerb von Klimazertifikaten zur Kompensation des CO_2-Ausstoßes einschließt.

Weitere Informationen finden Sie unter:
www.klimaneutralerverlag.de

FSC www.fsc.org
MIX
Papier | Fördert gute Waldnutzung
FSC® C083411

Erschienen bei S. FISCHER

Satz: Dörlemann Satz, Lemförde
Druck und Bindung: CPI books GmbH, Leck
Printed in Germany
ISBN 978-3-10-397150-7

Inhaltsverzeichnis

1. Stillstand inmitten des Materialflusses: **Zur Einleitung**

Bild 1: Das blockierte Containerschiff *Ever Given* am Suezkanal, 29. März 2021.

März 2016. Die deutsche Tageszeitung *Die Welt* interviewte den Manager Klaus-Michael Kühne.[1] Im Jahr zuvor hatten sich Hunderttausende von Menschen vom Nahen Osten aus über die Balkanroute auf den Weg nach Europa gemacht. Der Verwaltungsratspräsident und Mehrheitsaktionär von Kühne + Nagel (K+N), der auch eine Universität für Logistik (Kühne Logistics University) in seiner Heimatstadt Hamburg gegründet hat, äußerte sich im Interview zur »Flüchtlingskrise«, zu Nationalismus und zu Europa. Kühne präsentierte sich als distanzierter Betrachter der Politik. Selbstverständlich unterstütze er das Projekt »eines geeinten Europas«. Der Unternehmer, dessen Firma Seefrachten vermietet (ohne Schiffe zu besitzen) und Lieferketten bewirtschaftet (ohne dass ihm Fabriken gehören), sagte, dass Deutschland versuchen müsse, den Zuzug von Flüchtlingen einzugrenzen. Der Journalist wollte vom Logistiker wissen, wie er angesichts von kürzlich geschlossenen Grenzen in Slowenien, Kroatien und Serbien, die den »Flüchtlingsstrom« deutlich gebremst hätten, die Frage beurteile, ob die Wirtschaft weitere Grenzschließungen verkraften könne. Würde der Warenverkehr dann zusammenbrechen? Grenzschließungen seien beherrschbar, so Kühne: »Die Logistik ist erfinderisch genug, sie könnte mit Grenzkontrollen umgehen. Die Unternehmen könnten sich auf die Erschwernisse einstellen. Der Warenverkehr würde weitergehen. Vielleicht käme es gar zu einer Renaissance des Bahngüterverkehrs. Ich stimme denjenigen nicht zu, die behaupten, dass der Warenaustausch dann zusammenbrechen würde.«[2]

Juli 2017. In Hamburg trafen sich die Regierungschef:innen der zwanzig wichtigsten Industriestaaten und Schwellenländer mitsamt der üblichen Entourage aus Wirtschaft und Weltwirtschaftsorganisationen zum G20-Gipfel. Ein Slogan einer kapitalismuskritischen Organisation (auch auf Aufklebern anzutreffen) ist mir sofort ins Auge gefallen: »Die Macht ist logistisch. Blockieren wir alles.« Schon während der Zeit des Nationalsozialismus hatten die gewerkschaftlich organisierten Arbeiter:innen der Internationalen Transportarbeiter-Föderation (ITF) Häfen als Andockungsstelle für politischen Widerstand benutzt.[3] Doch dass die Logistik so explizit ins Zentrum einer radikalen Kapitalismuskritik gestellt wurde, war neu. Für die Hamburger Proteste gegen das Treffen der G20 von 2017 waren Containerhäfen und die automatisierten Hochregallager des Plattformkapitalisten Amazon ein Vehikel, um den Kapitalismus da zu treffen, wo es wirklich weh tun würde: bei seiner Logistik.[4] Bereits 2012 war in Frankreich ein Buch des anonymen Kollektivs »Unsichtbares Komitee« erschienen, das den Slogan »Macht ist logistisch« nicht bloß mit dem Aufruf zur Blockade bewenden ließ. Man müsse auch in der Lage sein, die Infrastrukturen zum eigenen Nutzen laufen zu lassen, sonst mache die Blockade gar keinen Sinn.[5] Auch in der Sozialtheorie begann zu diesem Zeitpunkt die Beschäftigung mit Logistik als Vehikel des Widerstandes. Brett Neilson publizierte 2012 Thesen zur Macht von Logistik. Er beendete seine Ansichten mit einem Votum, das genauso fatalistisch wie kämpferisch anklang: »Working within and against logistical systems has become a crucial political task of the present.«[6]

Was zwischen 2012 und 2017 für Logistiker:innen und Kapitalismuskritiker:innen bloß ein Gedankenspiel war, trat fünf Jahre später tatsächlich ein. Nachdem im Januar 2020 erste Nachrichten über eine unbekannte Lungenkrankheit aus China in den Medien aufgetaucht waren, verordneten Regierungen weltweit ab März 2020 Lockdowns. Das Virus hatte sich in Fluggeschwindigkeit um die Welt verbreitet. Es setzte auf der globalen Transportlogistik auf. Geschäftsleute und Tourist:innen, die es gewohnt waren, sich frei zwischen Staaten zu bewegen, wurden plötzlich immobil. Grenzen wurden geschlossen und Angestellte ins Homeoffice verbannt. Eingespielte Lieferketten wurden unterbrochen. Überhaupt – die Lieferketten! Sie lagen auf einmal offen. Weil bestimmte Produktionsprozesse längst ausgelagert worden waren.

Weil viele Länder nicht in der Lage waren, dringend benötigte Produkte plötzlich wieder im Inland herzustellen. Weil Rohstoffe oder Ersatzteile fehlten. Weil Produktionsbetriebe gedrosselt wurden. Weil plötzlich Dinge in Mengen nachgefragt waren, die sich keine Logistiker:innen hätten imaginieren können: Desinfektionsmittel, Masken, Substanzen für PCR-Tests etc.

Ein Jahr später ereignete sich wieder völlig unerwartet die nächste Unterbrechung, an einem der Nadelöhre der Weltwirtschaft. Die *Ever Given* wurde zum massenmedialen Superereignis mit Symbolbildern für den Materialflussstillstand, die keine Bildagentur treffender hätte in Auftrag geben können. Bilder prall gefüllter Containerschiffe zieren seit dem ausgehenden 20. Jahrhundert die Berichterstattung über die Weltwirtschaft. Immer dann, wenn über Welthandel, Wachstum oder Globalisierungskritik berichtet wird, greifen die Bildredaktionen gerne zum Symbol des Containerschiffs. Wie soll man besser zur Darstellung bringen, dass die Weltwirtschaft immer noch auf Kurs ist, der Nachschub für den Konsum gesichert ist oder der Freihandel wieder mal unter Attacke steht? Doch die Bilder, die im März 2021 in den Medienkanälen auftauchten, brachen mit dem herkömmlichen Narrativ des Containermotivs. Sie zeigten den mit Containern gefüllten Riesenfrachter *Ever Given*, der im Suezkanal auf Grund gegangen war und sich buchstäblich quer gestellt hatte. Ein Jahr nach Ausbruch der Covid-19-Pandemie hatte die *Ever Given* ausgerechnet die kürzeste Schiffsroute zwischen Asien und Europa blockiert.[7] Kein Wunder also, dass die Medien zu diesem Anlass bei der Bezeichnung des Logistikrisikos im globalen Kapitalismus tief in das Metaphernreservoir des bedrohten menschlichen Organismus griffen, wenn sie vom »Würgegriff« am Suezkanal oder von der lebenswichtigen »Ader« des Suezkanals sprachen. Dagegen muteten die Bilder der quer gestellten *Ever Given* fast schon wie ein harmloses Legospiel an.

Was erfahren wir aus den Medien über Logistik?

Der Logistiker Klaus-Michael Kühne hatte den temporären Stillstand von Materialflüssen im Interview von 2016 nicht kommen sehen können. Doch für Logistikunternehmen wie K+N sind Grenzschließungen und Unvorhergesehenes aller Art ein Risiko, mit dem sie umgehen können, und zugleich eine Chance, die im Kern ihrer Geschäftsmodelle steht. Um einen Einblick in die Selbstdarstellung von Unternehmen und die Berichterstattung in den Medien zu erlangen, sind die Dokumentationsstellen in Wirtschaftsarchiven die beste Anlaufstelle.[8] Die verfügbare Dokumentation zu K+N bietet einen anschaulichen Einblick in die wachsende Bedeutung der Logistik, ihre steigende Präsenz in den Medien und auch in die Schwierigkeiten, sie historisch zu erforschen.

Es fällt auf, dass sich die Wirtschaftsberichterstattung seit Beginn der 1990er Jahre vermehrt mit der Logistikbranche beschäftigt. Auch K+N und Klaus-Michael Kühne sind seitdem regelmäßig in der Wirtschaftspresse präsent. Die neue mediale Publizität von K+N lag daran, dass das Unternehmen 1994 in Zürich und Frankfurt den Börsengang gewagt hatte, nach Danzas erst das zweite Speditionsunternehmen in der Schweiz.[9] Mit der Kapitalerweiterung sollte die außereuropäische Präsenz von K+N – vor allem in China – gestärkt werden. Klaus-Michael Kühne behielt 56,7 % der Aktien.

Seit Anfang der 1990er Jahre veröffentlichen Wirtschaftszeitungen nun im Quartalsturnus die von K+N im Zusammenhang mit den Vorbereitungen zum Börsengang erstmals zur Verfügung gestellten Kennzahlen (Umsatz, Ertrag, Betriebsergebnis, Finanzergebnis, Gewinn, Cashflow). Sie interviewen Firmenvertreter:innen (oder zitieren ihre Voten aus den Geschäftsberichten) und lassen auch Finanzanalyst:innen der Banken zu Wort kommen, welche die Firmen bewerten und zum Kaufen, Halten oder Verkaufen von Aktien raten. Der Finanzanalyst der Credit Suisse (CS), der sich 1994 anlässlich des bevorstehenden Börsengangs mit K+N beschäftigte, riet zum Kaufen.[10] Der Abbau von Zollschranken und die Entfaltung von Binnenmärkten (EU, NAFTA, ASEAN), die

Auslagerung der Produktion in Niedriglohnländer, die Öffnung neuer Märkte in Osteuropa, China, Vietnam etc. würden die Entwicklung von K+N positiv beeinflussen. Durch das weltweite Stützpunktenetz mit 400 Büros in 80 Ländern sei K+N bestens aufgestellt. Der Finanzanalyst sollte recht behalten. Beflügelt durch die Globalisierung stiegen die Kurse von K+N nach der Jahrtausendwende markant an.

Aus diesen auch an potenzielle Investor:innen gerichteten Informationen lassen sich dominante Selbstbeschreibungen der Logistik der letzten drei Jahrzehnte herausfiltern: zum einen die Selbstbeschreibung einer Branche im Umbruch, mit kapitalkräftigen Unternehmen wie K+N, die sich in den 1980er und 1990er Jahren Investitionen in Distributionssysteme auf Basis von vernetzter EDV und Übernahmen leisten konnten, die die turbulente Globalisierung und Digitalisierung im ausgehenden 20. Jahrhundert überlebt hatten und die sich auf dem durch Konzentrationsprozesse gekennzeichneten Logistikmarkt behaupten konnten. Zum anderen der Topos von äußerst agilen, flexiblen und anpassungsfähigen Betreiber:innen und Treiber:innen der Globalisierung, die in allem, so scheint es – sei es Deregulierung, Protektionismus, Kriege, Grenzregulative, Streiks oder Digitalisierung –, Chancen wittern und selbst auch aus Handelsschranken Profit zu schlagen vermögen. Diesen Chancen stehen Risiken gegenüber, insbesondere die starke Abhängigkeit vom Konjunkturverlauf. Firmen, die sich verschätzt haben, können schnell starke Einbußen erleiden und zu Übernahmekandidaten werden. Dies widerfuhr zum Beispiel dem Konkurrenten von K+N, Panalpina, der 2019 vom dänischen Logistikkonzern DSV akquiriert wurde.

K+N ist ein traditionsreiches Familienunternehmen, das 1890 in Bremen gegründet wurde und 1969 seinen Firmensitz ins steuergünstige Schindellegi in der Schweiz verlegte. Der Umzug sei eine Reaktion auf die sozial-liberale Regierungskoalition und Bedenken bezüglich ihrer Wirtschafts- und Sozialpolitik (etwa einer möglichen Ausweitung der Mitbestimmung von Arbeitnehmer:innen) gewesen, so lässt sich der Gründerenkel Klaus-Michael Kühne gerne in den Medien zitieren.[11] Im Jahr 2015 feierte das Familienunternehmen sein 125-jähriges Jubiläum. Eigentlich ein idealer Rahmen, um K+N und seinem Mehrheitsaktionär Klaus-Michael Kühne, der sich in den Medien gerne als Mäzen von Sport (HSV), Wissenschaft (z. B. Kühne Logistics University) und Kultur (etwa Elbphilharmonie, Klaus-Michael Kühne-Preis und Lucerne Festival) präsentiert, noch mehr Publizität zu verschaffen. Im Geschäftsbericht für das Jahr 2015 konnte das Unternehmen eine neue Bestmarke beim Jahresergebnis und eine Steigerung der Produktivität präsentieren. Von diesem positiven Ergebnis profitierten auch die Aktionär:innen, denen eine zusätzliche Jubiläumsdividende ausgeschüttet wurde.[12] Der Geldsegen kam insbesondere dem Mehrheitsaktionär Klaus-Michael Kühne zugute. Er rückte 2015 im Reichstenranking des Schweizer Wirtschaftsmagazins *Bilanz* mit einem geschätzten Vermögen von 8 bis 9 Milliarden Schweizer Franken unter die zehn reichsten Schweizer:innen vor.[13]

Zum Firmenjubiläum schickte die K+N-Gruppe von Bremen aus Infocontainer auf eine Weltreise.[14] Die Jubiläumscontainer legten zwischen Bremen, Schanghai, Tokio, Dubai, Utrecht, Mailand, Wien, Santiago de Chile, New York, Toronto und Hamburg 43 000 Seemeilen und 7000 Kilometer Landweg zurück und haben, so der Geschäftsbericht von 2015, »Geschichte lebendig werden lassen«. Doch just im Jubiläumsjahr 2015, als K+N im Januar auf dem Marktplatz in Bremen seine Geschichte zur Schau stellte, wurden Stimmen laut, welche auf ein Kapitel der Geschichte von K+N hinwiesen, das in den Jubiläumscontainern ausgeblendet blieb. Der freie Journalist Henning Bleyl hat mit seinen Artikeln für die *taz* maßgeblich dazu beigetragen, dass trotz der beschönigenden Jubiläumsfeier von K+N seither in den Medien über die starke Belastung des Unternehmens zur Zeit des Nationalsozialismus berichtet wird.[15] Und er gehört auch zu den Initiator:innen eines »Arisierungs«-Mahnmals, das in Bremen gleich unterhalb der Firmenzentrale von K+N errichtet werden soll. Das Unternehmen war nämlich an der sogenannten »M-Aktion« (M steht für Möbel) der SS und des »Einsatzstabs Reichsleiter Rosenberg« beteiligt. Dabei ging es um den

Abtransport des Besitzes der deportierten und ermordeten Jüdinnen und Juden in ganz Westeuropa. In einer Medienmitteilung ließ K+N im März 2015 verlauten, dass die Firmenarchive, die sich in den Büros in Bremen und Hamburg befunden hätten, im Zweiten Weltkrieg abgebrannt seien. Das Unternehmen sei unter den Bedingungen einer Diktatur in die Kriegswirtschaft eingebunden gewesen.[16] Doch mit dieser Medienmitteilung konnte K+N die Dynamik der Debatte nicht mehr aufhalten. Große Tageszeitungen und wichtige Wirtschaftsmagazine griffen das Thema auf. Auch die Sendungen *Kontrovers* des Bayerischen Rundfunks und die ARD-*Tagesthemen* berichteten im April 2015 über die Beteiligung Alfred Kühnes (des Vaters von Klaus-Michael Kühne) an der Plünderung von 70 000 Wohnungen in Frankreich, Belgien, Luxemburg und den Niederlanden sowie an der Spedition der Möbel nach Deutschland.[17]

Das Unternehmen K+N behauptet, dass firmenintern keine Dokumente zur »M-Aktion« vorlägen. Es sei zudem unklar, ob der Auftrag wissentlich und willentlich durchgeführt worden sei. Henning Bleyl hat sich auf die Gegenüberlieferung gestützt und in öffentlichen Archiven trotzdem einige belastende Dokumente gefunden. K+N weigert sich bis heute, seine NS-Vergangenheit von unabhängigen Historiker:innen untersuchen zu lassen. Der Zeithistoriker Frank Bajohr, der zur »Arisierung« von jüdischem Eigentum geforscht hat, kritisierte diese Haltung mehrfach in den Medien.[18] Es sei nämlich in Deutschland seit den 1990er Jahren bei anderen Großunternehmen angekommen, dass diese sich ihrer Vergangenheit zu stellen hätten. Und es wäre wünschenswert, wenn sich das Unternehmen und sein Mehrheitseigentümer, der sich gerne in der Öffentlichkeit als Mäzen präsentiere, auch auf dem Gebiet der Aufarbeitung der Vergangenheit auf dem gegenwärtigen Standard zeigen würden. Das Mahnmal bei der Firmenzentrale in Bremen wird die Öffentlichkeit künftig daran erinnern, dass K+N zur Zeit des Nationalsozialismus mit dem Transport der Möbel der enteigneten und ermordeten Jüdinnen und Juden Geld verdiente.

Wegen seines wirtschaftlichen Erfolgs sorgt das Unternehmen nach der Pandemie in den Wirtschaftsmedien für euphorische Schlagzeilen. Unerwartete Ereignisse (etwa die pandemiebedingte Verschiebung des Konsumverhaltens und die Engpässe in globalen Transportnetzwerken) bescherten K+N Rekordumsätze. In einer 2022 veröffentlichten Unternehmensbroschüre konnte K+N für das Jahr 2021 eine Steigerung des Nettoumsatzes von 20,4 Milliarden auf 32,8 Milliarden Franken ausweisen.[19] Die *Neue Zürcher Zeitung* brachte Ende Juli 2020 die Dynamik hinter diesem auch für die Finanzanalysten unerwarteten Ausmaß des Erfolgs mit den in der Wirtschaftspresse etablierten anschaulichen Sinnbildern auf den Punkt: »Wenn Lieferketten reissen, sitzen jene Spediteure am langen Hebel, die sie am besten flicken können. Dazu zählt K+N. Funktionieren die Ketten reibungslos, ist das Geschäft weniger profitabel.«[20] Als Mehrheitsaktionär konnte Klaus-Michael Kühne sein Vermögen wegen steigender Aktienkurse abermals potenzieren. Im Schweizer Wirtschaftsmagazin *Bilanz* wurde er im November 2021 hinter dem IKEA-Erben Kamprad sowie den Basler Pharmafamilien Hoffmann, Oeri und Duschmalé als drittreichster Schweizer gelistet.[21] Grenzschließungen, Lockdowns, Produktionsdrosselungen, Lieferkettenprobleme und die Pandemiebekämpfung haben Kühne + Nagel noch erfolgreicher und den Mehrheitsaktionär Klaus-Michael Kühne noch reicher gemacht.

Welche Bedeutungen stecken im Wort Logistik?

Noch nie stand die Logistik derart im Fokus der Weltöffentlichkeit wie seit März 2021. Noch nie hatte die Welt synchron auf die Position eines gestrandeten Containerschiffes im Nahen Osten gestarrt. Noch nie waren wir in unserer Alltagssprache selbst zu kleinen Logistikexpert:innen geworden, die sich um Lieferketten sorgen. Dass hinter den ultraschnell entwickelten neuen Impfstoffen zum Schutz gegen Covid-19 nicht nur die unter Hochdruck arbeitenden Wissenschaftler:innen und Pharmakonzerne standen, sondern auch globale Health-Care-Logistik, wurde uns spätestens klar, als wir in den Medien die Bilder der Lagerräume, Lastwagen, Paletten und neu entwickelten Kühlboxen sahen, mit dem Logo von K+N. Das Logistikunternehmen hatte von Moderna den Zuschlag für die Lagerung und Distribution von Rohmaterialien und der Vakzine bekommen.

Trotz ihres Booms wissen wir erstaunlich wenig über die Geschichte der Logistik. Selbst die Ursprünge des Begriffs »Logistik« sind verworren. Die Sprache der wissenschaftlich-technischen Welt ist noch nicht systematisch untersucht worden. Die historische Semantik der deutschen Sprache befasste sich lange ausschließlich mit der politischen Sprache.[22] Doch wie Gabriele Schabacher gezeigt hat, stecken im Begriff Logistik mindestens drei historische Bedeutungsstränge.[23] Erstens das griechische Wortfeld *lego/logos* (denken, sprechen). Zweitens der griechische Begriff *logos* (Vernunft), der wiederum mit dem Begriff Logik verbunden ist. Und drittens das französische Verb *loger* (beherbergen, wohnen) bzw. das Substantiv *logis* (Unterkunft). Das bis heute im Zusammenhang mit der Logistik verwendete Vokabular trägt sowohl militärische als auch philosophische, mathematische und sozialwissenschaftliche Bedeutungsschichten in sich. Es entstand im Kontext der amerikanischen Militär- und Kriegswissenschaft und diffundierte nach dem Zweiten Weltkrieg von einem militärischen Begriff in eine allgemeine betriebsökonomische Organisationstheorie. Die Bedeutungsverschiebungen lassen sich anhand von Handbüchern, betriebswissenschaftlichen Zeitschriften und der Medienberichterstattung gut nachverfolgen.

Mitten im Ersten Weltkrieg erschien 1917 in den USA ein hundertseitiges Buch, das erstmals den Begriff Logistik im Titel führte: *Pure Logistics. The Science of War Preparation.*[24] Es ist bemerkenswert, dass das Buch im Titel Logistik und Wissenschaft aufeinander bezog. Der Autor George Thorpe, Leutnant des US Marine Corps, borgte den Logistikbegriff bei Antoine-Henri Jomini, der nach den Napoleonischen Kriegen im Auftrag des russischen Zaren ein Buch über Kriegstaktik *(Précis de l'art de la guerre)* verfasst hatte.[25] Anders als Militärtaktiker vor ihm verstand Jomini unter Logistik nicht mehr bloß das Lager, sondern die Koordination von Komplexität im Rahmen aller Operationen eines Feldzuges (materielle Vorbereitungen, Befehle, Spionage, die Handhabung von Formularen, Märsche, Transport etc.). George Thorpes Abhandlung (und damit auch die Schrift Jominis) wurde im Umfeld des Office of Naval Research (ONR), der Forschungseinheit der US Navy, im Kontext kriegswissenschaftlicher Forschung am Ende des Zweiten Weltkrieges zum Ursprung der Vereinigung wissenschaftlicher, ökonomischer und militärischer Aktivitäten verklärt und in den Logistikhandbüchern ex post als Gründungsmythos installiert.[26] *Pure Logistics. The Science of War Preparation* ist als historisches Dokument für die Zeit des Ersten Weltkriegs sehr aufschlussreich, weil sich in der Schrift die Veränderungen von strategischen Konzepten aus dem Kreis des amerikanischen Militärs ablesen lassen. Thorpes Logistik verknüpft die Kriegsführung mit der tayloristischen Betriebsrationalisierung: »Like commercial activities, it is susceptible of analysis in order to determine upon proper division of labor, to estimate necessities required to meet the situation, and to avoid duplication and waste.«[27] Die von ihm skizzierte Figur des Logistikers ist ein Ingenieur, der die moderne Armee als »Kampfmaschine«[28] mit hoher Arbeitsteilung, Spezialisierung und Effizienz versteht. Die Armee müsse eine standardisierte »maschinenähnliche Organisation« sein, mit engen Verbindungen zur Industrie:[29] »The organization is of no practical value unless every part will so function that the whole machine will run smoothly.«[30]

Derweil entwickelte sich in den Ingenieurwissenschaften weiteres neues Vokabular, das nicht um den Begriff »Logistik« kreiste, sondern um Begriffe wie »Movement« und »Flow«. Die von George Thorpe im Militärkontext beschriebene Vision einer maschinenähnlichen Zusammenarbeit von Militär und Wirtschaft, von den Fabriken bis zum Detailhandel, machte sich nach dem Ersten Weltkrieg deutlich bemerkbar. Die Ingenieur:innen weiteten die Mechanisierung der Fabriken auf Häfen, Bahnhöfe und Straßentransportterminals aus. Nicht mehr bloß die Entwicklung großer mechanisierter Anlagen, wie noch zu Beginn des 20. Jahrhunderts, stand im Zentrum der Rationalisierungstechniken, sondern der Einsatz kleiner Hilfsmittel, welche die Mechanisierung auch während der Krisenjahre in den 1930ern mit einem Überschuss an Arbeitskräften vorantrieben. Die »Integration« von Produktion und Distribution entwickelte sich in den USA in den 1920er Jahren zum neuen Leitmotiv der Rationalisierung. Eine neue spezialisierte Branchenzeitschrift mit dem Titel *Distribution Economy: Commodity Handling and Movement from Line of Production to Point of Sale* brachte das neue Credo der Bewegung prägnant zum Ausdruck. Die Zeitschrift präsentierte Monat für Monat einen Verkaufskatalog von Dingen, die 1929 von R. L. Lockwood (einem mit *work simplification* beschäftigten Mitarbeiter des Department of Commerce) wie folgt beschrieben wurden: »Little things, which multiplied many times, became big and important things.«[31] Mit Hilfe von Hubstaplern, Behältern, Transportplattformen, Beschriftungsschablonen, Bändern, Ketten, Ladebrücken und Rampen könne die Standardisierung und Austauschbarkeit der Transportmittel vorangetrieben und die Beschleunigung der Bewegung gesteigert werden. Der Beschleunigung der Bewegung, für die sich in den US-amerikanischen Ingenieurwissenschaften der 1920er Jahre erstmals der Begriff *material flow* einbürgerte, lag kein militärischer und politischer Masterplan zugrunde. Einem solchen wäre auch kaum Erfolg beschieden gewesen, angesichts der Tatsache, dass die Distributionsbranche hochgradig unkoordiniert, dezentral und schwach organisiert operierte. Logistik war nicht mehr als eine Vision – die Idee einer koordinierten, steuerbaren, geplanten Bewegung von Material und Information. Doch gerade weil die Vision des Materialflusses eine ziemlich anmaßende, mit wenig Rücksicht auf Traditionen formulierte und ingenieurwissenschaftlich gestützte Idee war, war sie so stark.

Die Übersetzungs- und Definitionsarbeit des Ökonomen Oskar Morgenstern nach dem Zweiten Weltkrieg hat dem heutigen Verständnis der Logistik eine weitere wichtige Bedeutungsschicht hinzugefügt.[32] Morgenstern war die zentrale Figur, die den amerikanischen Generälen und später den Betriebsökonom:innen Formeln zur Beschreibung komplizierter Aktivitäten lieferte. Der in den 1920er Jahren im Wiener Kreis verkehrende Wirtschaftswissenschaftler knüpfte an den von Gabriele Schabacher identifizierten zweiten begriffswissenschaftlichen Strang an, als er 1936 (inspiriert von der Lektüre der *Principia Mathematica* von Bertrand Russell und Alfred North Whitehead) von einer neuen Logik sprach (die er »Logistik« nannte). Morgenstern argumentierte, dass auch die Sozialwissenschaften eine formalisierte Sprache entwickeln und mathematische Methoden anwenden sollten.[33] Nachdem Morgenstern 1938 mit Hilfe eines Rockefeller-Stipendiums emigriert und Professor an der Princeton University geworden war, kam er während des Zweiten Weltkriegs in Kontakt mit der militärnahen Forschung in den USA, insbesondere auch der Spieltheorie von John von Neumann. Einige dieser Aktivitäten (insbesondere die Weiterentwicklung von Operations Research) wurden nach dem Zweiten Weltkrieg in der von der Ford Foundation alimentierten RAND Corporation und im Office of Naval Research (ONR) weitergeführt.

Auf der Logistics Conference der RAND Corporation in Santa Monica im Jahr 1950 sprach Morgenstern über Logistik als formalisierte »Operation«. Der Begriff Operation war strategisch gut gewählt. Darin stecken nämlich auch mathematische und militärische (und später auch informationstechnische) Bedeutungen.[34] Morgenstern formulierte auch eine Definition logistischer Operationen: »A logistic operation consists in the supply of definite quantities of physical means and services for activities that according to their missions consume these means and services in order that the activities be maintained at particular present or expected future rates. The supplies come from one source and must be moved, i.e. transformed in space and time, by means of transportation to the activity.«[35] Morgenstern adressierte in seinem Vortrag das Militär und die Wirtschaft. Sein Beitrag war theoretischer Natur, aber gespickt mit Beispielen aus dem amerikanischen Militär.

Während der Wirtschaftswissenschaftler Morgenstern ein Forschungsprogramm formulierte und damit beim Militär und bei militärnahen Institutionen auch um dessen Alimentierung warb, unterschied der studierte Ingenieur und Admiral Henry E. Eccles die reine Logistik (die er als Abstraktum und Symbol verstand) von einer angewandten Logistik (womit er deren praktische Anwendung meinte).[36] Historisch betrachtet lag Eccles mit dieser Einschätzung ziemlich richtig. Denn die Stärke des Begriffs Logistik war von Beginn an eben gerade in seiner etymologisch fundierten Vieldeutigkeit angelegt, die reichlich Material für Symbole offerierte, die sich in verschiedenen gesellschaftlichen Bereichen als anschlussfähig erwiesen.

Wenn die *Harvard Business Review* als Indikator dafür genommen wird, wann Logistik als Begriff im Mainstream der praxisorientierten Betriebswissenschaften angekommen sein könnte, dann war das 1960 der Fall, als John F. Magee, einer der wichtigen Popularisierer von Operations Research (OR) in der Managementlehre, eine Logistik der Distribution verkündete.[37] Studierende der Betriebswissenschaften kamen seit Beginn der 1960er Jahre im Rahmen von OR auch mit Kursen zu Logistik in Kontakt. 1972 erschien das erste Logistiklehrbuch in deutscher Sprache von Gösta Ihde, der ab 1970 an der Universität Göttingen den ersten, seit 1971 explizit der Logistik gewidmeten Lehrstuhl im deutschsprachigen Raum innehatte.[38] Damit war die Logistik, die sich um die »over-all-efficiency komplexer logistischer Kanäle«[39] kümmern sollte, auch in Deutschland angekommen, mitsamt ihres aus den USA importierten Fachjargons im Gepäck. Um etwa 1980 fand dann die bislang letzte maßgebliche Anreicherung und Ausweitung des Begriffs Logistik statt. Ein Indiz für diesen Prozess ist, dass sich verschiedene Branchen (Handel, Verkehr, Speditionsgewerbe), die bis dahin in der Schweizerischen Studiengesellschaft für Rationellen Güterumschlag (SSRG) vereint gewesen waren, neu unter dem Dach einer Schweizerischen Gesellschaft für Logistik (heute GS1) versammelten. Solche Umbenennungsprozesse lassen sich zu dieser Zeit allgemein beobachten. Heute denkt man in vielen Situationen an Logistik: Wenn Lastwagen vorbeirauschen, der DHL-Mann die Ersatzbatterie des Notebooks an die Haustüre spediert, Reissäcke und Medikamentenkisten für Ruanda, den Kongo oder den Sudan in Flugzeuge geladen werden. Dahinter steckt auch die Annahme, dass sich hinter Hauslieferung, Hilfsgüterlieferung und Huckepackverkehr ein größerer Zusammenhang verbirgt.

Wie lässt sich Logistik historisch untersuchen?

Doch warum und wie ist die Logistik zum Sinnbild global vernetzter und materiell verketteter Praktiken geworden, deren Dienste gerade auch dann besonders gefragt sind, wenn das Unerwartete eintritt? Wann und in welchen gesellschaftlichen Konstellationen wurde der Materialfluss zu ihrer zentralen Leitmetapher? Welche Kulturtechniken sind dafür verantwortlich, dass Material- und Informationsflüsse minutiös getaktet werden können? Welches Wissen steckt in der Bewirtschaftung von Lieferketten? Welche Architekturen stehen im Dienste der Logistik? Und was hat es mit den Regenschirmen, Pfeilen und Flowcharts auf sich, die Teil unserer visuellen Kultur geworden sind und den Materialfluss steuern und begleiten?

Diesen Fragen geht dieses Buch nach. Ich folge dabei der Prämisse, dass Logistik an verschiedenen Orten erfunden wurde. Und zwar insbesondere auch an Orten, wo zunächst niemand von ihr sprach. Logistik ist einerseits eine Ingenieurwissenschaft, die Mitte des 19. Jahrhunderts im Zusammenhang mit der Entwicklung von Transporttechniken und Beförderungsmitteln zur Distribution von Warenmassen entstand. Doch Logistik ist auch ein Bündel diverser Wissensbestände, die sich im Laufe des 20. Jahrhunderts in Austauschbeziehungen zwischen dem Transportwesen, der Industrie, dem Militär und der Wissenschaft entwickelten und die mit der Kontrolle, Steuerung, Formalisierung, Standardisierung und visuellen Repräsentation von Materialflüssen beschäftigt sind.

Mit meinem Vorgehen greife ich das Argument des Mitarbeiters des amerikanischen Department of Commerce R. L. Lockwood von 1929 auf. Ich gehe den von Lockwood erwähnten vordergründig kleinen Dingen (wie Hubstaplern, Behältern, Transportplattformen, Beschriftungsschablonen) nach. Lockwood sollte nämlich recht behalten. Durch ihre massenweise Verbreitung wurden sie groß und bedeutend und trieben die Beschleunigung des Materialflusses voran.[40]

Ich nutze den Moment des Stillstandes, der uns in den letzten zwei Jahren so akut umgetrieben hat, als epistemischen Trick. Denn die Materialflüsse lassen sich historisch am besten an den Orten ihres temporären Stillstandes untersuchen. Da, wo Waren, Rohstoffe und Halbfabrikate gelagert und umgeladen werden. Da, wo sie stranden oder ihren Bestimmungsort verpassen. Da, wo sie bewertet, gestapelt, getaggt und mit Zeichen versehen werden. Aber auch da, wo der Materialfluss zuallererst mathematisch modelliert, graphisch skizziert, als Filmsequenz inszeniert und in Arbeitsorganisationen integriert wird. Die Periode, bevor der Materialfluss in Gang gebracht wird, oder die Momente seines vorübergehenden Stehenbleibens oder Stockens sind nämlich häufig der Anlass, dass Konflikte verschriftlicht, Praktiken dokumentiert oder Arbeitsprozesse und neue Technologien in Bild und Schrift festgehalten werden.

Die historische Überlieferung logistischer Praktiken ist schlecht. Logistikfirmen arbeiten diskret, und sie tendieren nicht dazu, große Archive zu schaffen, geschweige denn sie für Historiker:innen zu öffnen. Ihr Geschäft ist stark an den Konjunkturverlauf gebunden. Es ist üblich, dass Firmen entstehen und irgendwann in Konkurs gehen oder von der kapitalkräftigeren Konkurrenz übernommen werden. Das im Zweiten Weltkrieg zerbombte und verbrannte Archiv der Firmenzentrale von K+N ist ein besonders folgenschweres Beispiel für eine schlechte Überlieferung von Quellenmaterial. Fehlende oder nicht zugängliche Archive prägen die historische Erforschung der Logistik. Wer sich in dieses Forschungsfeld begibt, merkt sehr bald, dass es Listigkeit, ein Flair für technische Details und vor allem auch eine große Portion Glück braucht, um an Quellenmaterial zu gelangen. Ich wurde für meine Untersuchung in alten Enzyklopädien, handelswissenschaftlichen Handbüchern, wirtschaftswissenschaftlichen Abhandlungen, Branchenzeitschriften und Firmenzeitschriften fündig. Sobald ich auf interessante Spuren gestoßen war, folgte ich ihnen in Archiven weiter. Und tatsächlich stieß ich in Wirtschaftsarchiven, Unternehmensarchiven, Hochschularchiven, Filmarchiven und privaten Nachlässen auf Quellen, die für technik-, wirtschafts-, wissens- und medienhistorische Fragestellungen überraschend reichhaltig sind.

Dieses Buch zeigt anhand von historischen Fallstudien, dass die seit den 1990er Jahren als Treiberin und Profiteurin der Globalisierung in die Aufmerksamkeit einer medialen Öffentlichkeit geratene Logistik auf materiellen Kulturen, Wissensbeständen, medialen Praktiken und Arbeitstechniken beruht, die sich seit Mitte des 19. Jahrhunderts herausgebildet haben und teilweise noch weiter zurückreichen. Mehrere Faktoren sind dafür verantwortlich, dass während der ersten Globalisierung ein Umbruch erfolgte, und nicht erst während der zweiten Globalisierung in den 1990er Jahren.

Durch den Bau von Eisenbahnlinien wurde eine feinmaschige, transnationale Infrastruktur geschaffen, welche neue Transportmöglichkeiten bot und gleichzeitig neue Anforderungen an die Organisation des Gütertransports stellte.[41] Auch auf dem Gebiet der Schifffahrt zeichneten sich Veränderungen ab: 1850 fuhr erstmals ein Dampfschiff von China nach London. Zwischen 1860 und 1880 endete das Zeitalter der Segelschiffe und ging in das der Dampfschifffahrt über.[42] Zudem wuchs der Welthandel zwischen 1840 und 1870 wie nie zuvor:[43] Sein Wachstum war begünstigt durch den Abbau von Zollschranken und beinhaltete eine Verlängerung der Transportwege und eine Beschleunigung der Güterströme. An den Umschlagsorten stapelten sich die Waren: Die Eisenbahnstationen und Häfen wurden ausgebaut, Güterschuppen und Speicher wandelten sich in große Warenlager.

Ich knüpfe mit meiner Geschichte der Logistik an Theoriearbeit und empirische Forschung an, die zwar aufgrund gänzlich anderer Erkenntnisinteressen entstanden sind, jedoch für ein historisches Verständnis von logistischen Prozessen im gesellschaftlichen Kontext zentral sind.

Diese weit verstreuten Beiträge lassen sich in fünf Forschungsstränge ordnen:

Erstens sind es Historiker:innen wie E. P. Thompson, die sich mit dem durch Technisierung und Industrialisierung ausgelösten Wandel im Umgang mit Zeit beschäftigt haben. Thompson hat bereits 1967 die Aufmerksamkeit auf jene Synchronisationstechniken gelenkt, welche dazu beigetragen haben, dass Zeit zu einem wichtigen wirtschaftlichen Faktor wurde. Thompson hat für die Zeit zwischen dem 17. und 19. Jahrhundert mit technikaffiner, aber dennoch nicht technikdeterministischer Argumentation beschrieben, wie die Uhr das Zeitgefühl, die Produktionspraktiken und den Alltag der Arbeiter:innen im Industriekapitalismus synchronisiert hat und wie Zeit dabei zur Währung wurde: »The employer must *use* the time of his labor, and see it is not wasted. [...] Time is now currency: it is not passed but spent.«[44] Wie dieses Buch zeigt, ist Logistik dafür verantwortlich, dass die Koordination von Zeit (und Raum) über die Fabriken hinaus diffundierte und auch den Transport, die Distribution und selbst die Endverbraucher:innen erfasste.

Zweitens ist zu einem Verständnis von Logistik eine Analyse jener Prozesse zentral, die dafür sorgten, dass Zeit und Raum überhaupt synchronisierbar wurden. Das von der Medienwissenschaftlerin Cornelia Vismann in die Diskussion eingebrachte Konzept der Zeit und Raum ordnenden »dinglichen Handlungsanleitungen« ist dabei hilfreich.[45] Dingliche Handlungsanleitungen sind komplexe technische und sozial wirkungsmächtige Prozesse. Hinter der Alltagsbeobachtung, dass fristgerechte Lieferungen und Hochregallager irgendwie zusammenhängen, stehen nämlich in Apparate eingelagerte Techniken oder verschriftlichte Ordnungen, die Abläufe steuern und unabhängig von der jeweils handelnden Person und darum beliebig oft (an anderen Orten, zu anderen Gelegenheiten und durch beliebige Personen) wiederholt werden können.

Drittens hat die Infrastrukturtheorie[46] und -geschichte[47] durch ihre konzeptionelle Arbeit maßgeblich dazu beigetragen, dass logistische Praktiken als Untersuchungsobjekte für wirtschaftshistorische, architekturhistorische oder technikhistorische Fragen entdeckt wurden. Forscher:innen der Science and Technology Studies (STS) wie Susan Leigh Star haben argumentiert, dass Infrastrukturen als stark relationale Gebilde zu verstehen sind, die Menschen und Dinge gleichermaßen mit einschließen. Nicht medientheoretisch, wie Vismann, sondern soziologisch argumentierend unterstrich Star die Bedeutung von sozialen Strukturen für die Entstehung und den Erhalt von Infrastrukturen. Doch die STS-Forscherin machte gleichzeitig klar, dass Gesellschaften zwar Infrastrukturen prägen, aber gleichzeitig auch in hohem Maße von ihnen bestimmt werden. Sobald Infrastrukturen einmal errichtet seien, würden Gesellschaften stark von ihnen abhängig. Weil Infrastrukturen oft sehr langlebig seien, sei es zentral, die Temporalität von Infrastrukturen (»When is an infrastructure?«) ins Zentrum zu rücken. Star unterstrich (ähnlich wie Vismann) den überörtlichen und überzeitlichen Charakter von Infrastrukturen (»infrastructure has reach beyond a single event or one site practice«).[48] Paul Edwards hat jüngst vor dem Hintergrund von digitalen Infrastrukturen das Analysespektrum zur Temporalität von Infrastrukturen nochmals erweitert. Er wendete nämlich die Frage »When is an infrastructure?« zur Frage »How fast is an infrastructure? What are the time frames of infrastructures?«[49] Die Frage nach der Geschwindigkeitssteigerung von Prozessen ist für eine Geschichte der Logistik sehr relevant. Insbesondere von Interesse sind die Phasen der Akzeleration und ihre gesellschaftlichen Ursachen und Folgen. Methodisch äußerst bedeutsam ist überdies Stars Beobachtung, dass Infrastrukturen bei einer Panne oder ihrem Zusammenbruch überhaupt erst von der Gesellschaft wahrgenommen würden.[50]

Viertens ist zu betonen, dass gerade im Vergleich zu den großen Aufrissen von STS-Forscher:innen und Medienwissenschaftler:innen die für eine Logistikgeschichte einschlägigen Studien von Historiker:innen meist nicht explizit von einem logistikhistorischen Erkenntnisinteresse angetrieben wurden. Ihre Resultate waren auch nicht auf die Formulierung einer allgemeinen Theorie ausgerichtet, sondern basierten auf der Auseinandersetzung mit Quellen. Autoren wie Sigfried Giedion, Raul Hilberg oder auch Wolfgang Schivelbusch haben sich intensiv mit der Frage von fehlenden oder zerstörten Archiven beschäftigt und haben durch ihre Quellenarbeit und ihre Suche nach neuen Quellen den Denkhorizont der Geschichtswissenschaften erweitert. Sie haben eindrücklich gezeigt, dass der Transport keine Nebengleise einer allgemeinen Geschichte darstellt. Eisenbahnen beispielsweise erzeugen nicht bloß eine Transportleistung. Schivelbusch hat beschrieben, wie Räume und Landschaften durch die Schaffung eines Eisenbahnraums und einer Eisenbahnzeit drastisch verändert wurden und den Landschaften die lokale Zeit entrissen wurde.[51] Sigfried Giedion hat für seine Architektur-, Technik-, Kunst- und Designgeschichte der Mechanisierung alltägliche, »anonyme« Objekte ins Zentrum gerückt und bislang vernachlässigte Quellengattungen (Patentzeichnungen, Warenkataloge und Werbebroschüren) auf inspirierende Art und Weise für die Geschichtsschreibung erschlossen. Er ließ sich bei seiner Forschung vom Material treiben und zeigte unter anderem anschaulich, dass die Entstehung des Meatpacking District in Chicago zu Beginn des 20. Jahrhunderts ohne die Kühlwagen der Eisenbahnen, die den Midwest mit der Metropole verbinden, nicht denkbar gewesen wäre.[52] Raul Hilberg wiederum hat in seiner bahnbrechenden Studie zu den »Sonderzügen nach Auschwitz« von 1976 mit Quellen aus Ermittlungs- und Strafverfahren die Rolle der Reichsbahn bei der Deportation und Ermordung von Jüdinnen und Juden zur Zeit des Nationalsozialismus beleuchtet.[53] Vor Raul Hilberg hatten Historiker:innen und Sozialwissenschaftler:innen ausgerechnet der Infrastruktur der Vernichtungspolitik keine Beachtung geschenkt. Es hat dann nochmals zwanzig Jahre gedauert, bis die 1994 neu gegründete Deutsche Bahn AG 1995 unabhängige Historiker:innen damit beauftragte, die Geschichte der Reichsbahn zur Zeit des Nationalsozialismus zu untersuchen und die Resultate mit einer Ausstellung auch einer breiteren Öffentlichkeit zur Verfügung zu stellen.[54]

Fünftens ist seit Ende der 1990er Jahre, als die Container in den Massenmedien als Symbole der Globalisierung auftauchten, ein Forschungsfeld entstanden, das sich explizit mit Logistik beschäftigt. Kennzeichnend für das neue sozial-, medien- und architekturhistorisch geprägte Interesse ist der Eindruck, dass sich gleichsam vor den Augen der Zeitgenoss:innen eine »logistische Revolution« abspiele, die neu und einzigartig in der Geschichte sei.[55] Historisch betrachtet könnte die Konstatierung einer logistischen Revolution durchaus auch im Globalisierungsdiskurs der 1990er und 2000er Jahre verortet werden, der unter dem Eindruck, dass »alles mit allem zusammenhängt«,[56] die Globalisierung zur sinnstiftenden Erklärung in den Medien, aber auch in Politik und Wirtschaft erhob. Zu Beginn des 21. Jahrhunderts erschienen erste Studien, welche sich mit der Rolle der Container für die Globalisierung,[57] den Folgen der Automatisierung und des Supply-Chain-Managements (SCM) für die Logistikarbeiter:innen sowie mit den Versuchen ihrer gewerkschaftlichen Organisation[58] und schließlich mit den Medien (insbesondere der Rolle von Computern) in der Logistik beschäftigen.[59]

Eine Geschichte der Logistik, wie sie in diesem Buch verfolgt wird, muss immer auf der Hut sein, um nicht selbst Teil jener selbsterfüllenden Prophezeiung der Logistik zu werden, die besagt, dass Materialien permanent im Fluss sind und mit Informationen abgeglichen werden. Sie muss auch vorsichtig sein gegenüber dem seit den 1990er Jahren im Globalisierungsdiskurs dominanten Topos der Logistik als Kind und Mutter der Globalisierung. Sie kann sich nicht bloß mit einem Unternehmen aufhalten, auch wenn dieses, wie K+N, zu den zehn wichtigsten Logistikkonzernen der Welt gehört, weil Logistik sich nicht auf die Folgen von Unternehmensaktivitäten reduzieren lässt. Meine Geschichte der Logistik folgt einer Follow-the-Movement-Heuristik,[60] die zu rekonstruieren versucht, welche anonymen Dinge, Wissensformationen und medialen Operationen der Logistik der Gegenwart zugrunde liegen und welche politischen und ökonomischen Konstellationen auf die Bewegung und den Stillstand einwirken.

Die anonymen Dinge, Wissensformationen und Operationen der Logistik sind nur vordergründig zweckfrei und unpolitisch. Sie sind als Verbindungsglieder und neuralgische Schlüsselstellen besonders geeignet, um die sozialen und politischen Bedingungen und Folgen der ineinander verwobenen Bewegungen von Menschen, Dingen und Zeichen zu untersuchen.

Das Buch schlägt in den einzelnen Kapiteln einen zeitlichen Bogen vom 19. Jahrhundert bis in die Gegenwart und verfolgt dennoch keine strikte Chronologie. Die Kapitel können in beliebiger Reihenfolge gelesen werden. Jedes Kapitel steht für sich allein und markiert dennoch Abzweigungen mit Verbindungen zu anderen Kapiteln, die mit Pfeilen angezeigt werden (→). Die einzelnen Kapitel nehmen ihren Anfang im Verteilzentrum in Acht (Niederlande), auf einer Europalette in Witney (England), bei einem Stück Verpackungsgraphik im Museum für Gestaltung in Zürich (Schweiz) und in der Motomachi-Fabrik in Toyota (Japan). Verglichen mit den langen und Kontinente umspannenden Containerreisen zum Jubiläum von K+N im Jahr 2015 ist der Maßstab meiner Erkundungen in die Logistikwelt geradezu provinziell, oft dezidiert lokal, und der Maßstab bleibt immer begrenzt. Die vier historischen Studien sind geprägt durch ingenieur- und wirtschaftswissenschaftliche Perspektiven in Europa und Nordamerika. Es ist eine weitgehend durch Männer organisierte Welt. Der Text verwendet deshalb die männliche Sprachform, wenn ausschließlich Männer gemeint sind. Doch Frauen sind etwa als Konsumentinnen, Packerinnen, temporäre Gabelstaplerfahrerinnen und irgendwann als Managerinnen und Bauherrinnen auch Teil dieser Welt. Gegendert wurde deshalb dann, wenn weibliche Akteurinnen denkbar sind. Die Fallstudien zum Warenlager, der Europalette, der Verpackung und Just in Time stehen exemplarisch für raumhistorische, dinghistorische, medienhistorische und wissenshistorische Analyseebenen. Meine an Acht, Witney, Zürich und Toyota ansetzende Follow-the-Movement-Heuristik, so die Leseanleitung und das Forschungsprogramm meiner Logistikgeschichte, könnte und müsste noch an vielen anderen Ort ansetzen. Jedenfalls sind in den einzelnen Kapiteln bereits einige Verästelungen und Korridore für weitere Erkundungsreisen freigelegt worden – Verbindungen, welche auch alltagshistorische Dimensionen der Logistik andeuten.

2. Vom Zentrum der Industriestadt auf den grünen Acker: **Das Warenlager**

Bild 2: Einweihung des neuen Export-Sammelzentrums von Philips nahe des niederländischen Dorfes Acht, 1958.

Es war wohl kurz vor Mittag, jedenfalls zeigt die Uhr auf dem Foto fünf vor elf. Festlich gekleidete Männer hatten sich neben einer Lokomotive und ein paar Güterwaggons zu einer Zeremonie zusammengefunden. Ein Festredner wandte sich an die Gäste. Weiter hinten sind hohe Stapel mit Kartonkisten zu sehen. Doch ins Auge fallen insbesondere die in der Bildmitte abgebildeten gigantischen schwarzen Geräte, die wie Trophäen auf Tischen und Schubkarren aufgestellt sind. Bei den verkabelten Apparaturen handelte es sich um das neueste Wunder der Ingenieurskunst aus dem Hause Philips: *closed-circuit-television* (CCTV).[1]

Der niederländische Hersteller von Unterhaltungselektronik und Haushaltsgeräten hatte seine Fabrikation 1891 mit der Produktion von Glühbirnen in Eindhoven begonnen. Die Gästeschar war 1958 zur Einweihung des neuen Export-Sammelzentrums von Philips nahe des niederländischen Dorfes Acht gereist. Nach den Reden wurde sie im Neubau herumgeführt. Der Höhepunkt war die Aufführung eines Gabelstapler-Balletts. Die Eröffnungsfeier zelebrierte die neuesten Geräte der Logistik (Gabelstapler und Paletten), die neuesten Produkte aus der Forschungsabteilung von Philips (CCTV) und eine Neukonzeption des Lagers (ein Sammelzentrum mit Eisenbahnanschluss auf dem Land). Das neue Export-Sammelzentrum war nicht in der Nähe der Stadt Eindhoven errichtet worden, wo das Unternehmen seinen Hauptsitz hatte und auch Produktionsbetriebe unterhielt. Philips baute auf einem Acker inmitten von Bauernhöfen in Acht. Das Unternehmen schuf mit dem Export-Sammelzentrum einen Typus von Lager, der die Funktionsweise von Lager und Distribution umgestaltete und Ackerland in Logistiklandschaften verwandelte. Maßgeblich für den Entscheid, das neue Lager in Acht zu bauen, war (neben dem Vorhandensein von freien Ackerflächen für den weiteren Ausbau der Anlage) die Erschließung durch Verkehrsinfrastrukturen. Die 27553 Quadratmeter umfassende einstöckige Konstruktion war in Kooperation mit der Niederländischen Eisenbahnen AG an der Nord-Süd-Eisenbahnachse geplant worden. Auf der Eisenbahnstrecke Eindhoven–Den Bosch wurde eine neue Station Philips-Acht errichtet. Die Zugkompositionen konnten auf Gleisen direkt ins Lager fahren und es auf der anderen Seite wieder verlassen. Auch Lastwagen konnten vom Lager aus be- und entladen werden. Philips zeigte sich 1958 optimistisch, dass durch die Schaffung des zentralen Lagers mit direktem Anschluss an das Eisenbahnsystem die Anzahl der gelagerten Waren und Halbfertigprodukte wegen der gesteigerten Transportgeschwindigkeit reduziert werden könne. Von Acht aus sollte der gesamte Binnen- und Exportmarkt beliefert werden.

Das neue Gebäude war an das Eisenbahn- und Straßennetz angebunden und transport- und kommunikationstechnisch strukturiert. Zwischen vorfabrizierten Betonelementen und Wänden aus Ziegelstein sorgten Gabelstapler und Paletten für einen mechanisierten Transport zwischen dem Lager und den Eisenbahnwagen. Transport- und Ladeprozesse konnten (unterstützt durch CCTV) von einem Kontrollraum aus überwacht werden. Kommuniziert wurde mittels einer internen Telefonanlage. Für Abstimmungen zwischen dem Sammelzentrum und den Rangierlokomotivführer:innen und den Lastwagenfahrer:innen kamen Mobiltelefone (Walkie-Talkies) zum Einsatz.

Lokomotivführer:innen, Eisenbahnpassagier:innen und Automobilist:innen sahen schon von weitem die Neonleuchtschrift »expeditie buitenland«. Die Architekt:innen Robert Venturi, Denise Scott Brown und Steven Izenour haben in einer Studie auf die Bedeutung von Zeichen (insbesondere Neonleuchtschriften) als Elemente einer neuen, kommunikativen Architektur im Zeitalter des Automobilismus verwiesen, die sie als »architecture of persuasion« bezeichnet haben.[2] Das von einem Parkplatz in Las Vegas inspirierte und 1968 in einem Seminar an der Yale University entwickelte Konzept der »architecture of persuasion« ist hilfreich für das Verständnis des Export-Sammelzentrums von Philips in Acht.

Bild 3: Neonleuchtschrift »expeditie buitenland«, Export-Sammelzentrum von Philips, 1962.

Durch die Anbringung der Neonleuchtschrift »expeditie buitenland« schuf Philips in den 1950er Jahren eine in der Landschaft von Weitem sichtbare Bezeichnung für einen neuen Gebäudetypus. Mittels dieses gestalterischen Aktes signalisierte das Unternehmen der Umwelt die Nutzung des Gebäudes. Und es markierte den vormals als Ackerland genutzten Raum mittels eines in Verkehrs- und Vergnügungsarchitekturen gebräuchlichen Zeichensystems als Logistiklandschaft. Die Architektur figurierte als Symbol einer neuen logistischen Praxis.

Wer Logistik verstehen will, sollte sich die Geschichte der Lagerhaltung genauer anschauen. Wolfgang Schivelbusch hat in seiner Geschichte der Eisenbahnreise den Gebäudetyp des Bahnhofs von Bautypen wie Markthallen, Passagen oder Kaufhäusern unterschieden.[3] Während im Bahnhof der Verkehr in actu stattfinde, als Strom der Reisenden von und zu den Zügen, sei er im Kaufhaus »im Stillstand der Lagerung bzw. Präsentation«.[4] Wenn man den Gedanken von Schivelbusch weiterspinnt, liegt es nahe, das Lager als den genuinen Moment des Stillstandes inmitten des Transports, des Handels und des Konsums zu verstehen. Doch was geschieht eigentlich in diesen Momenten des Stillstandes? Welche Architekturen und materiellen Kulturen hat die Lagerung hervorgebracht? Und wie haben Lager die Logistik infrastrukturell, ökonomisch und gesellschaftlich verwandelt? Wann und unter welchen Umständen wurden sie dokumentiert und uns überliefert? Wie haben die Zeitgenoss:innen Lagerhäuser wahrgenommen und gedeutet?

In einem allgemeinen Sinn bezeichnet das Lager Ende des 18. Jahrhunderts den Zustand des Liegens oder Niederlegens oder (wie in Johann Georg Krünitz' ökonomisch-technischen Enzyklopädie von 1796 zu lesen ist) einen Ort, »da ein Ding liegt, oder sich legt«.[5] Das Lager bezeichnete das Gerät oder die Stelle »zum Liegen« sowie den Aufenthalts- und Ruheort. Die Sprachgeschichte des Lagers ist zudem in der Welt des Militärs verankert. Etymologisch verweist das Lager auch auf den Ort im freien Feld, wo sich das Heer in Zelten aufhält.[6] In der Kaufmannssprache bezeichnet Lager den Raum, in dem Waren gestapelt werden, und den Vorrat an Waren, die der Händler oder die Händlerin auf Lager hat. Im Begriff des Lagers fließen Raum und Ware zusammen. Im Mittelalter war für Lagern und Umschlagen der Begriff »Stapel« gebräuchlich, der bis heute durch das Wort »Gabelstapler« im Warenlager präsent ist.[7] »Stapel« bezeichnete zunächst einen Ort, der als Rast- und Handelsplatz für den Fernhandel diente. Gleichzeitig verwies der Stapel auf ein Recht, das sogenannte Stapelrecht. Die Kaufleute, welche eine bestimmte Region besuchten, hatten die Pflicht, ihre Waren an den Stapelort zu bringen und dort zum Verkauf anzubieten. Zudem waren mit dem Stapel auch Kulturtechniken des Anordnens von Dingen im Raum assoziiert: »Stapel, oder Aufstapeln = aufeinander legen oder setzen, zusammen häuffen.«[8] In dieser Bedeutung liegen auch die etymologischen Ursprünge vom mittelhochdeutschen »Stapfel« oder »Staffel« – »einen Stoss oder eine Reihe übereinander gelegter Sachen und Waren, die man anderenorts hin verfahren will«.

Lager avancierten zu Eldorados für die Ingenieurwissenschaften und zu Experimentierfeldern der Automatisierung. Sie boten den Handelsleuten Möglichkeiten für gewiefte Geschäftspraktiken und der Volkswirtschaftslehre Anschauungsmaterial für die Formulierung von Konjunkturtheorien.

Der Ökonom Joseph Schumpeter sah in Lagern eine Möglichkeit, um Wirtschaftslagen mit ihren unberechenbaren Schwankungen zu beurteilen.[9] Wie die Wechselkurse, der Beschäftigungsgrad, die Bauaufträge, die Auto- oder Bierumsätze, die Heiratsziffern oder die Firmenneugründungen seien sie ein Zeichen für den künftigen Zustand der Ökonomie. Bei den Lagern könne beobachtet werden, ob sich die Fertigprodukte und Stapelware bei den Produzent:innen, den Händler:innen oder anderen Hersteller:innen sammeln, und daraus könnten Schlüsse für die Betriebsführung gezogen werden.[10] An den Lagerbeständen könnten die Anbieter:innen die veränderte Nachfrage der Käufer:innen ablesen. Sie würden als Preiskalkulatoren wirken, weil sie anzeigen, wann Preise angepasst werden sollen, und sie seien letztlich für Unternehmer:innen auch Konjunkturindikatoren, die den Verlauf der gesamten Wirtschaft anzudeuten scheinen. Für Joseph Schumpeter war die Figur des Unternehmers für die Konjunkturzyklen verantwortlich. Sein Unternehmer war ein Innovator, der die Gleichgewichtszustände durch neue Technologien, Verfahren und Waren durcheinanderbringe, bis sie sich wieder in einem neuen Gleichgewicht einpendeln würden.

Demgegenüber ging John Maynard Keynes davon aus, dass Ungleichgewichte auch dauerhaft sein können. Die statistische Erfassung der Lagerhaltung diente auch ihm zur Erforschung von Konjunkturzyklen. Er war zwischen 1923 und 1929 in Großbritannien in die statistische Erhebung der Weltbestände von Stapelrohwaren involviert.[11] Keynes betonte 1923, dass die Konjunkturzyklen ohne eine Analyse der Lagerbestände nicht erklärbar seien. Eine solche Analyse würde helfen, die verborgenen Mechanismen hinter den Konjunkturzyklen zu erklären: »I have long believed that a certain amount of information (not hitherto available) as to the correlation between changes in the volume of stocks and the successive phases of the trade cycle is necessary to a full understanding of the latter.«[12] Zu den von Keynes und seinem Team erhobenen Rohwaren gehörten beispielsweise die Gummibestände in den Plantagen der britischen Kolonien in Asien, auf Schiffen, in den Lagern Londons und Liverpools sowie in amerikanischen Lagern und Fabriken, aber auch in Ceylon, Indien, Ostindien, Pará (Brasilien), Amsterdam und Antwerpen. So entstand eine Schätzung der Weltvorräte und des globalen Konsums, die Statistik eines aggregierten Weltlagers von Gummi. Die Auseinandersetzung mit der Lagerhaltung in den 1920er Jahren floss in Keynes' große Konjunkturtheorien der 1930er Jahre ein, und zwar im Zusammenhang mit seiner Unterscheidung zwischen dem liquiden Kapital und dem Betriebskapital.[13]

Das folgende Kapitel verfolgt die Geschichte des Warenlagers vom 19. Jahrhundert bis in die Gegenwart. Im Lager manifestierten sich der Reichtum des Industriezeitalters genauso wie die Kontroll- und Koordinationsprobleme der Massenproduktion. Für die meisten Menschen ist ihr Innenleben bis heute unsichtbar geblieben. Gerade deshalb bilden die seltenen Abbildungen ein Reservoir für kulturhistorisch aufschlussreiche Symbolbilder der Logistik.

Lagerhäuser in den Zentren der Industriestädte

Lagerhäuser entstanden da, wo Verkehrswege sich kreuzten, Verkehrsmittel zusammentrafen und wo Fabrikation und Handel sich verdichteten – an Gewässern, Grenzen, Weggabelungen und in großen Städten. Dabei entstanden mit der europäischen Expansion im 17. Jahrhundert große, prominent sichtbare Gebäude, wie das vierstöckige Lagerhaus der Niederländischen Ostindien-Kompanie in Amsterdam, das mit 190 Metern Länge und 21 Metern Höhe das größte Gebäude der Stadt im 17. Jahrhundert war.[14] Nach dem Einzug der Dampfschifffahrt im ausgehenden 19. Jahrhundert und dem Boom in Deutschland zur Zeit der Hochindustrialisierung war nicht mehr Amsterdam, sondern Rotterdam der wichtigste Transithafen der Niederlande. Auch die englische East India Company besaß im 17. Jahrhundert große Lagerhäuser in London, in denen die auf Auktionen erworbenen Waren eingelagert werden konnten.[15] Durch den gesteigerten Warenumsatz als Folge der Dampfschifffahrt nahm auch der Bedarf an Lagerraum zu, und die Lagerhäuser wurden direkt ans Wasser gebaut. In den Enzyklopädien, die sich mit Handel und Verkehr beschäftigen, finden sich anschauliche Beschreibungen und Pläne der unterschiedlichen Typen von Lagerhäusern. Wenn man zwischen 1850 und dem Ersten Weltkrieg von Lagern sprach, dachte man neben den Rohwaren- und Warenlagern in Fabriken auch an die Lagerhäuser von staatlichen und privaten Lagerhausgesellschaften, welche gegen Kommission Material und Waren einlagerten, und an die Güterschuppen der Eisenbahngesellschaften. Diese waren mit der Verdichtung von neuen Transportinfrastrukturen an den Eisenbahnknotenpunkten entstanden.[16] In den Güterschuppen wurden die mit der Bahn ankommenden und durch Straßenfuhrwerke transportierten Güter umgeladen oder bis zur Abgabe an die Empfänger:innen gelagert. An Anschlussstationen wurden die Güterschuppen zwischen die Gleise der Bahnlinien gebaut. Sie avancierten zu »Ausgangs- und Mittelpunkten« des Verkehrs, an die sich die Gleise, Laderampen, Viehhöfe, Kranvorrichtungen und Zufahrtsstraßen anschlossen. In größeren Bahnhöfen wurden Güterbahnhöfe errichtet. Die Passagier- und Warenströme wurden getrennt, damit die Fuhrwerke die ein- und ausströmenden Passagiermassen nicht blockierten. Die Bauten dienten der Koordination der Bewegungen von Menschen, Waren und Verkehrsmitteln und verschafften den Menschen Übersicht und Kontrolle über die Waren. In Bahnhöfen in Ortschaften mit »lebhaftem Fabrikbetrieb«, wo in den langen Schuppen »die Übersichtlichkeit«[17] zuweilen verloren ging, sollte eine Anordnung von mehreren Gebäuden (in Längsreihen, Querreihen oder Hufeisenform zu den Gleisen ausgerichtet) den Umgang mit den Warenmassen erleichtern. Der Raumbedarf wurde mit material- und warenabhängigen Formeln erfasst: Eine Tonne Metallware beanspruchte gemäß ingenieurwissenschaftlichen Berechnungen 2 m^2, eine Tonne Flüssigkeiten in Fässern 5 m^2, während für Hanf, Wolle und dergleichen 8 m^2 veranschlagt wurden.[18] Wolfgang Schivelbusch hat den Kopfbahnhof als Schleuse bezeichnet, der zwei Verkehrsräume miteinander verband (jenen der Stadt und jenen der Eisenbahn).[19] Die Güterschuppen und Güterbahnhöfe können demgegenüber als temporäre Transiträume bezeichnet werden, welche die Waren sammelten und speicherten, bis sie auf die verschiedenen Verkehrsmittel und -linien zugeteilt wurden. Sie entstanden an der Schnittstelle dieser Verkehrsmittel und an den Knotenpunkten des Eisenbahnverkehrs. Die Güterschuppen wurden als Flachbauten ebenerdig und rechteckig gebaut und »mit Vermeidung aller Ausschmückung einfach und möglichst dauerhaft ausgeführt«.[20] Ebenfalls im Zusammenhang mit dem Ausbau des Eisenbahnnetzes entstanden mit dem Getreideelevator (bzw. Getreidesilo) ein Spezialbau für die Lagerung von Getreide und mit dem Kühlhaus ein mit Kältemaschinen versehener Bautyp für die Haltbarmachung von verderblichen Lebensmitteln (Fisch, Fleisch, Früchte, Gemüse).

Die Lager des Industriezeitalters befanden sich mitten in der Stadt. Als der Industriellensohn Friedrich Engels zwischen 1842 und 1844 England besuchte, fand er ein Land vor, das innerhalb von sechzig, achtzig Jahren mit Kanälen, Chausseen, Eisenbahnschienen und Brücken durchzogen worden war. Er beschrieb in seiner 1845 erschienenen Schrift *Die Lage der arbeitenden Klasse in England* eine Gesellschaft, die in einen Strudel von gewaltsamen Umwälzungen geraten war. Auffällig sind die Referenzen auf Masse und Größe: London sei zur »kommerziellen Hauptstadt der Welt«, mit Millionen von Menschen, »Häusermassen«, »riesenhaften Docks« und »Tausenden von Schiffen« herangewachsen, so »großartig, so massenhaft, dass man gar nicht zur Besinnung« komme.[21] »Kolossale Fabrikstädte«[22] versorgten die Welt mit Waren. Die Menschen schrumpften zu Atomen und Monaden.

Aber nicht London, sondern Manchester war »Ausgangspunkt« und »Centrum« der industriellen Revolution, die Engels für genauso umstürzend hielt wie die politische Revolution Frankreichs. Im Stadtzentrum dieses Mittelpunktes der Industrialisierung fand er eine Anhäufung gelagerter Waren vor. Engels beobachtete, dass sich Gebäude für die Aufbewahrung und Verwaltung von Rohstoffen und Fabrikwaren im Zentrum der Stadt ausgebreitet hätten. Einem Zentrum, das nicht von Menschen bewohnt, sondern von Polizisten bewacht werde: »Manchester enthält in seinem Zentrum einen ziemlich ausgedehnten commerziellen Bezirk, etwa eine halbe Meile lang und ebenso breit, der fast nur aus Comtoiren und Warenlagern (ware-houses) besteht. Fast der ganze Bezirk ist unbewohnt und während der Nacht einsam und öde – nur wachhabende Polizeidiener streichen mit ihren Blendlaternen durch die engen, dunklen Gassen.«[23] Was Engels also Mitte des 19. Jahrhunderts in England beobachtete, war die Entwicklung des Stadtzentrums einer Industriestadt zu einer Ansammlung von Warenlagern und Vermögensspeichern. Auch bei Karl Marx findet sich die Idee einer Vergegenständlichung des Kapitalismus in den Waren. Im ersten Band von *Das Kapital* beginnt er seine Kapitalismusanalyse mit der Untersuchung der Eigenschaften von Waren: »Der Reichtum der Gesellschaften, in welchen kapitalistische Produktionsweise herrscht, erscheint als eine ›ungeheure Warensammlung‹, die einzelne Ware als seine Elementarform«.[24]

Mehr als ein Jahrhundert nach Engels und Marx, zum Zeitpunkt, als Soziolog:innen eine postindustrielle Gesellschaft proklamierten,[25] schrieb auch Michel Foucault über die »neuen materiellen Formen des Reichtums«, die sich in England zur Zeit der industriellen Revolution herausgebildet hätten.[26] In weit stärkerem Maße als in Frankreich habe das Vermögen in England zu jener Zeit »stofflichere Formen« angenommen. Das Kapital hätte nicht mehr primär aus Grundbesitz, Geld und Wechseln bestanden, sondern vielmehr aus Waren, Vorräten, Maschinen, Werkstätten, Rohstoffen und Exportgütern: »Die Geburt des Kapitalismus, sein Wandel und seine beschleunigte Entwicklung finden ihren Niederschlag in dieser neuen materiellen Form von Vermögen«,[27] so lautete Foucaults Interpretation der industriellen Revolution. Er formulierte die These der Vermögensmaterialisierung im Zusammenhang mit seinem Interesse an der Entstehung von Praktiken der Kontrolle und Überwachung am Ende des 18. Jahrhunderts und seiner These, dass aus diesen Praktiken im 19. Jahrhundert neue Wissensgebiete hervorgegangen seien. Die neuen stofflichen Ausprägungen des Reichtums hätten von den Armen, Arbeitslosen und Arbeitssuchenden leichter angetastet (gestohlen, geraubt und geplündert) werden können als die monetären Formen. Deshalb hätten die Handelsunternehmer neue Mechanismen der Vermögenskontrolle entwickelt. Die private Hafenpolizei zum Schutz der Docks, Warenlager und Stapelplätze in London manifestierte für Foucault exemplarisch diese neue Form der Sozialkontrolle von unten. Die materiellen Überreste der Umschlagplätze des britischen Empires und seiner weit verzweigten Handels-, Fabrikations- und Transportunternehmen zeugen heute noch von diesen Kontrolldispositiven, die auch an Artefakte delegiert wurden. Aufwendige Schließvorrichtungen an Türen und Toren deuten an, dass die kolossalen und dennoch unscheinbaren Warenlager Vermögen speicherten. Im ausgehenden 19. Jahrhundert wurden für Geschäftsräume und Warenlager (»Niederlagsräume«) neue Sicherheitsschlösser entwickelt.[28] Chubb- und Yale-Schlösser mit schmalen Schlüssellöchern galten als die besten. Doch weil auch die Sicherheitsschlösser nicht davor gefeit waren, kopiert zu werden, wurden die Wertspeicher zusätzlich durch Wachmänner und akustische Alarmanlagen abgesichert.

Neue Raumökonomien für Zweckbauten

Zur längeren Einlagerung von Waren und Rohstoffen wurden an Häfen und entlang der Eisenbahn (zunächst in London, entlang der Midland- und der Great-Northern-Bahn, und an Knotenpunkten wie Konstanz, Wien, Budapest und Romanshorn) Lagerhäuser und Getreidespeicher (in den USA Getreideelevatoren) gebaut.[29] Die mehrstöckigen Lagerhäuser wurden neben oder in den oberen Stockwerken von Güterschuppen errichtet. Handbücher empfahlen eine Höhe von 4,5 bis 5 Metern für Erdgeschosse (wegen der technischen Einrichtungen) und von jeweils 2,8 bis 3 Metern für die weiteren vier bis sechs Geschosse, weil »eine höhere Aufstapelung der Waren als bis zu 2 Meter« »unbequem« sei.[30] Der Entscheid für Hochbauten war abhängig von den Bodenpreisen und wurde da empfohlen, »wo die Bauplätze rar und teuer sind«.[31] In Handelszentren errichteten Gemeinden und Gesellschaften Gruppenbauten, die an Handels- und Speditionsfirmen vermietet wurden.

Es bestehe im Lagerhausbau eine »gewisse Vorliebe für ältere Bauformen, besonders für gotische und romanische«, konstatierte ein Architekt 1911 mit Unverständnis.[32] Um voluminöse, feuersichere Hohlräume zu schaffen, wurden keine Teilwände, aber dafür dicke Frontmauern aus Stein, Ziegelstein oder Beton gebaut und mit Brandmauern versehen. Ein weißer Anstrich, Fensterflächen (ab zwei Metern über den Böden, um die Flächen zum Stapeln freizulassen) und Oberlichter sorgten für helle Räume. Bis zur Verwendung von Elektrizität waren die Lichtverhältnisse und damit die Übersichtlichkeit der Waren in den Lagerhallen von der Umgebung abhängig. Die Lagerarbeit basierte auf den natürlichen Lichtrhythmen und auf Handarbeit, welche durch mechanische Aufzüge, Paternoster, Elevatoren, Förderanlagen, Kräne, Feuermelder und Sprinkler ergänzt wurde. Neben den Güterlagern gab es Räume für die kaufmännische Verwaltung und Einrichtungen für den Kraftantrieb (Maschinenhaus, Akkumulatorenraum). Für die Decken, Stützpfeiler und Unterzüge wurden Holz, Eisen und Beton, für die Böden manchmal auch schon Gussbeton verwendet. Die Entwicklung von armiertem Beton und Stahlbeton zwischen 1890 und 1910 veränderte die materiellen und technischen Bedingungen des Lagerhausbaus radikal. Die Entwicklung von neuen Raumökonomien auf Basis der neuen Baustoffe Beton und Stahl kann am Beispiel der Lagerbauten von Robert Maillart nachvollzogen werden.

Gegenüber Steinbauten, so argumentierte der Schweizer »Betonvirtuose«, »Brückenbaukünstler« und »Hochbauer« Robert Maillart im Jahr 1901, biete »der armierte Beton den Vorteil der Gewichts- und

Raumersparnis«.[33] Dem Eisen sei er »in Bezug auf Feuersicherheit, Verhalten gegenüber dynamischen Einwirkungen und Witterungseinflüssen überlegen.« Wo solche Verhältnisse nicht maßgebend seien, könne oft die Kostenfrage zugunsten des armierten Betons den Ausschlag geben. Maillart pries den Beton als Baustoff der kaufmännisch und betriebstechnisch motivierten Wahl: raumoptimierend, zeitbeständig und baukostensenkend. Maillart war von ingenieurwissenschaftlichen Prinzipien geleitet, als er 1908 mit Experimenten begann, um nach einer Lösung zur Raumabdeckung ohne die bislang verwendeten waagerechten Tragelemente (Unterzüge) zu suchen. Die unterzugslosen »Pilzdecken«, die in den USA und der Schweiz zeitgleich entwickelt wurden, entrümpelten die Lagerhausbauten von sperrigen Trägern wie Stäben, Pfeilern, Balken und Unterzügen und erhöhten die Tragkapazitäten der Böden.[34]

Um Eisenbetonplatten statt Unterzügen als Tragelement nutzen zu können, erprobte die Ingenieurfirma Maillart & Cie in den Jahren 1908 und 1909 die optimierte Anordnung von Pfeilern. Maillart griff auf Materialexperimente mit Sandsäcken und Versuchsmodellierungen zurück, weil der »theoretische Weg«, d. h. die mathematische Berechnung, nicht möglich war. Er suchte einen Weg, um durch Kombination von theoretischen Erwägungen und praktischen Modellierungen »eine gute Basis für das praktische Konstruieren«[35] zu finden. Maillart ging es darum, die auf Basis von Eisen und Holz etablierten Konstruktionstraditionen zu überwinden: »Mit diesen, der Tragwirkung nach eindimensionalen Grundelementen: Stäben, Pfeilern und Balken, war der Ingenieur dermassen gewohnt zu bauen und zu rechnen, dass sie ihm sozusagen in Fleisch und Blut übergingen und dass ihm andere Möglichkeiten ferne lagen [...] Der Eisenbeton fand diese Auffassung vor und es wurde daran vorerst nichts geändert: man legte – wie mit Eisen und Holz – Träger von Mauer zu Mauer und von Pfeiler zu Pfeiler.«[36]

Maillart führte auf dem Werkplatz seiner Firma in Zürich Wiedikon (neben der Baumaterialienfabrik Giesshübel) Experimente mit Balken und Platten durch, die er fotografisch dokumentierte. Die Fotografien verwendete er später für Publikationen. Robert Maillart posierte vor

Bild 4 und 5: Platten- und Balkenversuche auf dem Werkplatz der Firma Maillart & Cie in Zürich-Wiedikon, 1908.

einem mit Sandsäcken belasteten Betonmodell. Sein Patent beschrieb ein neues System, bei dem eine Platte aus armiertem Beton direkt auf verstärkte Pfeiler gelegt wurde.[37] Die Ingenieurtechnik Maillarts und die Kaufmannslogik seiner Bauherren (Fabrikbesitzer:innen und Lagerhausbetreiber:innen) fanden sich durch die Pilzdecken zu einer ungeplanten, doch im Ergebnis perfekten Assoziation.[38] Lagerbauten konnten nun größere Lasten tragen, mehr Waren auf weniger Fläche lagern und waren dadurch freier nutzbar. Nach 1900 wurde das Lager nach Parametern der Raum- und Kostenoptimierung umgestaltet. Ingenieurwissenschaftlich gestützte Raumoptimierung schuf neue ökonomisch motivierte Spielräume. Mit Beton waren neue Konstruktionstechniken möglich, die mit den alten Werkstoffen (Holz, Naturstein, Stahl) noch undenkbar gewesen wären.

Der Neubau der Zürcher Lagerhausgesellschaft in Zürich Giesshübel im Auftrag der I. Mangili Lagerhausgesellschaft AG im Jahr 1910 war die erste Bauausführung dieser Art in Europa.[39] Das am Stadtrand nahe dem Üetliberg gelegene und mit einem Eisenbahnanschluss versehene

Bild 6, Bild 7, Bild 8: Lagerhaus Giesshübel in Zürich, 1910.

»Riesengebäude«[40] sah von außen so aus wie ein herkömmliches Lagerhaus. Dem Flachdachbau war ein Verwaltungsgebäude mit historischen Anleihen (Erker, Türme und Giebeldach) angegliedert. Doch im Inneren des Lagerhauses dominierten die von Maillart nach einer Hyperbel geformten Pfeilerköpfe, welche fließend in die Betondecken übergingen. Das Warenlager war Belastungen bis zu 2000 Kilogramm pro Quadratmeter gewachsen. Nach dem ersten Lagerhaus in Zürich verkaufte Maillart in den folgenden Jahren seine effizienten Betonbehälter für Fabrikbauten, Lagerhallen und Kühlhäuser in ganz Europa. Sein Ingenieurbüro plante und baute Lagerhäuser und Fabriken mit Pilzdecken in Russland, Spanien und in der Schweiz.[41] 1914 verlagerte Maillart den Hauptsitz seiner Firma nach Russland, bis ihn die Russische Revolution 1918 wieder zur Rückkehr zwang.[42] In Deutschland verhinderten Baugesetze zunächst die Anwendung der Pilzdecken. Als später konservativer berechnete Konstruktionen erlaubt waren, wurden sie von den Bauherren in großer Zahl verwendet, trotz der damit verbundenen höheren Mehrkosten, wie Maillart betonte: »Wenn dagegen die deutschen Vorschriften nicht prohibitiv wirken, so ist das nur den vielen Vorzügen der Bauweise zuzuschreiben, die auch über nennenswerte Mehrkosten hinwegsehen lassen.«[43]

Von Warenlagern existieren nur wenige Abbildungen. Die erhaltenen Fotografien sind entweder von den Lager- und Speditionsfirmen für Firmenprospekte oder von Ingenieur:innen und Architekt:innen zu Dokumentationszwecken und für ihre Publikationen in Auftrag gegeben worden.

Die Fotografien der Maillart'schen Lagerhäuser, die seine Firma Maillart & Cie zwischen 1910 und 1925 herstellen ließ, sind in der Ästhetik der Architekturfotografie gehalten. Sie demonstrieren die Ingenieursleistung, leere Betonräume und Bauten ohne Menschen. Die wenigen herumstehenden Kisten, Fässer oder Säcke wirken wie Warenmuster zu Demonstrationszwecken. Der helle Farbanstrich verstärkt das Voluminöse und Leere der Räume. Die Bilder zeigen Lager als inhaltslose Warenbehälter, bevor sie in Gebrauch genommen werden. Es sind Zweckbauten. Sie wurden gebaut, um aufgefüllt zu werden.

Maillarts Pilzdeckelmodell und Bilder seines ersten Lagerhauses von 1910 in Zürich wurden 1937 auch in Paris auf der Weltausstellung gezeigt.[44] Als Maillart 1940 starb, gehörten die von ihm entwickelten Pilzdecken längst zum »Gemeingut der gesamten Ingenieurswelt«.[45] Waren sie zunächst einfach als technisch-konstruktive und wirtschaftliche Lösungen wahrgenommen worden, veränderte sich ihre Rezeption in den 1930er Jahren, als sie nun als besonders ästhetisch (»by far the most beautiful«)[46] gepriesen wurden. Die Vertreter:innen des Neuen Bauens, wie der Architekturhistoriker und Chronist materieller Mechanisierungskulturen und anonymer Artefakte[47] Sigfried Giedion, feierten ihn 1935 im Maschinenlabor der ETH Zürich als einen der ihren, weil es ihm um »Kosten- und Materialersparnis« gehe und nicht um »willentliches ästhetisches Trachten«.[48] Giedion schrieb in seinem Nachruf auf Maillart, dass dem Ingenieur, indem er die ebene Platte als Konstruktionselement genutzt habe, ein künstlerischer Geniestreich gelungen sei – vergleichbar mit den Erfindern der Perspektive in der Renaissancemalerei, die damit eine neue Raumauffassung in die Welt gesetzt hatten. 1947 wurde Maillart schließlich auch mit einer Ausstellung im Museum of Modern Art in New York geehrt.[49] Für eine Geschichte der Logistik sind Maillarts Lagerbauten deshalb so zentral, weil sich an ihnen die Bemühungen von Bauingenieur:innen ablesen lassen, Verfahren für wirtschaftliche Lösungen in Bezug auf Raumausnutzung, Bodenbelastung und Bauzeit zu finden.

Transiträume für neue Geschäftspraktiken

Die materiellen Dispositive des Lagerns, die durch Ingenieur:innen geschaffen und vom Handel und der Spedition angeeignet und mitgestaltet wurden, waren in ein soziotechnisches Netz eingebunden, das auch Rechtsnormen umfasste. Der Transport von Waren war seit jeher eine Einkommensquelle von Staaten, die bei deren Ein- und Ausfuhr und beim Gebrauch von Brücken, Straßen und Flüssen Zölle erhoben. In Zeiten von Merkantilismus und Nationalismus wurden die Zollfreilager als Enklaven innerhalb der Staatsgrenzen und Rechtskonstrukte außerhalb der Zollordnung geschaffen.[50] Sie stellten einen Kompromiss dar zwischen den protektionistischen Interessen von Nationalstaaten und Freihandelsforderungen des Welthandels. Daraus hat sich seit dem 19. Jahrhundert ein neuer Geschäftszweig entwickelt, der sich mit dem unverzollten Ein- und Auslagern, dem Teilen, Sortieren, Mischen, Verpacken, Etikettieren und Verzollen sowie dem Belehnen, Verpfänden und Verkaufen von Waren beschäftigt. Felix Mauch hat anschaulich gezeigt, wie in Hamburg, nach dem Beitritt zum deutschen Zollgebiet im Jahr 1881, zwischen 1885 und 1921 in drei Bauetappen eine exterritoriale Speicherstadt geschaffen wurde.[51] Am Beispiel des 1922 in Grenzlage zwischen Frankreich, Deutschland und der Schweiz errichteten Zollfreilagers in Basel werden die mit den Zollfreilagern einhergehenden Praktiken sichtbar.[52] Ein 18 Kilometer langes Schienensystem und ein Straßennetz mit den Namen europäischer Großstädte (von der Rotterdam- und Genua- bis zur Barcelona-Straße) gaben die Struktur für die Entwicklung des neuen Stadtquartiers hinter dem Güterbahnhof vor. Die Exklave innerhalb der Schweizer Grenzen diente als Eintrittspforte für Produkte aus der ganzen Welt: Autos von den Ford'schen Fließbändern, Spirituosen und Baumwolle aus karibischer Plantagenwirtschaft sowie Leder aus nord- und südamerikanischer Viehproduktion. Die eingemieteten Firmen nutzten die Lager zur Ausreifung von Spirituosen, zur Belehnung bei Banken sowie als Spekulationsmasse, Vorrat, Pufferzone und als Warteraum für Terminhandelsware. Die Rum Company Ltd. veredelte im Zollfreilager Rum und Cognac aus der Karibik, der in großen Eichenfässern reifte, anschließend gemischt, in Flaschen abgefüllt und unter der Marke »Coruba Rum« in der Schweiz vertrieben wurde. Die Lederimport AG und die Roba Schifffahrtsagentur betrieben ein Transitlager für Leder, Baumwolle und Wolle, und die Speditionsfirma Goth packte im Freilager amerikanische Autos und Motorräder aus Kisten aus.

Bild 9: Freilager Albisrieden in Zürich, 1924 bis 1926.

Auch das von der Zürcher Handelskammer imitierte und 1924 in Zürich eröffnete Zollfreilager der Zürcher Freilager AG für die Zwischenlagerung unverzollter Güter war von Robert Maillart entworfen worden.[53]

Weil das Zürcher Zollfreilager auf rechteckigen Pfeilern (ideal zum Anlehnen von Kisten) stand, modifizierte Maillart sein Pilzdeckensystem für den 20 000 m^2 großen Lagerraum. Durch die einfache Schalung und Eisenverlegung konnte die Bauzeit auf knapp vier Monate verkürzt werden. In der Verzollungshalle wurde die im Zollfreilager mögliche temporäre Eliminierung der Nationalstaatsgrenzen durch räumlich-materielle Dispositive orchestriert, die in den überlieferten Fotografien sichtbar werden. Durch Zäune von der Außenwelt abgegrenzt, markierten im Inneren Gitter den virtuellen Grenzübertritt der Waren. Durch Freilager wurden Zwischenräume geschaffen, räumliche und zeitliche Puffer, mittels derer die Bezahlung von Zollgebühren terminlich aufgeschoben werden konnte. Nach dem Transit durch die Verzollungshalle wurde der transitorische zollfreie Zustand der Waren wieder aufgehoben. Die Zollfreilager schufen in ihren Reglementen auch die Möglichkeit, die Ware vor der Verzollung auszupacken. Dies fiel bei den voluminösen schweren Holzkisten, wie sie seit den 1920er Jahren zum Transport und Import amerikanischer Autos verwendet wurden, besonders ins Gewicht, weil die Zollgebühren erst nach Entfernung der Hülle entrichtet werden mussten.

Im 19. Jahrhundert wurden mit den Lagerscheinen (auch Warrants genannt) Geschäftspraktiken geregelt, welche es den Akteur:innen ermöglichten, den Faktor Zeit extensiver zu nutzen.[54] Ursprünglich ein Empfangsschein, mutierte der Lagerschein zu einem übertragbaren, symbolischen Vertreter der Ware und zum Wertpapier. Der Handel mit Lagerscheinen blühte im ausgehenden 19. Jahrhundert, insbesondere im Handel mit Baumwolle, Kaffee und Getreide. Die Lagerscheine schufen die Möglichkeit, Waren als Deckung für Bankkredite zu verwenden, als Mittel zur Beschaffung von Vorschüssen bei Liquidationsproblemen einzusetzen oder sie zu verkaufen. Der Warranthandel, und damit auch das sich vom Handel ausdifferenzierende Lagerhausgeschäft, geriet Ende des 19. Jahrhunderts unter massive Kritik. Das spekulative Spiel auf Zeit wurde kritisiert. Die Kritiker sprachen von »Zwischengeschäften« und »Papiergetreide« und befürchteten, dass die lokale landwirtschaftliche Produktion in fernen Staaten durch den Warranthandel gefährdet werde. Auch die Geschäftspraxis auf Basis der an Eisenbahnknotenpunkten errichteten Getreideelevatoren wurde kritisiert. Die Lagerhausgesellschaften gerieten unter Kritik, weil sie die Herausbildung von Monopolen beförderten und durch ihre Praktiken eine weltweite Sichtbarkeit von Waren ermöglichten. Diese Schaffung von transparenten Weltmärkten geschehe auf Kosten der Preise in weit entfernten lokalen Märkten, wie eine Broschüre von Emil Richter 1888 gegen die Spekulationsgeschäfte von Lagerhäusern argumentierte: »Allein es scheint, als seien diese Mengen am Platze selbst verkäuflich. [...] Infolgedessen wirken sie durch ihre ›Sichtbarkeit‹ konkurrierend und preisdrückend.«[55] Das, worauf Richter anspielte, waren die Folgen der spekulativen Geschäftspraktiken von Lagerhausgesellschaften und insbesondere der amerikanischen Betreiber:innen von Elevatoren. Unter Aufsicht des Chicago Board of Trade hatten sich nämlich an den Eisenbahnlinien und in den Seehäfen im Midwest Getreideelevatoren ausgebreitet, welche eine Standardisierung des Getreides ermöglichten und dazu beitrugen, dass Chicago am Ende des 19. Jahrhunderts zur Handelsmetropole aufstieg.[56] Durch ein System der Getreidegradierung konnte Getreide von verschiedenen Produzent:innen in den Getreideelevatoren zusammengeschüttet und an der Börse in Chicago ohne das Vorzeigen von Warenproben gehandelt werden. Wie der Wirtschaftshistoriker Alexander Engel argumentiert hat, avanciert das Getreide damit zu einem fungiblen, das heißt »vertretbaren Gut«.[57] Die Verkäufer:innen konnten eine beliebige Ladung Getreide ausliefern, sofern es der vereinbarten Qualität und Quantität entsprach. Damit nahm Getreide derart abstrakte Züge an, dass es wie Wertpapiere auf dem Parkett der Börse des Chicago Board of Trade (dem Pit) gehandelt werden konnte. Das große spekulative Potenzial lag dabei im Terminhandel. Während im Effektivhandel der Handel gleich vollzogen wurde, konnte Getreide nun auf Termin (also in der Zukunft) verkauft und gekauft werden.

Getreideelevatoren als Symbole für Kapitalismuskritik und Icons einer neuen Industrieästhetik

Es erstaunt nicht, dass die amerikanischen Getreideelevatoren (neben dem Pit) zu populären Motiven der Kritik an Homogenisierungs- und Abstraktionsprozessen kapitalistischer Praktiken und der Monopolisierungstendenzen im Kapitalismus avancierten. Zwischen 1900 und 1925 tauchten der Getreidehandel des Chicago Board of Trade und die Getreideelevatoren als Symbole einer räumlichen Verdichtung des Kapitalismus in Literatur, Film und Theater auf. Während *The Pit* von Frank Norris aus dem Jahr 1903 die Weizenbörse Chicagos an der La

Salle Street ins Zentrum rückt,[58] zentriert die filmische Adaption des Romans von D. W. Griffith *A Corner in Wheat* (1909) das Geschehen in einem Getreideelevator.[59]

Das neue Medium Film öffnete mit der Technik der Parallelmontage die Möglichkeit, verschiedene geographisch und zeitlich entfernte Schauplätze des Getreidehandels zu verknüpfen und einander gegenüberzustellen: Die vollen Silos des Getreidemoguls, der mit Termingeschäften reich geworden ist. Die leeren Brotregale, der Tumult der hungernden Menschenmenge in der Bäckerei und der einsam in seinem Getreideelevator sterbende Geschäftsmann. Griffith bediente die Erwartungen des Massenpublikums der Progressive Era mit der Lust an Seitenhieben gegen Monopole, die Wall Street und die Plutokratie im Allgemeinen.[60] Die Handlung des Films läuft auf ein Finale im Getreideelevator zu, wo der Getreidespekulant erfährt, dass er den gesamten Weltweizen kontrolliert. Doch just im Moment seines großen Triumphes manifestiert sich sein bitteres Ende und damit auch die Moral von Griffiths Geschichte: Die Getreideflüsse, die der Spekulant selbst in Gang gesetzt hat, begraben und töten ihn. Er muss mit denselben Seilen, mit denen die Getreidesäcke hochgehoben werden, tot geborgen werden.

Auch Bertolt Brecht begann 1924 mit der Lektüre von *The Pit* von Frank Norris, als er sich mit der Frage umtrieb, wie man die Gesetzmäßigkeiten der kapitalistischen Wirtschaft auf der Bühne zur Darstellung bringen könne. Sein gemeinsam mit Elisabeth Hauptmann entwickeltes Theaterstück *Jae Fleischhacker in Chikago* blieb ein Fragment.[61] Brechts Dramaturgie spannte ein loses Netz, wo alles irgendwie mit allem zusammenhängen könnte. Lagerhäuser, Eisenbahngesellschaften, Presse, Wetter, Weizen, Getreidehändler und Corner bilden einen unbestimmten Zusammenhang, ein großes Dickicht, einen eigentlichen Sumpf. Brecht brach die Arbeit an dem Stück nach etwa zwei Jahren ab. Er hatte den Eindruck gewonnen, dass sich die Vorgänge der Getreidebörse nicht begreifen ließen: »Die Art, wie das Getreide der Welt verteilt wurde, war schlechthin unbegreiflich. Von jedem Standpunkt aus außer demjenigen einer Handvoll Spekulanten war dieser Getreidemarkt ein einziger Sumpf. Das geplante Drama wurde nicht geschrieben, statt dessen begann ich Marx zu lesen, und da, jetzt erst, las ich Marx.«[62]

Ganz anders als in der Monopol- und Kapitalismuskritik von Norris, Griffith und Brecht, wo Lagerhäuser und Elevatoren als Sinnbilder einer entmaterialisierten Spekulationsgier in Erscheinung treten, stellten sie für Architekt:innen und Ingenieur:innen ein Zeichen eines neuen, verheißungsvollen Maschinenzeitalters dar.[63] Der Deutsche Werkbund erblickte in der Architektur der Getreideelevatoren das Symbol einer neuen Industrieästhetik.[64] Im Jahrbuch des Deutschen Werkbundes von 1913 wurde zwischen Texten von Friedrich Naumann (einem Plädoyer für ein neues Qualitätsverständnis von Waren und einer Absage an die Nachahmung alter Stilformen) und Walter Gropius (einem Aufruf an Fabrikant:innen »künstlerisch gebildete Architekten« zu Rate zu ziehen) eine Serie von Fotografien von nordamerikanischen Getreideelevatoren eingefügt. Die Fotografien der Elevatoren sind unkommentiert. Sie stehen wie erratische Blocks als Zeichen für das künstlerische Potenzial der amerikanischen Ingenieur:innen, die sich bei ihrer Gestaltung nicht von alten Stilformen, sondern allein von der im Dienste des Welthandels stehenden modernsten Technik leiten ließen. Auch der Schweizer Architekt Le Corbusier illustrierte 1923 in der von ihm mitherausgegebenen Avantgarde-Zeitschrift *L'Esprit Nouveau* seine Ausführungen zum Volumen in der Architektur ausschließlich mit Abbildungen von nordamerikanischen Getreideelevatoren, die er selbst bloß auf Fotografien gesehen hatte.[65]

In den Bildunterschriften der neun Fotografien sind keine Angaben über Ort, Baujahr oder ausführende Ingenieur:innen und Architekt:innen der Getreideelevatoren enthalten. Sie zeigen jene in den USA entstandene anonyme Architektur sowie Objekte der Moderne, denen zwanzig Jahre später auch Sigfried Giedions Suche nach einer Geschichte der anonymen Alltagsdinge in den USA nachging.[66] Die Angaben in den Bildlegenden, dass es sich um amerikanische oder kanadische Getreideelevatoren handelte, genügten Le Corbusier, um sein im Text formuliertes Anliegen zu illustrieren, dass die Bauten der

Silo à grain.

TROIS RAPPELS
A MESSIEURS LES ARCHITECTES
I
LE VOLUME

Bild 10: Le Corbusier, *Vers une architecture,* 1923.

amerikanischen Ingenieur:innen eine neue Zeit repräsentierten und die dem Untergang geweihte (europäische) Architekturtradition auslöschen würden. Le Corbusiers Getreideelevatoren waren Symbolbilder seines Aufrufs an die Berufskolleg:innen, sich bei ihren gestalterischen Aufgaben an den Ingenieur:innen zu orientieren, die große Kunstwerke schaffen würden.

Die mit dem Eisenbahnbau und den Getreideelevatoren in den 1860er Jahren möglich gewordenen Termingeschäfte des Chicago Board of Trade prägten auch im 20. Jahrhundert die öffentliche Wahrnehmung der Getreideelevatoren in den USA. Diese blieben ein Sinnbild für den Finanzkapitalismus. Die von Franklin D. Roosevelt 1933, während der Great Depression, im Rahmen seiner New-Deal-Politik errichtete Federal Surplus Relief Corporation (FSRC) sollte eine Antwort sein auf das Paradox, dass in den USA ein Überschuss an Getreide (und anderen Lebensmitteln) produziert wurde und gleichzeitig arbeitslose Menschen hungerten. Wie Janet Poppendieck in ihrer Studie zur Hungerhilfe während der Great Depression in den USA gezeigt hat, versuchte Roosevelt, dabei sowohl den Interessen der amerikanischen Landwirtschaft als auch der notleidenden Bevölkerung entgegenzukommen.[67] Die von New-Deal-Reformer:innen initiierte und 1937 ins Department of Agriculture integrierte Politik versah die Administration in Washington, D.C. mit der Befugnis, die in den Getreideelevatoren gelagerten Überschüsse zu kaufen, zu lagern, zu verarbeiten und zu verteilen. Unter der Leitung von Roy E. Stryker lancierte die Farm Security Administration (FSA) ein Programm, das die New-Deal-Reformen dokumentieren und visualisieren sollte und dabei gleichzeitig Fotograf:innen während der Great Depression mit Aufträgen versah.[68] Diese Fotografien machten auch die logistische Infrastruktur des New Deals sichtbar und fügten der Repräsentation von Getreideelevatoren neue Bedeutungsschichten hinzu. In den von der Library of Congress erschlossenen Bildbeständen der FSA aus der Zeit des New Deals befinden sich auch Arbeiten von Fotograf:innen wie Dorothea Lange, John Vachon, Jack Delano und Arthur Rothstein, welche die Arbeit in den Getreideelevatoren, die

Bild 11: Getreideelevatoren in Dumas (Texas), Juli / August 1936. Fotograf: Arthur Rothstein.

Tätigkeit der Getreideinspektion in den Labors sowie Farmer:innen, Büroangestellte und Dockarbeiter bei der Arbeit zeigen.

Als Arthur Rothstein, der große Dokumentalist der Great Depression, im Juli und August 1936 in Dumas (Texas) Getreideelevatoren fotografierte, fing er einen Moment des Stillstands ein. Güterwagen stehen lose auf Gleisen vor ein paar Getreideelevatoren. Dass sie nun unter der Obhut der New-Deal-Politik standen, war die Botschaft, die mit diesem Bild vermittelt werden sollte.

Die Getreideelevatoren sind (anders als andere Warenlager) viel fotografiert, schon sehr früh als Symbole besetzt, politisch vereinnahmt und künstlerisch bearbeitet worden. Aus diesen Umdeutungsarbeiten sind reiche Bedeutungsreservoirs entstanden: Während sie bei Norris, Griffith und Brecht für das Unvermögen der Märkte standen und für New-Deal-Reformer:innen Symbolbilder für staatliches Handeln in der Krise waren, erblickten die Vertreter:innen der architektonischen Moderne in den Getreideelevatoren Sinnbilder für die befreienden Marktkräfte des Industriezeitalters und den Triumph der an mathematischen Formeln und nicht an Stilen ausgerichteten Ingenieur:innen.

Mechanical Handling als ingenieurwissenschaftliche Vision

Die Getreideelevatoren sind ein besonders prominentes und sichtbares Beispiel für eine ingenieurwissenschaftliche Neukonzeption des Material- und Warenumschlags und der Arbeitsorganisation vor dem Hintergrund der Massenproduktion, die sich seit Mitte des 19. Jahrhunderts durch die Industrialisierung angebahnt hatte. 1900 erschien eine Reihe von ingenieurwissenschaftlichen Handbüchern, die sich mit mechanischen Hilfsmitteln zur Beförderung von Materialien und Techniken zur »Beherrschung von Raum und Zeit« im »Weltverkehr« beschäftigten.[69] Die Ideen von Weltläufigkeit und Mechanisierung liefen dabei zusammen. Der Ingenieur Max Buhle (Professor an der Königlich Technischen Hochschule in Dresden) begann sein Handbuch zum Massentransport mit der Referenz auf Warenmassen und Statistiken der »Welternten« von Getreide, auf die Ausdehnung des Eisenbahnnetzes, das Wachstum des Handelsschiffbaus, die Zunahme der Kohleproduktion und die Steigerung der »Weltroheisenerzeugung«.[70] Er brachte dabei das Wachstum der Rohstofferzeugung, die Zunahme der Warenproduktion und den Ausbau des Transports in einen wechselseitigen Zusammenhang. Die von den Bau-, Hütten-, Schiffs- und Transportingenieurwissenschaften entwickelten Artefakte (Bagger, Greifer, Förderanlagen, Krane etc.) zur mechanischen Bewegung von »Massengütern« (Max Buhle nannte alphabetisch geordnet u. a. Asche, Beton, Fässer, Felle, Flaschenkisten, Geschosse, Kaffee, Kohle, Melasse, Müll, Munition, Obst, Pakete, Säcke, Schienen, Schlachtvieh, Tabak, Ziegel, Zucker) sollten die »Leutenot« beheben und zu einer »menschenwürdigeren, gesünderen und wirtschaftlichen (schnelleren) Arbeit« führen.[71] Der Ersetzung der

Hände durch mechanisches Handling ging die Konzeptualisierung des Menschen als Maschine und seine Vermessung in den Parametern von Kraft und Energie im 18. Jahrhundert voraus.[72] Dass diese Mechanisierungsprozesse gesellschaftlich hoch konfliktiv waren, konnte in den ingenieurwissenschaftlichen Handbüchern über die Transportmittel in den 1930er Jahren nicht mehr verschwiegen werden: In der vierten Auflage des während der Weltwirtschaftskrise in England publizierten Handbuches *Mechanical Handling and Storing of Material* sah sich der Ingenieur George F. Zimmer 1932 veranlasst, die stählernen Gerätelandschaften um Bergwerke, Fabriken, Schlachthöfe, Häfen und Eisenbahnanlagen ausführlich zu legitimieren.[73] Mechanical Handling sei die unabdingbare Antwort auf die Vervielfachung und Vermassung von Rohstoffen und Agrargütern und ersetze nicht etwa Menschen, sondern deren Muskelkraft. Während Menschen seit dem 18. Jahrhundert als (meist männliche) Träger von Muskelkraft modelliert wurden, konnte die Mechanisierung angesichts des sich zuspitzenden Gesellschaftskonfliktes um die politische Organisation des Wirtschaftens nun als Maßnahme gegen eine Verknappung der Arbeitskräfte und gegen die immer häufiger auch streikende Muskelkraft ins Feld geführt werden. Als Kontrastfolie zum geordneten modernen Material Handling wurden von Zimmer »primitive Methoden« der Bekohlung von Schiffen in Afrika, Indien, Südamerika, Westindien und Japan präsentiert.[74] Es handelt sich dabei um Darstellungen von überbordenden Menschenmassen, an denen sich die Psychologie, die politische Ikonographie sowie Kunst und Literatur seit Mitte des 18. Jahrhunderts abgearbeitet hatten.[75] In der ingenieurwissenschaftlichen Wendung des Topos der »Masse« zu Beginn der 1930er Jahre bildeten die Frauen und Männer, die mit kleinen Körben die Kohle in das Schiff tragen, bedauernswerte Menschenketten, die mit bloßen Händen den Materialfluss in Gang bringen und dabei, verglichen mit einem Förderband, einen Bruchteil des Materials zu bewegen vermögen. Fünf Jahre zuvor hatte Siegfried Kracauer eine zeitgenössische Faszination für »Das Ornament der Masse« beobachtet, beispielsweise beim Anblick der rhythmischen Beinschwingungen der Revuegirls in den Cabarets.[76] Er sah in der Körperkultur der Zwischenkriegszeit »mathematische Demonstrationen«, »Darbietungen« von »geometrischer Genauigkeit« und Spiegelbilder des kapitalistischen Produktionsprozesses: »Den Beinen der *Tillergirls* entsprechen die Hände in der Fabrik«.[77] Anders als die Tillergirls und die bewegten Bilder der Massen in Stadien, die in den Filmwochenschauen gezeigt wurden, liefen die maschinell orchestrierten Handgriffe der Fabrikarbeiter:innen am Fließband im Verborgenen ab. In der ingenieurwissenschaftlichen Literatur wurden die überbordenden Massen bei der Schiffsbekohlung nicht als Ornament verehrt, sondern als Makel gebrandmarkt. Dahinter steckt genau die von Kracauer kritisierte Logik, die, einem abstrakten Prinzip gehorchend, Bewegungen maschinell dirigiert und den Erfordernissen der Effizienzsteigerung unterwirft.

Schablonen für Materialflusssteuerung

1929 hatte R. L. Lockwood, ein mit *work simplification* beschäftigter Mitarbeiter des Department of Commerce, die unkoordinierten, dezentralen, wenig standardisierten und deshalb kaum steuerbaren Praktiken der Distributionsökonomien in den USA noch mit Ungeduld und Frustration zur Kenntnis genommen.[78] Mit der Gründung der Army Service Forces im Jahr 1942 wurde eine organisatorische Einheit geschaffen, die im Rahmen des Truppen- und Materialnachschubes an die Kriegsschauplätze in Europa und Asien durch ihre übergeordnete Funktion ein leistungsfähiges Zentrum bildete, welches auch die militärnahen Rüstungsbetriebe und die zentralen Transportmittel erfasste.[79] Die standardisierte Palette (in Kombination mit Hubstaplern) war ein wichtiges Vehikel für die Vermessung und Vereinheitlichung der Verschiffung über lange Distanzen hinweg. (→ Die Europalette) Die Grundlage hierfür bildeten *process charts* (auch Flowcharts genannt) für Lagerungs- und Transportpraktiken.[80] Obwohl wir wenig darüber wissen, wann und ob Materialien, Menschen und Informationen tatsächlich gemäß den Flowcharts bewegt wurden, war diese graphische Aufzeichnungstechnik in den amerikanischen und europäischen Betriebswissenschaften der Nachkriegszeit allgegenwärtig. Die militärischen Tabellen, Flowcharts und Graphiken gelangten über militärische Handbücher unverändert in die betriebswissenschaftliche Literatur.[81]

Eine zentrale Figur für die Entwicklung der Flowcharts ist der amerikanische Betriebsrationalisierer, Bestsellerautor und Autodidakt Frank Gilbreth, der zusammen mit seiner Frau Lillian Gilbreth die physiologischen Bewegungsstudien des 19. Jahrhunderts zum Unternehmungsberatungstool weiterentwickelte.[82] Frank Gilbreth und H. L. Gantt, die im Umfeld Frederick Taylors an der Ausarbeitung des Scientific Managements mitgewirkt hatten, verwendeten dabei graphische Aufzeichnungsmethoden. Gleichzeitig gab es in den 1910er Jahren in den USA aus Kreisen der Verwaltung, des Ingenieurwesens und der Wissenschaften Bemühungen, die graphischen Darstellungsformen im Rahmen eines Joint Committee on Standards for Graphic Presentation zu standardisieren.[83] Gilbreths Flowcharts wurden von dem amerikanischen Ingenieur Allan H. Mogensen 1932 in seinem Buch *Motion and Time Studies* ausführlich diskutiert.[84] Um die epistemischen und organisatorischen Dimensionen des Flowcharts und dessen spezifische Bedeutung für die Logistik zu verstehen, lohnt es sich, Mogensens Überlegungen, die aus einem betriebsingenieurwissenschaftlichen Kurs am MIT hervorgingen, etwas näher zu betrachten.[85]

Process charts beziehen sich auf die Bewegung von Material in Fabriken und Büros und sind vertikal bzw. von oben nach unten ausgerichtet. Dabei wird von der Grundannahme ausgegangen, dass alle Tätigkeiten mittels fünf geometrischer Symbole ausgedrückt werden können: Ein großer Kreis steht für eine Operation, ein kleiner Kreis für den Transport, ein Dreieck für das Lager, ein Doppeldreieck für ein temporäres Lager und ein Viereck für Inspektion. Die Symbole sind durch senkrechte Linien miteinander verknüpft, womit eine fortlaufende Bewegung repräsentiert wird. In dieser graphischen Methode deutet sich bereits das ingenieurwissenschaftliche Paradigma der Materialbewegung und des Materialflusses an, das in der Nachkriegszeit das zentrale Leitmotiv der betriebswissenschaftlich fundierten Lagerorganisation prägte. Durch den Gebrauch von Kunststoffschablonen und Schreibmaschinen wurde auch die Aufzeichnung der Symbole selbst zum Objekt der Formalisierung und Rationalisierung. Je mehr Operationen auf den Charts gestrichen werden können, desto erfolgreicher die Rationalisierung und desto schneller der Materialfluss.

Doch wozu dienen Flowcharts eigentlich? Diese Frage ist schwierig zu beantworten, obwohl Mogensen, wie viele Betriebsingenieure nach ihm, sie als Analyseinstrument zum Studium von Arbeitsabläufen und Materialbewegungen verstand und somit ihre epistemische Dimension betonte. Doch diese Funktion ist immer schon mit kommunikativen und organisatorischen Zusatzfunktionen durchsetzt, was Mogensen auch anspricht: »It [das Flowchart, M.D.] makes possible a discussion by everyone interested in the study because it records and visualizes exactly what is going on and presents specific topis for consideration.«[86] *Process charts* sind weit davon entfernt, bloß etwas zu repräsentieren, sie stellen zugleich auch Diskussionsunterlagen, Empfehlungen, Verbesserungsvorschläge, Instruktionsanweisungen, Lehr- und Unterrichtsmedien dar.[87] In den Manuals der Army Service Forces wird das von Gilbreth verwendete Schema der Flowcharts integral übernommen.[88]

Die mit Schablonen und Schreibmaschinen erstellten Flowcharts der Verladung am Hafen übermitteln eine klare Botschaft: Operationen, Transportwege, Lagerungsprozesse und Inspektionen sollen reduziert, Wegstrecken verkürzt und die Arbeitszeit dezimiert werden. Flowcharts wurden in der Betriebsberatung als Analyse-, Kommunikations- und Vorschriftsinstrumente verwendet. Diese Polyvalenz begründet ihren Erfolg weit über die ursprünglichen Anwendungsfelder in Wirtschaft und Militär hinaus. Flowcharts überquerten in den 1950er Jahren den Atlantischen Ozean und wurden in Europa in betriebswissenschaftliche Lehrgänge integriert und bei Rationalisierungsmaßnahmen verwendet. Sie avancierten zu Symbolen amerikanischer Betriebsrationalisie-

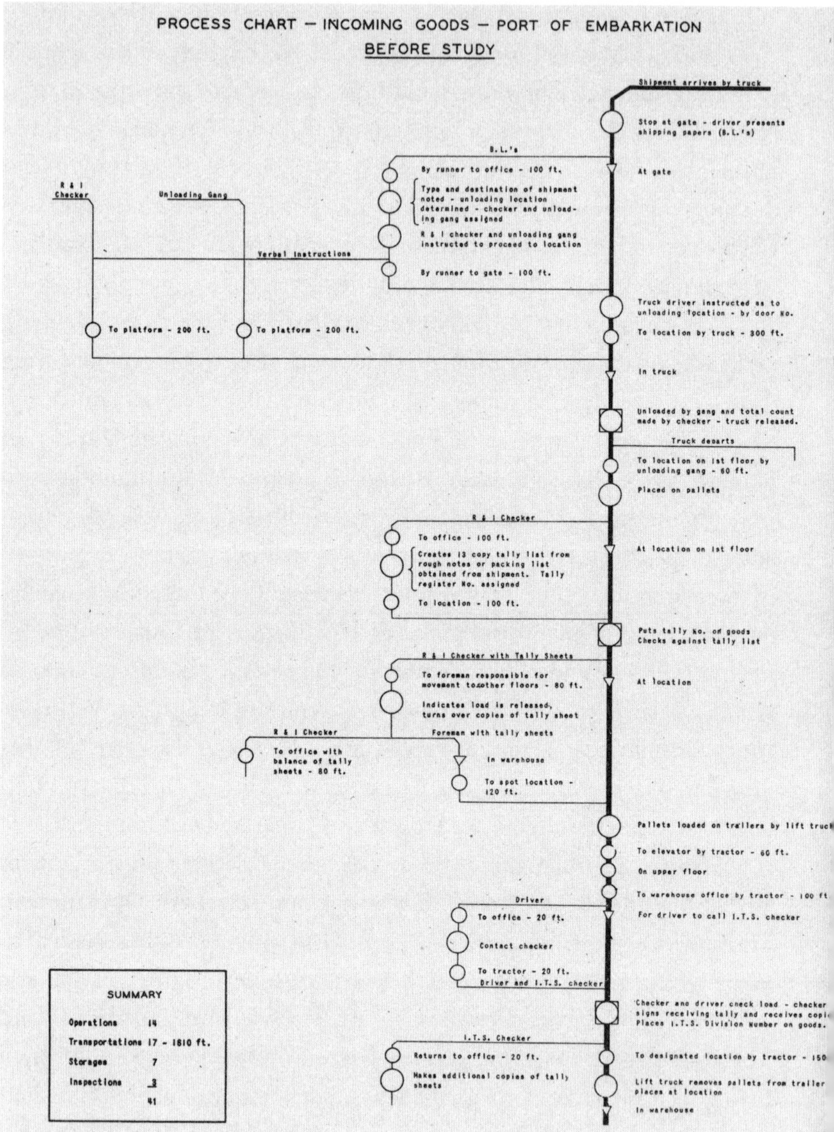

Bild 12: Nachschubmanöver im Flussdiagramm, Army Service Forces, Control Manual. Work Simplification (Materials Handling), Washington, D. C., 1943.

PROCESS CHART — INCOMING GOODS — PORT OF EMBARKATION

AFTER STUDY

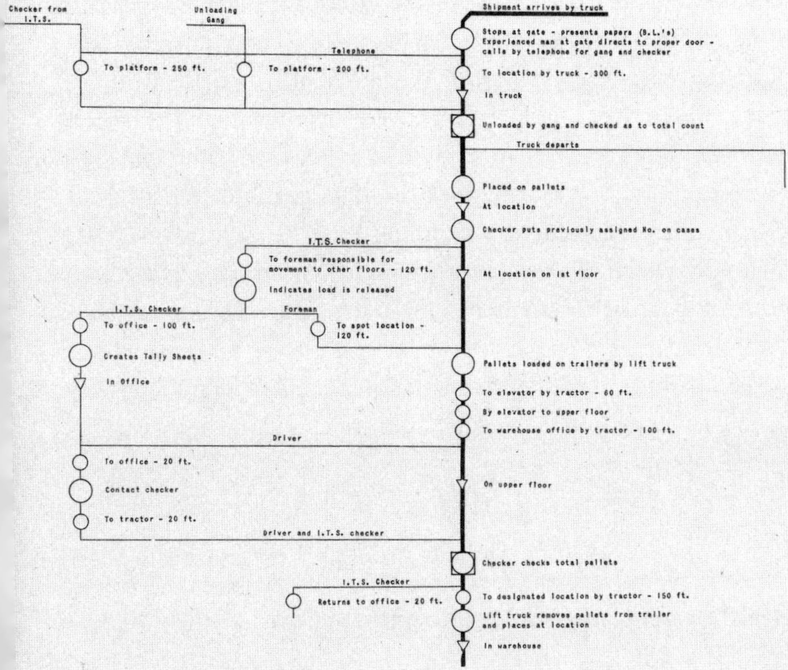

SUMMARY

	Before Study	After Study
erations	14	10
ansportations	17 - 1810 ft.	13 - 1460 ft.
orages	7	6
spections	3	2
	41	31

rung, galten als einfach handhabbare Rezepte gegen »Komplexität«, als »Abbild« unternehmerischer Operationen, als Instrument der Datenerhebung und als »road map« für die Planung.[89] Ohne die seit den 1920er Jahren entwickelten materiellen Standards (Hubstabler, Paletten etc.) wäre die Repräsentations- und Wissensform Flowchart nicht anwendbar gewesen. Der im Flowchart angedeutete Materialfluss basiert auf der Verkettung von epistemischen und materiellen Kulturen. Alles musste nun fließen. Folgerichtig hieß die 1945 gegründete Zeitschrift der US-amerikanischen Materialhandling-Branche *Flow*. »Flow« war das Credo der neuen Materialflusswissenschaften im Grenzgebiet von Ingenieur- und Betriebswissenschaften. In den neuen Lagern der boomenden Nachkriegszeit waren zwar mehr Material- und Warenmassen aufgestapelt denn je, doch der damit verbundene temporäre Stillstand wurde nun als betriebsökonomischer Sündenfall und ingenieurwissenschaftliche Aufgabe angesehen.

Materialflusssteuerung im Verteilzentrum

Das Gabelstapler-Ballett, das 1959 bei der Eröffnung des Export-Sammelzentrums von Philips beim niederländischen Dorf Acht aufgeführt wurde, zelebrierte anschaulich die Ideen (Bewegung) und die technischen Hilfsmittel (Paletten, Gabelstapler), die der Neukonzeption des Lagers als materialflussgesteuertes Verteilzentrum in den 1950er und 1960er Jahren zu Grunde lagen.[90] Die neuen Baumaterialien Beton und Stahl hatten kurz nach 1900 eine vertikale Ausnutzung der Lagerräume ermöglicht. Im Zweiten Weltkrieg brachten die amerikanischen Truppen neue Leitbilder nach Europa, welche die Lagerorganisation nach der Maxime von Aktivität modellierten. In der knappen militärischen Sprache hörte sich das 1943 wie folgt an: »Storage, in its ordinary meaning, is passive: supplies lying idle in a warehouse. Storage, in the Army meaning, is active: supplies moving through a vital stage in their forward journey from factory to fighting front.«[91] Im Zentrum dieser Maxime der Aktivierung stand die Standardisierung von Ladungseinheiten (u. a. durch Paletten) und die Ausstattung der Bauten durch Fördertechniken (wie Förderketten, Rollenbahnen, Gabelstapler) und Kommunikationsmittel (wie Telefonanlagen und Walkie-Talkies). (→ Die Verpackung) Das neue Lager sei eigentlich nicht mehr ein Ort zur Aufbewahrung von Waren (»place to store goods«), sondern eine Anlage, um sie zu verteilen (»distribution facility«), so lautete die neue Devise.[92] In den von Ingenieuren verfassten Handbüchern finden sich Ratschläge zur Planung der Lager, zu den verfügbaren neuen technischen Hilfsmitteln und (unter dem Stichwort »Lagerarbeiter«) zum Umgang mit dem Personal.[93] Es wurde geraten, »die Kräfte des Menschen zu schonen«, um die »optimale Leistungsfähigkeit« zu erhalten. Die Grenzen der menschlichen Hebefähigkeit waren dabei genau beziffert. Das beidarmige Tragen wurde mit 50 bis 60 Kilogramm veranschlagt. Es wurde jedoch empfohlen, als Dauerleistung nicht mehr als 36 Kilogramm einzuplanen. Der Mann diente als Referenzeinheit, begleitet vom Hinweis, dass die Abmessungen und Gewichte genau geprüft werden müssten, »wenn Frauen und Körperbehinderte« im Lager beschäftigt würden. Mit der Mechanisierungsoption erscheint die Arbeit des Menschen als mit Makeln behaftet. Doch verzichtet werden konnte auf den Faktor Mensch im materialflussgesteuerten Verteilzentrum nicht. Es brauchte geschultes Personal, das die Fördertechniken bediente (insbesondere die Gabelstaplerfahrer – ein Berufsfeld, das eindeutig männlich gegendert war) oder sich um die noch mit Schreibarbeit verbundene Lagerkontrolle mittels Lagerkarten kümmerte.

Doch die nächste Revolution bei der Konzeption von Warenlagern bahnte sich bereits an. Mit der Verwendung von Gabelstaplern und dem Stapelkran war es nicht mehr notwendig, Lagerhäuser auf mehreren Stockwerken anzuordnen. Durch die gesteigerte Hebeleistung und Hubhöhe setzte sich eine Bauweise mit wenigen Stockwerken durch.

Das 1958 eröffnete Verteilzentrum von Philips in Acht zeigte die Richtung vor, wie Verteilzentren in den 1960er Jahren geplant, gebaut und erweitert wurden. Das auf eine nutzbare Raumhöhe von 4,8 Metern angelegte Verteilzentrum von Acht wurde ebenerdig und einstöckig gebaut.[94] Das 1962 eröffnete neue Gebrauchsgüterzentrum von Coop Schweiz in Wangen bei Olten war das erste Verteilzentrum in der Schweiz, das in dieser Art gebaut wurde.[95] Wie Philips verlagerte auch Coop die vormals in Basel und Umgebung dezentral angesiedelten Lagerhäuser auf einen Acker im Schweizer Mittelland. Auch für Coop war die infrastrukturelle Anbindung nahe des Eisenbahnknotenpunktes der Schweiz in Olten (an der Bahnlinie Olten-Solothurn, erschlossen durch zwei Bahngleise der Schweizerischen Bundesbahnen SBB) zentral für den Landerwerb in Wangen. Lagerung und Verwaltung wurden getrennt. Das Gebrauchsgüterzentrum diente als Lager und Fabrikationsbetrieb für Schuhe, Textilien und Haushaltsartikel. Es bestand aus Keller, Erdgeschoss, einem ersten Geschoss und einem separaten neunstöckigen Verwaltungsgebäude. Eine spätere Erweiterung des Gebrauchsgüterzentrums war schon bei den ersten Planungsschritten vorgesehen.

Die Baustelle in Wangen war eine der größten, die es in der Schweiz bislang gegeben hat. Eine Betonfabrik produzierte die benötigten 25 000 Kubikmeter Beton.[96] Im Betonbau wurde die erste Unterflurkettenförderungsanlage mit unbemannten Fahrzeugen in der Schweiz und eine von IBM gelieferte elektronische Datenverarbeitungsanlage (ein IBM Ramac Computer) integriert. Im Mittelpunkt des Verteilungszentrums befanden sich unter der vom Schweizer Bauingenieur Heinz Isler geplanten Buckelschalendecke die zentrale Versandhalle und der Betriebsbahnhof. Die Betonkuppel hatte eine Spannweite von 60 Metern. Wie schon Robert Maillart war auch Heinz Isler als Ingenieur an der Weiterentwicklung von Logistikinfrastrukturen beteiligt. Während bei Maillarts Erfindung der unterzugslosen Pilzdecken die Bodenbelastung und Raumausnutzung des Lagerbaus im Zentrum standen, schuf Islers gigantische Betonkuppel mit Oberlichtluken aus Kunststoff eine riesige Versandhalle mit natürlichem Tageslicht. In der Mitte der Versandhalle wurde ein »Steuerzentrum errichtet«, von dem aus »nicht weniger als

Bild 13: Versandhalle mit Steuerzentrum unter dem Kuppeldach von Heinz Isler, Coop Gebrauchsgüterzentrum, Wangen. Fotograf: Heinz Isler.

7000 Quadratmeter überblickt werden können«, wie der Prospekt von Coop festhielt.[97]

Im Gebrauchsgüterzentrum von Coop vereinten sich zu Beginn der 1960er Jahre zwei unterschiedliche Kontrolltechniken: Einerseits wurde mit dem Steuerzentrum in der Versandhalle ein Panoptismus im Sinne von Michel Foucault geschaffen, der auf die Erzeugung einer bewussten und umfassenden Sichtbarkeit zielte. Und andererseits zielte die Integration einer elektronischen Datenverarbeitungsanlage zur Lagerkontrolle auf einen codebasierten Kontrollmechanismus im Sinne von Gilles Deleuze' Überlegungen für eine Kontrollgesellschaft.[98] Das »Ding«, wie die »schauderhafte Elektronenmaschine« im Prospekt von Coop geheimnisvoll umschrieben wurde,[99] löste nämlich die frühere Praxis der Lagerkontrolle mittels Lagerkarten ab. Das EDV-System übernahm die permanenten Lagerkontrollen und die periodischen Inventuren, überwachte die Minimal- und Maximalbestände und nahm Auswertungen für die Abteilungen vor. Die Maschine würde tadellos arbeiten, allfällige Fehler seien allein dem Programmierer zuzuschreiben, bemerkte der Direktor des Gebrauchsgüterzentrums nach der Eröffnung. Menschen wurden aber weiterhin benötigt. 450 Mitarbeiter:innen pendelten Tag für Tag ins Gebrauchsgüterzentrum nach Wangen oder ließen sich in einer der neuen Genossenschaftswohnungen nieder. Die Arbeit im Gebrauchsgüterzentrum war geschlechterspezifisch codiert, wie einer Werbebroschüre von 1968 zu entnehmen ist. Gesucht waren Sekretärinnen, Einkäufer und Disponenten, Marketingfachleute, EDV-Spezialisten, Manager, Magaziner, Kommissionierer und Stapelfahrer.[100]

Das automatisierte Hochregallager

Die Materialflusssteuerung im Gebrauchsgüterzentrum von Coop geschah bereits 1962 auf Basis von EDV. Der aus der Konsumgenossenschaftsbewegung im 19. Jahrhundert entstandene Detailhändler Coop stellte die Automatisierung als Dienst am ökonomischen Nutzen der Konsument:innenschaft dar. Dass aber die Direktion von Coop sich sehr wohl bewusst war, dass mit der Automatisierung auch die Eliminierung von menschlicher Arbeit verbunden war und dass dieser Prozess auch unter Konsument:innen nicht unumstritten war, manifestierte sich in der Betonung der vielfältigen Berufsprofile in Broschüren und Zeitungsartikeln seit den 1960er Jahren.

Im ingenieurwissenschaftlichen Diskurs zur Automatisierung von Lagern und ihrer Transformation zu Hochregallagern dominierte das Argument der Effizienz.[101] Mit der Frage nach der Notwendigkeit der Automatisierung verhielt es sich wie bei einem Henne-Ei-Problem. Die Ingenieure wiesen darauf hin, dass große Zentrallager nur mit Automatisierung zu bewältigen seien. Gleichzeitig waren kapitalintensive Investitionen in ein EDV-System und automatisierte Hochregale nur bei großen Zentrallagern betriebsökonomisch sinnvoll. Der betriebsökonomische Nutzen von EDV-Systemen und Hochregalen bemaß sich an ihrem Ausnutzungsgrad. Das Credo, dass Lagergüter »begleit- und aufsichtsfrei« gemacht werden müssten, dominierte die Visionen, obwohl gleichzeitig auch betont wurde, dass beim Kommissionieren und Teileentnehmen (noch) nicht auf die Hände (»manueller Greifvorgang«) der Lagerarbeiter:innen verzichtet werden könne.[102] Von den als »teuer« taxierten menschlichen Arbeitskräften wurde erwartet, dass sie durch technische Hilfsmittel und effiziente Organisation mehr Leistung erbringen. Von Menschen gesteuerte Hebevorrichtungen erreichten Mitte der 1960er Jahre eine Höhe von etwa 15 bis 20 Metern. Die Visionen der Ingenieure zielten aber bereits auf technische Konstruktionen für voll automatisierte Hochraumlager, die eine Höhe von 50 Meter erreichen würden. Die voll automatisierten Hochraumlager würden Fläche sparen und zusätzlichen Raum schaffen.[103]

Die neuen Lagerhäuser seien in den 1960er Jahren in Ländern mit einem Mangel an Arbeitskräften wie Deutschland, Schweden, der Schweiz oder den USA entwickelt worden, hielt der Logistiker Jolyon Drury in seiner kurzen Geschichte der Lagerarchitektur vor dem Hintergrund der automatisierten Hochregallager 1974 fest.[104] Als der Schweizer Werber Karl Gerstner für die von ihm mitgegründete Agentur GGK im Rahmen einer dreijährigen Imagekampagne für IBM ein automatisiertes Lagerhaus ins Zentrum rückte (»Dieses Lagerhaus hat immer mehr zu tun. Und das gibt immer weniger Arbeit.«), zeigte er einerseits die Anwendungspotenziale der Rechner von IBM für Unternehmen. IBM war jenes IT-Unternehmen, welches 1962 eine EDV-Anlage an Coop für den Betrieb des Gebrauchsgüterzentrums vermietet hatte. Doch Gerstners Visualisierung des automatisierten Lagerhauses schuf auch eine einprägsame Chiffre für die Automatisierung von logistischen Prozessen, die sich nirgendwo anschaulicher visualisieren ließen als an Lagerhäusern. Das Warenlager hatte sich des Hauses entledigt und war nun eine Maschine geworden. Menschen waren in den ingenieurwissenschaftlichen Visionen nur noch vorgesehen, wo ihre Handgriffe nicht von Maschinen übernommen werden konnten.

Bild 14: Werbung von GGK für IBM, 1971.

Doch dass die Planung von Hochregallagern an Verkehrsknotenpunkten auf dem Land auch mit gesellschaftlichen Raumvorstellungen kollidierte und die Visionen der 1960er Jahre sich erst langsam in den 1970er und 1980er Jahren materialisierten, macht der Ausbau des Gebrauchsgüterzentrums in Wangen bei Olten sichtbar.[105] Die Ablehnung des ersten Gestaltungsplanes für ein neues Hochregallager durch die Einwohner:innen von Wangen und der Nachbargemeinde Rickenbach im Jahr 1981 machte deutlich, dass Gebrauchsgüterzentren bloß vermeintlich auf dem grünen Acker gebaut waren. Die Einwohner:innen signalisierten mit ihrer Ablehnung, dass Wangen und Rickenbach nicht bloß ein Verkehrsknotenpunkt und ein Verteilzentrum sind, sondern auch ein Lebensraum. Sie machten ihre Zustimmung davon abhängig, dass Coop Lärmschutzwälle errichtete und sich beim Warenumschlag an die ordentlichen Arbeitszeiten hielt. Und vor allem: Sie setzten durch, dass das Hochregallager statt 33,5 Meter schließlich nur 29 Meter aus dem Boden ragte. Das Hochregallager umfasste 25 000 Palettenplätze, die von sechs Regelförderzeugen bedient wurden. Doch das neue automatisierte Lagerhaus war eigentlich gar kein Haus mehr, sondern ein automatisiertes Regalsystem. Die Dachkonstruktion stützte sich nämlich auf die Regale, und die Regale wurden an die Förderanlagen gekoppelt. Die Vision des Mechanical Handling war nun auch im Schweizer Mittelland verwirklicht. Ein mit einer Hülle versehenes Riesenregal stand jetzt bereit, um einen Palettenpark mit Waren temporär zu beherbergen. Doch das Gebrauchsgüterzentrum war nicht vollends im automatisierten Regalsystem aufgegangen. Es beschäftigte weiterhin 560 Mitarbeiter:innen.

3. Vom Transportstandard zur wilden Infrastruktur: **Die Europalette**

Bild 15: David Cameron auf Europalette, 14. Mai 2016.

Die Logistik tut ihren Dienst diskret. Wenn sie ins Rampenlicht von Politik und Medien gerückt wird, lässt das aufhorchen. Als der britische Premierminister David Cameron am 14. Mai 2016 in Witney, einer kleinen Stadt in der Nähe von Oxford, die Werbetrommel für einen Verbleib in der EU rührte, stieg er auf eine Europalette. Ein Podest hätte der groß gewachsene Staatsmann nicht nötig gehabt. Aber symbolische Unterstützung durch die Europalette konnte er in einem Referendum, das er leichtsinnig und auch eigennützig herbeigeführt hatte, durchaus gebrauchen.

Die Szenerie wirkt grotesk: überdimensionierte Zettel auf der Rückwand, die den Bürger:innen die Kosten eines Brexits (£4.300 pro Haushalt) vorrechneten, ein Kreis von Unterstützer:innen mit Schildern (»Vote Remain June 23th«) und eine Palette ganz prominent in der Bildmitte. Cameron scheint fast mehr über ihr zu schweben als auf ihr zu stehen. Dass sie ein paar Gebrauchsspuren aufweist, könnte der Demonstration seines Anliegens durchaus entgegengekommen sein.

Die Europalette ist ein Symbol Europas geworden. Je nach historischer und politischer Konstellation steht Europa für Unterschiedliches: eine befriedende Nachkriegsvision, ein ökonomisches Projekt zum Zwecke des grenzüberschreitenden Handels und Transports von Gütern, die Annehmlichkeit, ohne Pass im Schengen-Raum zu reisen, oder eine durchnormierte Bürokratie, welche dem Alltag der Bürger:innen ihren Stempel aufdrückt. Die Europalette gehört zu den etablierten Objekten in der Bildsprache der europäischen Einigung und eines europäischen Wirtschaftsraumes, deren Anfänge in die Zeit nach dem Zweiten Weltkrieg zurückreichen, als eine Vielzahl neuer Organisationen gegründet wurde (etwa die Wirtschaftskommission für Europa (UNECE), die Organisation für europäische wirtschaftliche Zusammenarbeit (OEEC), die Europäische Gemeinschaft für Kohle und Stahl (Montanunion) oder die Europäische Wirtschaftsgemeinschaft (EWG), die sich alle in erster Linie um wirtschaftliche Probleme kümmerten).[1] Schon drei Jahrzehnte vor der Gründung der Europäischen Union 1992 war das mit dem Kürzel EUR versehene hölzerne Objekt ein technischer Standard geworden. Seit Juli 1961 steht die Europalette offiziell im Dienst des grenzüberschreitenden Warenverkehres, und zwar nicht bloß in Westeuropa. 1964 erweiterte sie ihren Radius und vermochte mitten im Kalten Krieg zwischen den geopolitischen Blöcken in Ost und West zu zirkulieren.

Welche Geschichte steckt hinter diesem Transportbrett? Wie konnte es zu einem Symbol Europas werden? Und inwieweit lassen sich die Widersprüchlichkeiten der Logistik an den hölzernen Unterlagen des globalen Warenverkehrs ablesen?

Die Geschichte der Palette beginnt in den 1920er Jahren und führt von den USA nach Europa – und auch in die Schweiz und die DDR. Sie handelt von Kriegslogistik, dem Wirken von Eisenbahngesellschaften und Wirtschaftsverbänden im Kalten Krieg, von der Wirkmächtigkeit einer zusammengenagelten Holzplattform und dem Eigensinn unautorisierter Nutzungen.

Die Entgrenzung des Fließbands

Was sich seit Anfang des 18. Jahrhunderts in Skizzen des amerikanischen Erfinders Oliver Evans für Mühlen angedeutet hatte, war nun unübersehbar geworden: Von der Meatpacking-Industrie in Cincinnati, den Schlachthäusern in Chicago bis zu den Autofabriken von Henry Ford in Detroit – das Fließband hatte vor dem Ersten Weltkrieg Einzug in die Massenfabrikation gehalten.[2] Immer größere Mengen von Rohstoffen, Halbfabrikaten und Waren wurden innerhalb und außerhalb der Fabriken transportiert. Der Transport erforderte viel Handarbeit. Unterstützt durch Rollkarren transportierten die Arbeiter:innen die Materialien zwischen den Lager- und Produktionshallen. Doch die amerikanischen Materialflussingenieure tüftelten bereits an Verfahren zur Lösung eines Problems, das sie vor den Fabriktoren, an den Rampen der mechanisierten Fabriken, in Häfen und Güterbahnhöfen beobachtet hatten und als Koordinationsproblem bezeichneten.[3] Sie waren der Ansicht, dass da, wo die Rohmaterialien angeliefert und die Fabrikate abtransportiert wurden, wegen der Vielfalt an Transportmitteln mit unterschiedlichsten Abmessungen kostbare Zeit verloren ginge. Sie suchten nach einem Zwischenglied, um die heiklen Übergänge beim Umladen zu überbrücken. Unberechenbare Transportladungen sollten nach den Visionen der Ingenieure normierten Transporteinheiten weichen, die unterwegs nie ganz auf den Boden kommen, sondern bis zur Zieldestination stabil gehalten werden würden. Dies war die Geburtsstunde einer Lade- und Transportplattform, oder *skid platform*, wie sie in den USA genannt wurde.

Zu Beginn handelte es sich um behäbige Plattformen auf stählernen Stelzen, die das Umladen der Transporteinheiten nach den Methoden der wissenschaftlichen Betriebsführung neu organisierten. Als entscheidender Hebel der Ladeplattformen figurierten handbediente Schub- und Hebevorrichtungen, die *lift trucks*. Die Stuebing Cowan Co. warb mit dem Slogan »As Handy as the Hand« für seinen *lift truck* und versprach, menschlichen Händen gleichsam Flügel zu verleihen und, das war selbstverständlich mitgemeint, Handarbeit durch Material Handling zu ersetzen.[4]

Die Betriebsrationalisierer in Deutschland blickten nach dem Ersten Weltkrieg mit Argusaugen auf diese amerikanischen Erfindungen.[5] Sie hofften, mit den amerikanischen *lift trucks* und den *skid platforms* Arbeitszeit und Arbeitskräfte zu sparen – angesichts der »in letzter Zeit auch für ungelernte Arbeiter stark gestiegenen Arbeitslöhne«, wie sie argumentierten.[6] Doch ingenieur- und betriebswissenschaftliche Visionen allein konnten das Koordinationsproblem von Rohstoffen, Halbfabrikaten und Waren in den Fabriken, an den Rampen, an Bahnhöfen und Häfen nicht

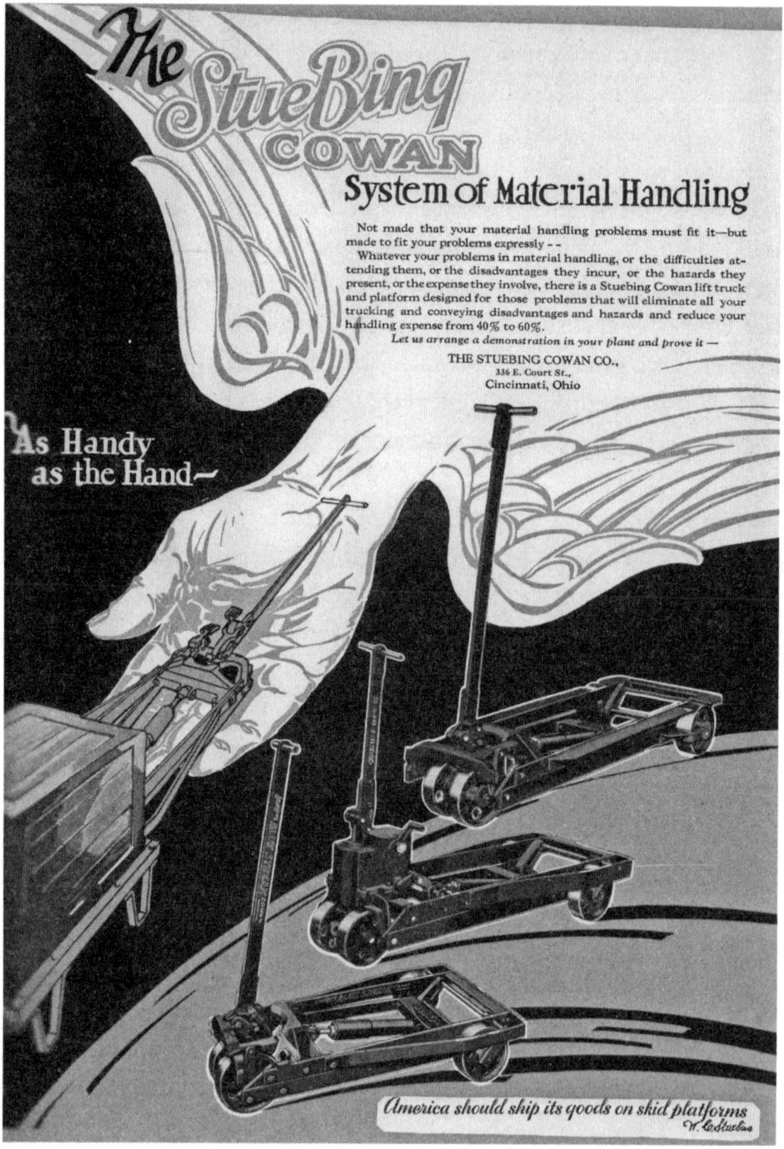

Bild 16: Ersetzung von Handarbeit durch Material Handling in den 1920er Jahren, Werbung von Stuebing Cowan Co.

lösen. Das Koordinationsproblem im Warentransport war eben auch ein Organisationsproblem zwischen einzelnen Unternehmen und bedurfte der Unterstützung durch staatliche oder unternehmensübergreifende Körperschaften. In den USA wurde das als Erstes erkannt: Das Department of Commerce und das Bureau of Standards organisierte 1928 in Washington, D.C. erste Gespräche für eine Standardisierung der Höhe der Stelzen, die in einen Aufruf nach einem nationalen Standard mündeten.[7] Transportplattformen sollten genauso austauschbar werden wie das Rollmaterial bei der Eisenbahn. Was noch fehlte, war eine leichte, günstige, standardisierte und austauschbare Transportplattform. Die Automobilindustrie gehörte in den USA zusammen mit den Eisenbahngesellschaften und der Papierindustrie zu den Vorreitern einer Standardisierung von Transportplattformen. Es fehlte aber eine zentrale Instanz, welche die Standardisierung vorangetrieben hätte. Eine National Skid Service Company zur Koordination des Austausches der zirkulierenden Bretter kam nie zustande.[8] Die Bemühungen um einen nationalen Standard versandeten. Die behäbigen Transportplattformen waren teuer (etwa 30 Dollar), nicht stapelbar und galten bei den kostenoptimierenden Ingenieuren als Raumverschwender, da unter den Stelzen Raum freiblieb. Zudem passten sie auch nicht zu den bestehenden Türen, Gängen und Brücken in Fabrikations- und Lagerhallen. Ein wichtiger Hebel zu einer Rationalisierung von Lagern und Transport war die Weiterentwicklung der Handhubwagen zu benzinbetriebenen *forklift trucks* (den Gabel- bzw. Hubstaplern) in den 1930er Jahren, die über eine Hydraulik für das Heben und Senken der mit Lasten beladbaren Gabeln verfügten.[9]

»This is a Pallet!« Der Zweite Weltkrieg als Materialflusslabor

Im Zweiten Weltkrieg wurde das amerikanische Militär zu jener zentralen Instanz, welche die Transportplattformen entschlackte und standardisierte. Die Transportplattform hieß nun *pallet,* und für das Beladen der

Bretter wurde der Begriff *palletizing* erfunden.[10] Durch Zusammenarbeit mit militärnahen Zulieferbetrieben wanderten die Paletten auch in die Industrie und schließlich mit dem Nachschub an die Kriegsschauplätze in Europa und Asien. Während die privatwirtschaftlichen Lösungsversuche des Koordinationsproblems gescheitert waren, setzte die Armee auf technische Artefakte (den Gabelstapler und normierte Transportplattformen), ein bürokratisches Vorgehen und eine hierarchische Organisation (mit schriftlichen Vorgaben, Standards und Arbeitsteilung).

1943 setzten die Truppen ein Army–Navy Committee for the Study of Palletizing of Supplies ein, das die Standardisierung von hölzernen Transportgestellen in vier Größen empfahl.[11] Die Manuals der Army Service Forces dokumentieren die Standardisierungsoffensiven der Armee.[12] Während des Zweiten Weltkriegs wurden regelrechte Materialflusslaboratorien für die Lagerung, die Verladung und den Transport des Nachschubs geschaffen. Wenn ich hier von Logistiklabors spreche, beziehe ich mich auf die Überlegungen der Wissenschaftssoziologin Karin Knorr-Cetina, die das Labor über die enge Vorstellung einer Experimentalanordnung hinaus als ein Mittel versteht, mit dem die Umwelt bearbeitbar gemacht und dann anschließend wieder zurückübersetzt werden kann.[13] Die Materialflusslabors des amerikanischen Militärs waren eine Voraussetzung für die Palettierung außerhalb des amerikanischen Militärs.

Mit den Mitteln der neu geschaffenen Artefakte wie Paletten und *forklift trucks* sowie den Analysemethoden und Repräsentationstechniken wie den Flowcharts (→ Das Warenlager) sollten die durch Massenproduktion und -distribution entstandenen Koordinationsprobleme gelöst werden. Ich verwende dabei den Begriff Palettierung nicht bloß sachtechnisch, im Sinne einer ununterbrochenen Verschmelzung von Ladefläche und Ladeeinheit und ihrer überbetrieblichen Vereinheitlichung, sondern ich verstehe ihn auch sozial- und kulturhistorisch und meine damit die soziale Herstellung einer spezifischen materiellen Kultur, die Entstehung neuer Räume und die Etablierung von neuen Denk- und Organisationsweisen.

Weibliche Arbeitskräfte waren als Reservearmee während des Zweiten Weltkrieges in Industrie und Militär begehrt. Die Diffusion des mechanisierten Gabelstaplers öffnete ihnen die Möglichkeit, als Fahrerinnen in die männlich dominierten Domänen der Lagerarbeit einzusteigen. Solche Feminisierungsprozesse als Folge von Technisierung sind aus der Geschlechtergeschichte der Arbeit hinlänglich bekannt: Karin Hausen hat argumentiert, dass sich die geschlechtsspezifische Arbeitsteilung und die Zuordnung von Techniken und Geräten gerade unter dem Druck von technischem Wandel aufweichen können.[14] Dies war jedoch bei den Gabelstaplerfahrerinnen nur kurze Zeit im Rahmen der Kriegsökonomie der Fall. Während auf den Fotos in Fachzeitschriften aus den 1930er Jahren ausschließlich Männer bei der Arbeit mit Gabelstaplern abgebildet sind, sind in den 1940er Jahren im Militärkontext plötzlich Gabelstaplerfahrerinnen zu sehen.[15] In den 1950er Jahren verschwanden sie dann wieder fast von der Bildfläche. Während des Krieges wurde die Eignung von Frauen als Fahrerinnen speziell hervorgehoben. Erfahrung beim Lenken und Bedienen von Autos, Lastwagen oder Traktoren wurde zwar als Vorteil für das Manövrieren des Gabelstaplers erwähnt. Interessant ist aber, dass die weiblich konnotierte Tugend der Sorgfalt anschlussfähig war für die raum- und kostensparenden Visionen der Materialflussingenieure: »Women have proven to be excellent drivers. They are slower in learning, but meet production demands adequately, and are likely to be more careful.«[16] Und geschlechtergeschichtlich aufschlussreich ist zudem, dass die Sorgfalt und das Fahrtalent der Frauen in den Manuals als Qualifikation für die Arbeit als Gabelstaplerfahrer:in hervorgehoben wurde, als hätte eine implizite Denkbarriere überwunden werden müssen. Auch in den ersten Jahren nach dem Krieg findet man in den USA noch oft das Motiv der Männermuskeln und Kosten sparenden Gabelstapler im Verbund mit der Frau, wobei eine Frau zwei Männer zu ersetzen versprach[17] – eine Vision, die bei gewerkschaftlich organisierten männlichen Arbeitern nicht auf Begeisterung stieß.[18]

Das aufwendige Bildprogramm, das in den Broschüren der ameri-

Bild 17: »This is a Pallet.« Transportbretter transportieren auch amerikanische visuelle Kulturen und Rationalisierungsmethoden mit nach Europa, Army Services Manual, 1943.

kanischen Armee entwickelt wurde, bildete ein visuelles Reservoir, an dem sich die Verkehrsingenieure in den USA und in Europa dann in der Nachkriegszeit bedienten. Auch die Einführung von standardisierten Paletten war in ein groß angelegtes visuelles Analyse- und Schulungsprogramm eingebettet: Mittels der Bildsprache des Comics wurde den Truppenverbänden in Europa und Asien das Vokabular der neuen Transporttechnik eingeprägt: »This is a pallet« und »This is a fork truck« verkündeten die amerikanischen Soldaten ihren Mitstreitern in Übersee.[19]

Die Skizzen zeigen eine Szenerie mit Palmen und exotisierten Menschen, die von uniformierten amerikanischen Militärs in das Alphabet der modernen Logistik eingeführt werden. In den militärischen Dienstvorschriften nahmen *process charts* als Techniken zur Analyse von Arbeitsabläufen, Transport, Lager und Inspektion sowie für den optimierten Gebrauch der Ressourcen Raum, Arbeitskraft und Technik eine prominente Rolle ein.[20] (→ Das Warenlager) Diese Praktiken eines Visual Managements sind nicht neu: Seit dem ausgehenden 19. Jahrhundert fanden visualisierende Methoden als unternehmerische Analysetechniken Verwendung in der Wirtschaft. Sie schufen, wie Florian Hoof gezeigt hat, eine Ästhetik der Steuerung, welche insbesondere die statische Darstellung und kalkulatorische Verrechnung von Bewegungsabläufen ermöglichte.[21] Die Flowcharts reihen sich in diese visuelle Tradition ein. Sie waren sowohl ein Analyse- als auch ein Kommunikations- und Steuerungsinstrument bei der Einführung von Paletten. Für den Fluss des Materials waren vertikale Linien vorgesehen, Hilfsoperationen wie Kontrolle und Schreibarbeit wurden in Nebenflüsse ausgegliedert. Mittels der geometrischen Symbole Kreis (Transport), Dreieck (Lager) und Viereck (Inspektion) wurden alle Prozesse in eine einheitliche formale Bildsprache integriert. Die Analyse von Arbeitsprozessen in der Tradition des von Frederick Taylor entwickelten Scientific Managements[22] zielte auf eine Organisation von Materialflüssen mittels formalisierender Manuals und graphischer Methoden. Die Palettierung war ein Vehikel zur Optimierung von Prozessen: Durch den Einsatz von standardisierten Paletten und mechanisierten Gabelstaplern sollte der Einsatz menschlicher Arbeitskräfte gesenkt, die Arbeit neu organisiert und ungenutzter Raum eliminiert werden. Damit einher ging eine radikale Umgestaltung von Lager- und Umschlagsräumen und ein Revival von tayloristischen Methoden.

80 x 120 cm – ein neuer Industriestandard in Europa

Nach dem Ende des Krieges, welcher der amerikanischen Material-Handling-Branche Aufwind und große Militäraufträge verschafft hatte, präsentierte sie sich selbstbewusst in einer neuen Zeitschrift mit dem programmatischen Titel *Flow*. Die Wahl der Metapher des Flusses bot ein anschauliches und genügend offenes Begriffsreservoir, an dem die unternehmerischen und ingenieurwissenschaftlichen Visionen ideal andocken konnten. Gerade weil Branchenzeitschriften wie *Flow* vornehmlich für neue Produkte warben, sind sie für die Geschichtswissenschaft produktive Quellen, da sie technische Innovationen dokumentieren und den Blick auf ökonomische und ingenieurwissenschaftliche Visionen freilegen.

Auf dem Reißbrett schien das Koordinationsproblem jetzt gelöst. Nun wurde die Welt entsprechend umgestaltet, mittels einer Architektur, die um Material-Handling-Systeme herum entwickelt wurde,[23] sowie einer Neuorganisation von Arbeit und Arbeitskräften, denen vollständige Flexibilität abverlangt wurde (»a completely flexible pool of manpower«[24]). Sinnbildlich für den gestaltenden Weltanspruch der Ingenieure ist das Cover der ersten Ausgabe von *Flow* im Oktober 1945, das einen männlichen Ingenieur in weißem Hemd zeigt, der sich über ein Reißbrett lehnt und eigenhändig in das Modell einer Hafenanlage eingreift.[25] Auch die Werbung für *lift trucks* des Herstellers Yale auf der ersten Seite zeigt den Geist dieser interventionistischen »visible hands«[26] (Alfred Chandler) mit der Vision einer an Häfen,

Bild 18: Vom Fließband zum Materialfluss. Werbung der Automatic Transportation Company, Chicago, 1945.

Eisenbahnen und Lastwagenterminals angedockten Fabrikanlage der Firma Ford.

Der Verleger der Zeitschrift *Flow* bezog sich explizit auf Henry Ford und seine durchlaufenden Produktionslinien. Die Erweiterung betraf die Gestaltung der Lager und auch die Kommunikationsprozesse in den Unternehmen.[27] Dass die Palette ein Spin-off des amerikanischen Militärs war, wurde in den Werbekampagnen der Material-Handling-Branche gerne ausgeschlachtet, etwa von der Pallet Sales Company, die von der Geheimwaffe des Zweiten Weltkrieges sprach (»War's Secret Weapon … now available to industry«).[28]

Doch auch die Diffusion der Palettierung durch das Militär führte in den USA nach dem Zweiten Weltkrieg nicht zur Herausbildung einer Industrienorm. Zwar veröffentlichte das National Bureau of Standards 1947 erstmals Empfehlungen für einheitliche Paletten, doch handelte es sich hierbei nicht um verbindliche Vereinbarungen.[29] Holzpaletten hatten sich nun durchgesetzt, allerdings nicht mit einheitlichen Maßen. Weil eine nationale Koordinationsinstanz fehlte und weil die Tarifregelungen der Association of American Railroads die Paletten als Fracht- und nicht als Transportbehälter verrechneten (und damit den Transport mittels Paletten verteuerten), wurden Einwegpaletten weiterhin bevorzugt.[30] Nicht einmal innerhalb der amerikanischen Streitkräfte kam ein einheitlicher Standard zustande: Nachdem die American Army einen Standard (72 x 48 inches, d. h. ca. 183 x 122 cm) eingeführt hatte, schuf die Navy eigene Abmessungen (48 x 40 inches, d. h. ca. 122 x 102 cm).[31] Innerhalb von Großunternehmungen in der Automobil-, Papier-, Konserven- oder Getränkeindustrie (etwa Pepsi-Cola) wurden jedoch sogenannte geschlossene Systeme mit Mehrwegpaletten in verschiedenen Maßen realisiert.[32]

Während sich die Palettierung in den USA nach Kriegsende dezentral weiterentwickelte, weckte die Botschaft »This is a pallet« bei den staatlichen Eisenbahngesellschaften in Europa ein Interesse an der Einführung und Standardisierung der Transportplattformen aus den USA. Schweden war das erste Land in Europa, das 1947 den Austausch einheitlicher Paletten durch die Gründung eines nationalen Palettenpools organisierte.[33] Ein Jahr später griffen die internationalen Standardisierungsgremien die Frage eines einheitlichen Transportbrettes auf. Die International Organization for Standardization (ISO) setzte 1948 eine Kommission ein, die sich mit der Palettierung beschäftigte. Der Internationale Eisenbahnverband (IEV/UIC) beschloss 1950 den UIC-Standard: 80 x 120 cm und 100 x 120 cm.[34] In Schweden, den Niederlanden und Dänemark begannen die Eisenbahngesellschaften als Erstes mit dem Einsatz standardisierter Paletten und Gabelstapler, wobei neben den benzinbetriebenen Modellen inzwischen auch batteriebetriebene Gabelstapler auf dem Markt erhältlich waren.[35]

Die Rede von der Durchsetzung eines Standards verbirgt die massiven gesellschaftlichen, ökonomischen, politischen und kulturellen Anstrengungen, die mit der Übernahme einer internationalen Norm einhergingen. In diesen Kraftakt war auch die Organisation für wirtschaftliche Zusammenarbeit (OEEC) involviert, die 1948 im Zusammenhang mit dem Wiederaufbau Europas gegründet worden war und vom Hauptsitz in Paris aus die Verteilung der Mittel des Marshallplanes koordinierte. Sie kümmerte sich um den Transfer der amerikanischen Material-Handling-Methoden und den Absatz entsprechender Produkte in Europa.[36] Europäische Delegationen reisten ab 1950 für die Schulung in die USA, um amerikanische Industrie- und Hafenanlagen zu studieren und an Material-Handling-Konferenzen teilzunehmen.

Die Palettierung der Schweiz

Die Schweiz mit ihrer liberal organisierten und kleinräumig strukturierten Politik und Wirtschaft bietet aufschlussreiches Anschauungsmaterial für das komplexe gesellschaftliche Zusammenspiel bei der Einführung einer nationalen Palettenstrategie und auch für die Mechanismen, wie mit einfachen Holzplattformen logistische Materialflussketten aufgebaut wurden.[37] In der Schweiz wurde die nationale Palettierung zwar nicht als Erstes eingeführt, dann jedoch mit der einer Uhrmachernation eigenen Präzision besonders akkurat vorangetrieben.

Anlässlich der Internationalen Containerausstellung in Zürich präsentierten die Schwedischen und die Holländischen Staatsbahnen im Mai 1951 gemeinsam die Verwendung von Paletten.[38] Wie in der BRD, wo die Deutsche Bundesbahn (DB) 1951 Paletten einführte, waren es in der Schweiz die Schweizerischen Bundesbahnen (SBB), die den Aufbau eines nationalen Standards mit internationaler Anschlussfähigkeit zu ihrer Sache machten und 1951 in einigen Güterhallen erste Versuche durchführten. Sie bezeichneten ihre Aktion zur Verwendung von Paletten als Dienst an der gesamten Volkswirtschaft: »Die Bahnen als ein Mittelpunkt in der volkswirtschaftlichen Güterverteilung *müssen die Initiative ergreifen, um die gemeinsame Palettverwendung in die Wege zu leiten.*«[39] Die Palettierung in der Schweiz wurde von Beginn an in den Rahmen einer nationalen Wirtschaftspolitik gestellt, indem beispielsweise Schreinereien in industriearmen Berggebieten in die Herstellung der Paletten involviert wurden. Wie stark die Paletten zu Beginn der 1950er Jahre als amerikanischer Export wahrgenommen wurden, spiegelt sich in der zunächst noch konsequenten Verwendung des amerikanischen Begriffs *pallets*, der dann durch den deutschen Begriff der Paletten ersetzt wurde.[40] Die Paletten wurden durchaus auch als Werkzeuge der Amerikanisierung wahrgenommen, was sich in Versuchen einer zumindest sprachlichen Umdeutung und Akkulturation artikulierte. In der BRD gab es Ingenieure, die sich an den amerikanischen Begrifflichkeiten störten und stattdessen den Begriff »Verplattung« bzw. das Verb »verplatten« anstelle von »Paletten« forderten.[41]

Franz Hegner und Paul Leuenberger waren bei den SBB die zentralen Figuren im Zusammenhang mit dem Aufbau eines Schweizerischen Palettensystems. Hegner hatte sich auf Studienreisen in den USA mit den neuesten amerikanischen Trends in Produktion und Transport bekannt gemacht. In einer radikalen Verbesserung des Materialflusses sah der Manager der SBB eine der größten noch ungenutzten Kostensenkungsreserven für die Schweizer Wirtschaft.[42] Doch die Interessenlage der SBB war durchaus komplexer: In der Systemkonkurrenz im Güterverkehr zwischen Schiene und Straße, die sich in den 1950er Jahren im europäischen Raum markant intensivierte, avancierte die Palette zu einem »Kampfmittel« der Eisenbahngesellschaften.[43] Die im Systemwettbewerb verwendete Sprache war martialisch. Es ist nicht erstaunlich, dass die im Zweiten Weltkrieg erprobten Paletten nun als »Waffen« gegen den oft schnelleren und kostengünstigeren Transport mit Kraftwagen bezeichnet wurden. Noch hatten sich die Straßenverkehrsunternehmen nämlich nicht für den Transport mit den Paletten ausgerüstet.[44]

Nachdem in drei Versuchsbahnhöfen in Bern, Luzern und Zürich die Einführung der Palettierung ausprobiert worden war (es wurde berichtet, dass allein in Luzern vierzehn Arbeitskräfte durch die Einführung der Paletten eingespart werden könnten), beschloss der Verwaltungsrat der SBB im Januar 1953 auf Antrag der Generaldirektion einen Kredit von 2,7 Millionen Franken für die Anschaffung von »Pallets« und »Gabelhubfahrzeugen«, die an die Stelle der alten hölzernen Sachwagen treten sollten.

Die Spitze der SBB begründete den Entscheid für die Investitionen als Maßnahme zur Kostendeckung im Güterverkehr und als Pluspunkt im Wettbewerb mit dem Gütertransport auf der Straße, da die Lastwagenunternehmen nicht in die Organisation des Palettentransportes einbezogen waren. Doch neben rein betriebsökonomischen Argumenten finden sich auch betriebsorganisatorische und gar disziplinierende Bemerkungen, etwa wenn betont wurde, dass sich damit »die Ordnung in den Güterhallen [...] durch das Zusammenfassen der Gutstücke auf den Pallets vorteilhaft verbessert« habe.[45] Mit einigen Großbetrieben aus der Maschinen- und Metallindustrie wurden schnell Verträge für die Palettierung der Stückgüter geschlossen. Der 1953 gegründete Schweizerische Palettenpool regelte den Austausch der Paletten mit den Verfrachtern. Die SBB übernahmen die Kontrolle und Reparaturarbeiten der Paletten. Sie verrechneten nur das Nettogewicht bei Verwendung von standardisierten Paletten und retournierten Paletten gratis.[46]

Im Februar 1953 zirkulierten bereits 16 000 Paletten auf 130 Bahnhöfen, Ende des Jahres waren schon 400 Bahnhöfe für die Palettierung ausgerüstet, und 1954 hatten sich 100 Unternehmen der nationalen Palettierungsoffensive angeschlossen.[47]

Bild 19 und 20: Qualifikation durch Technisierung? Güterdienstarbeit mit Sackwagen und Hubfahrzeug bei den SBB, 1950er Jahre.

Die Palettierung lief auf eine Reduktion des Faktors Arbeit hinaus. Die SBB legten Wert darauf, die Palettierung als Produktionssteigerung und nicht als Arbeitsvernichtung erscheinen zu lassen: »Die mit der Palettierung realisierten Personaleinsparungen wirkten sich nicht etwa in Form von Entlassungen oder Arbeitslosigkeit aus. [...] Mit der Rationalisierung des Transportwesens können die Gestehungskosten gesenkt werden, ohne Abbau der Arbeitslöhne oder der Sozialeinrichtungen.«[48] Argumentiert wurde mit dem volkswirtschaftlichen Nutzen, der durch Produktivitätssteigerungen erhöht werde. Die Manager der SBB gingen gar so weit, dass sie die Produktivitätssteigerungen durch

Palettierung als Beitrag zur Erhaltung des Arbeitsfriedens bezeichneten – jener spezifisch schweizerischen Form der Sozialpartnerschaft, die 1937 ursprünglich in der Metallindustrie etabliert worden war, um kollektive Konflikte zwischen Arbeitgeber:innen und Arbeitnehmer:innen auf dem Verhandlungsweg beizulegen.[49] Zu Arbeitskonflikten führten die Arbeitsvernichtungsmaßnahmen nicht. Der Arbeitsfrieden galt in der Wirtschaft und der Gesellschaft als Garant für Wohlstand. Und der Arbeitskräftemangel in den 1950er Jahren federte die sozialen Folgen dieser Substitution ab. Zudem unterstrich die Ausbildung der Gabelstaplerfahrer durch die SBB (zwei bis drei Wochen praktischer Fahrübungsunterricht, auch für die künftigen Fahrer der Unternehmen, die mit den SBB ein Palettenabkommen abgeschlossen hatten)[50] den qualifizierenden Charakter dieser Tätigkeit. Die Palettierung wurde von der Eisenbahnergewerkschaft optimistisch als eine Möglichkeit der Qualifizierung von Transportarbeit gesehen. Kritik wurde nur im Falle von »ganz erheblichen Personaleinsparungen« angekündigt.[51] Die Gewerkschafter des Schweizerischen Eisenbahnerverbandes (SEV) legitimierten 1953 den Einsatz von Paletten mit der sich »verschärfenden Strassenkonkurrenz« im Güterverkehr. Sie wiesen aber auch darauf hin, dass sie mit ihrer Forderung nach einer »Beförderung der Hubtraktorfahrer zu Gepäckarbeitern« als Begleitmaßnahme zur Rationalisierung bislang erfolglos waren.[52]

»Be wise, palletize!«

Die Palettierung war eingebettet in einen volkswirtschaftlichen Diskurs der Produktivitätssteigerung und in einen betriebswissenschaftlichen Diskurs der innerbetrieblichen Steuerung durch das in den USA entwickelte Materialflussprinzip. Die Diskurse um Produktivitätssteigerung und Rationalisierung durch Materialflusssteuerung waren nicht primär ein Mittel zur Durchsetzung der Paletten, sondern es verhielt sich genau umgekehrt: Die Paletten waren *das* Vehikel zur Implementierung von Materialflusssteuerung in der Produktion, Distribution und im Transport. Dieses Ziel fügte sich perfekt in die betriebswissenschaftliche Forschung am Betriebswissenschaftlichen Institut (BWI) an der ETH in Zürich ein. Am BWI, das 1929 gegründet worden war, liefen in der Schweiz in den 1950er Jahren viele Fäden zusammen, die sich mit der wissenschaftlichen Erforschung und praktischen Anwendung der ökonomischen Produktivität beschäftigten.[53] Im September 1953 fand am BWI die Tagung »Arbeitsablauf und Materialfluss« statt.[54] Die Begriffe »Bewegung« und »Fluss« avancierten zu Leitmotiven des betriebswissenschaftlichen und volkswirtschaftlichen Diskurses in den 1950er Jahren.[55] Dabei wurde die am Wasserbau orientierte ingenieurwissenschaftliche Vorstellung einer Analogie zwischen dem Wasserhaushalt der Natur und einem ökonomischen Haushalt geknüpft und mit älteren ökonomischen Kreislaufvorstellungen verbunden: Wenn der Fluss das Wasser nicht abführen könne, würden Stauungen eintreten, das Unternehmen wäre überlastet und das investierte Kapital würde wachsen, was schließlich zu Verlusten führen würde.[56] Genauso wie der Flusslauf reguliert und mit optimaler Geschwindigkeit befördert werde, müssten im Betrieb die Durchlaufzeiten gesenkt, gebundene Mittel beschleunigt und die Auftragsabwicklung verbilligt werden.

Die Denkfiguren des Kreislaufs und der Zirkulation sind seit dem schottischen Aufklärer Adam Smith Metaphern für Wohlstand und Wachstum.[57] Wenn Eberhard Schmidt, Professor für Betriebswissenschaften und Produktionstechnik an der ETH, von »Umsatzgeschwindigkeiten« als »Kennzeichen der Produktivität« spricht, adaptiert er die Smith'sche Denkfigur betriebsökonomisch und ingenieurwissenschaftlich: »Produktion ist in Bewegung befindliches Material. Es ist aber nicht allein das Material, das bewegt werden muss, es müssen auch andere Produktionsfaktoren bewegt werden: Bestellungen, Formulare, Werkzeuge, Energiearten und nicht zuletzt Menschen. Die Formen, wie diese Bewegungen im Betrieb auftreten, nennen wir im weitesten Sinne Arbeitsablauf und Materialfluss.«[58] Wenn bei Adam Smith das Kapital in Umlauf gebracht sein musste, um Wohlstand zu generieren, so musste in der ingenieurwissenschaftlich geprägten Betriebsökonomie der 1950er Jahre Material in Bewegung sein, um Kosten zu senken.

Das Medium Film war besonders attraktiv, um die Idee der Materialflusssteuerung zu popularisieren. Die amerikanische Material-Handling-Branche produzierte zwischen dem Ende des Zweiten Weltkriegs und 1960 rund 150 Filme, um für ihre Verfahren und Produkte zu werben. Diese Filme konnten auch in Europa ausgeliehen werden. Die Filmtitel transportieren die Vision, die mit den Paletten verbunden war – Automatisierung, Gewinnmaximierung, Planung und wirtschaftlicher Erfolg: Von *Automation Unlimited, Pacemakers for Industry, Pathway to Profits, Ease the Profit Squeeze, Time, Space and Dollars, Planning for Profits, Operation Profit, Rolling to Profit, Success Story* bis zu *Be Wise – Palletize.*[59] Gegenüber diesen in bildhafter Sprache geäußerten Verheißungen nimmt sich der Titel *Die SBB Standardpalette* für den 24-minütigen Film, den die SBB (inspiriert von den amerikanischen Filmen) zu Beginn der 1950er Jahre produzieren ließen, sehr nüchtern aus.[60] Der Film inszeniert die SBB als wichtigsten Verkehrsträger im Güterstrom und zeigt die Palettierung bei den SBB und in verschiedenen Produktionsbetrieben der Schweiz. Lastwagen sind in der Vision der SBB bloß für die Feinverteilung verantwortlich. Im Zentrum des Films stehen jene Transportwege und Umladeprozesse, die von einem Materialflussberater mit Kreide auf die Tafel gezeichnet und dann wieder ausgewischt werden. Die Palette ist wieder der Agens dieses Prozesses, »eine Quadratur an Einsparung von Arbeitskraft, Raum, Zeit und Arbeit«, wie die Off-Stimme verkündet. Rollende Züge, fahrende Gabelhubtraktoren, rollende Handhubwagen und vorbeirauschende Schatten inszenieren Bewegung. Mittels Kamerafahrten, Filmaufnahmen von sich bewegenden Verkehrsmitteln und Montage entsteht ein Effekt beschleunigter Bewegung, einer Verkettung von Produktion, Lagerung und Transport und eines nahtlosen Ineinandergreifens von Kisten, Handhubwagen, Kranhaken, Paletten, Gabelhubtraktoren und Fahrern. Eine hektische Hammondorgel auf der Tonspur unterstreicht den Eindruck einer permanenten Beschleunigung.

Die SBB Standardpalette integrierte auch Sequenzen aus den amerikanischen Material-Handling-Filmen aus der Zeit des Zweiten Weltkriegs. Auch weibliche Hubstaplerfahrerinnen geraten so kurz ins Bild. Allerdings wird dieses Gendering des Berufs des Hubstaplerfahrers dann anhand von Schweizer Beispielen zurechtgerückt: Für Frauen sind bloß Handhubstapler vorgesehen (»Selbst Frauen können schwere Paletten mit Leichtigkeit bewegen«), die Hubtraktoren (wie die mechanisierten Hubstapler auch genannt wurden) werden ausschließlich von Männern gefahren.

Die SBB Standardpalette verschafft der Historikerin auch einen Einblick in die neuen Güterbahnhöfe und Warenlager, welche an die Stelle der alten Güterschuppen getreten sind. Die Räume sind den Paletten angepasst und in ein umfassendes Signaletiksystem eingebunden worden. Die Böden sind nun wie moderne Stadtstraßen markiert und schreiben die Wege für die Transportfahrzeuge und Paletten vor. Die Bodenmarkierungen vollenden im großen Maßstab, was die betriebswissenschaftlichen Flussdiagrammpläne in Verkleinerung bereits auf Papier vorgezeichnet haben: Materialfluss nach Plan. Die Vision des Material Handling hatte den Ingenieur- und Betriebswissenschaften sowie Transport- und Industrieunternehmen einen weiteren Medialisierungsschub verpasst. Neben Flowcharts, Infographiken, Comics, Filmen, Signaletics und Piktogrammen konnte insbesondere das Medium Film die abstrakten Visionen des Materialflusses idealtypisch inszenieren. Diese medialen Praktiken bauen auf einer Tradition von amerikanischen Unternehmensberater:innen auf, die seit dem ausgehenden 19. Jahrhundert spezifisches taktisches und strategisches Wissen für Unternehmen generiert haben.[61] Es wurde eine neue Zeichenwelt geschaffen, welche alle Teilnehmerinnen und Teilnehmer der Materialflussketten erfasste, ihnen über Sprach- und Kulturräume hinweg einen gemeinsamen visuellen Bezugsrahmen offerierte und genaue Handlungsanleitungen verordnete. (→ Die Verpackung)

Wie wirkmächtig die Einführung der Paletten langfristig für die Vernetzung innerhalb einer ab 1980 unter dem Begriff der Logistik vereinten Branche war, zeigt sich in der Geschichte der Schweizerischen Gesellschaft für Logistik (heute GS1), die ursprünglich 1954 auf Initiative des Industrieverbandes Schweizerischer Handels- und Industrieverein (SHIV) im Zusammenhang mit der Einführung von Paletten gegründet wurde. Die Schweizerische Studiengesellschaft für Rationellen Güterumschlag (SSRG) führte Vertreter aus Handel und Industrie, der SBB, der Rheinschifffahrt, des Autotransports, des Speditionsgewerbes sowie des Luftverkehrs zusammen.[62] Der Verband engagierte sich bei der Propagierung des Palettenpools, der Werbung für Flurfahrzeuge, Förderanlagen und Lagerbewirtschaftung, der Ausbildung von Hubstaplerfahrer:innen und bei der Normierung von Verpackungen.[63] Denn auch das Verpackungsdesign sollte nun den Erfordernissen der Paletten (Anpassen der Grundmaße an den Standard 800 x 1200 mm, Schutz der Ware, Stapelfähigkeit, leichte Manipulierbarkeit) und der Verteilungskette (Transport, Lagerhäuser, Verteilzentren) angepasst werden: »Wenn eine Verpackung nicht leicht manipulierbar ist, sollte sie geändert werden«, forderte Paul Leuenberger in der Branchenzeitschrift für Verpackung *TARA* im Jahr 1954. *TARA* organisierte seit 1957 eine Prämierung von besonders transporttauglichen und ästhetisch ansprechenden Verpackungen.[64] (→ Die Verpackung) Auch das BWI der ETH engagierte sich im Standardisierungsprozess und erforschte seit 1957 normierte Verpackungsdimensionen, die auf Paletten verwendbar sind.[65] 1962 wurde die Vereinigung Schweizerisches Verpackungsinstitut ins Leben gerufen, mit einer Prüfstelle an der Eidgenössischen Materialprüfungsanstalt (EMPA).[66]

Die Bemühungen der SBB und der SSRG, die Palettierung voranzutreiben, erwiesen sich als sehr erfolgreich: 1956 hatten 600 Firmen ein Palettenabkommen mit den SBB abgeschlossen,[67] 1958 bereits 1000 und 1962 waren in der Schweiz schon eine Million Poolpaletten in Zirkulation.[68] Die Schweiz, ursprünglich kein Frühstarter bei der Palettierung, entwickelte sich Ende der 1950er Jahre zum Vorzeigebeispiel für die erfolgreiche Realisierung eines nationalen Standards.

Die Geburt der Europalette

In der BRD hatte die Deutsche Bundesbahn (DB) 1951 erstmals Paletten und Gabelstapler eingesetzt.[69] Ein Jahr später legte der Deutsche Normenausschuss 1952 die Maße für Flachpaletten in Normblättern fest. Auch in der BRD wurde analog zur SSRG eine Studiengemeinschaft für den Behälterverkehr gegründet, in der u. a. die Deutsche Bundesbahn, die Arbeitsgemeinschaft für Spedition und Lagerei, der Bundesverband der Deutschen Industrie und der Verband der Landwirtschaftskammern zusammengeschlossen waren. Diese Zusammenarbeit mündete 1959 in die Gründung des deutschen Palettenpools, der am 1. Januar 1960 in Kraft trat.[70]

Ein Jahr später wurde der Europäische Palettenpool ins Leben gerufen. Die Paletten trugen seit dem 1. Juli 1961 eine einheitliche Markierung (EUR) als Qualitätszeichen.[71] Zu Beginn waren Deutschland, Belgien, Frankreich, Italien, Luxemburg, die Niederlande, die skandinavischen Länder und die Schweiz am Europäischen Palettenpool beteiligt.[72] Viele Institutionen waren in den Aufbau des europäischen Palettensystems involviert.[73] Wichtigster Akteur war der Internationale Eisenbahnverband (IEV/UIC), der sich 1955 in einem Bericht über die Zukunft des Eisenbahngüterverkehrs für eine »politique de présence« aussprach: »Zur Fabrik, zum Silo, zum Lager, zum Steinbruch, überallhin, wo ein lohnender Verkehr aufkommt, muss der Eisenbahnwagen sich Zugang zu verschaffen suchen.«[74] Die im Vergleich zum Lastwagen unflexible Eisenbahninfrastruktur müsse durch Technik (Hebevorrichtungen und Lademittel wie Paletten und Behälter) flexibilisiert werden. Zahlreiche Organisationen waren an der Entstehung eines europäischen Palettenpools beteiligt, etwa die Europäische Transportministerkonferenz, aber auch die International Road Transport Union (IRU).[75] Es gab harte Verhandlungen um eine Reduktion der Anzahl der bereits bestehenden Standards der ISO und des IEV. Konkret ging es um den Entscheid zwischen den zwei Maßeinheiten 80 x 120 cm und 100 x 120 cm. Der IEV erklärte die Abmessung 80 x 120 cm zum Standard. Den Bahnverwaltungen, die noch Paletten mit einer Größe von 100 x 120 cm verwendeten, wurde aber zugestanden, bilaterale Abkommen für deren Austausch abzuschließen.[76] Die Palette des Europäischen Palettenpools (EPP) war fast identisch mit der SBB-Standardpalette, bloß die Nagelung wurde von 138 Nägeln auf 78 Nägel reduziert. Die Nagelung der SBB-Standardpalette wurde allgemein als zu großzügig beurteilt. Die Reduktion verbilligte die Palette um 60–90 Rappen.[77] Auf Vorschlag der UIC einigte man sich neben einem Herkunftszeichen der Palette (die entsprechende nationale Eisenbahngesellschaft) auf eine einheitliche Markierung (EUR) und damit auf eine frühe materialisierte Repräsentation eines einheitlichen europäischen Transport- und Wirtschaftsraumes.[78]

Es ist das Zeichen EUR und die damit einhergehende jahrzehntelange Tradition des grenzüberschreitenden Handels- und Transportraums, auf das sich David Cameron am 14. Mai 2016 in Witney bezog. Er verwies dabei auf das durch technische Standards vereinte Europa, welches der politischen Vereinigung um Jahrzehnte voraus war. Thomas J. Misa und Johan Schot nannten die transnationale technische Vereinigung eine »hidden integration« Europas, die auch »hidden fragmentations« nach sich gezogen habe.[79] Europa, so könnte Camerons Europaletten-Auftritt vor dem Brexit-Referendum im Jahr 2016 historisch gedeutet werden, ist nicht bloß das Ergebnis politischer und ökonomischer Beziehungen, sondern auch das Ergebnis von gemeinsamen Infrastrukturprojekten und der Zirkulation und Aneignung von Wissen und Artefakten. Paletten vermochten Verbindungen zu erzeugen, gerade wenn sie durch technokratische und bürokratische Körperschaften unterstützt wurden. Der geographische Radius der Verbindungen folgt dabei den infrastrukturellen Netzwerken und nicht den nationalstaatlichen Grenzen.

Seit Beginn der 1950er Jahre fingen auch die Eisenbahngesellschaften der sozialistischen Länder Europas an, Paletten zu verwenden. In der UdSSR wurden Paletten im Jahr 1950 standardisiert.[80] Die DDR begann 1956 mit der Entwicklung des Palettenverkehrs.[81] Nachdem 1964 auch die Tschechoslowakei und die DDR dem Europäischen Palettenpool beigetreten waren, etablierte die Europalette einen europäischen Kooperationsraum des Güterstroms qua technischer Norm zwischen den Blöcken im Kalten Krieg.[82]

In den ausgebleichten Akten im Bundesarchiv in Berlin-Lichterfelde finden sich in den Mehrjahresplänen und Berichten aus dem Ministerium für Verkehrswesen, dem die Deutsche Reichsbahn zugeordnet war, Spuren der Palettierungsprojekte in der DDR und ihrer Teilnahme am Europäischen Palettenpool. Obwohl sich die Wirtschaftssysteme im Westen und im Osten unterschieden, waren die Begrifflichkeiten und auch die Ziele bei der Einführung der Palettierung durchaus vergleichbar – etwa der Fokus auf die Güterstromplanung, die Mechanisierung des Güterverkehrs und der Ausbau von Standards.

Die Einführung des Palettensystems in der DDR ist vor dem Hintergrund der Aufnahme der BRD in die NATO im Jahr 1955 und der Mitgliedschaft der DDR im Warschauer Pakt einzuordnen. Damit war die deutsche Teilung geopolitisch besiegelt worden. Für die Spitze des Zentralkomitees der SED bildete der Rückstand im Lebensstandard gegenüber der BRD (auch angesichts von »Republikflüchtlingen«) die planerische Priorität einer Aufholjagd.[83] Walter Ulbricht verkündete auf dem V. Parteitag der SED 1958 die »ökonomische Hauptaufgabe«, die das Ziel hatte, die Wirtschaftsleistung der BRD bis 1961 einzuholen und zu übertreffen. Mittels eines Siebenjahresplanes für den Betriebs- und Verkehrsdienst der Reichsbahn sollten die von Walter Ulbricht geforderte Erfüllung von Planzielen und eine Steigerung der Arbeitsproduktivität (insbesondere in der Industrie) erreicht werden, und zwar auch durch eine Mechanisierung im Transport.[84] Der Siebenjahresplan für den Betriebs- und Verkehrsdienst war ein sozialistisches Planungsprojekt, das von der Zentrale diktiert wurde und eine strenge Ordnung und Disziplin als Voraussetzung für die Erreichung der Ziele betonte.[85]

Als die DDR 1958 dreizehn Gabelstapler aus der BRD bezog, begründete sie diesen Kauf mit dem »wesentlichen Vorsprung« Westdeutschlands im Vergleich zur DDR.[86] Bis 1959 sollte die Entwicklung eines eigenen Gabelstaplers beendet sein. Man versprach sich von den Paletten Kostensenkungen bei Umladungen und die Einsparung von Arbeitskräften bei leichteren Arbeitsbedingungen, gerade auch angesichts eines »akuten Arbeitskräftemangels«. Der Einsatz von Paletten wurde in den sozialistischen Produktionsverhältnissen als Befreiung von schweren körperlichen Arbeitsleistungen gepriesen. Die frei gewordenen Arbeitskräfte sollten in der Industrie als Produktionsarbeiter eingesetzt werden.[87] Das Ministerium für Verkehrswesen ordnete auch die Feminisierung des Betriebs- und Verkehrsdiensts als Beitrag zur »ökonomischen Hauptaufgabe« an. Der Einsatz von Frauen müsse verstärkt werden. Dafür sollten Kinderkrippen und Wäschereien geschaffen werden.

Der Siebenjahresplan von 1958 rechnete vor, dass zur Erreichung dieses Zieles 350 Gabelstapler, 1700 Gabelhubwagen und 150 000 Paletten benötigt würden und die Bauten dem Palettenverkehr angepasst werden müssten.[88] Bis 1965 sollten 1500 Arbeitskräfte zu Gabelstaplerfahrer:innen ausgebildet werden, 200 Fahrer:innen pro Jahr.[89] 1961 wurde mit dem »Plan Neue Technik« (PNT) nochmals ein Plan ausgearbeitet, der alle bisherigen Pläne vereinheitlichen und den wissenschaftlich-technischen Fortschritt zur Steigerung der Arbeitsproduktivität und damit auch höchste Transportleistungen in kürzester Zeit voranbringen sollte.[90] Die Palettierung wurde in der DDR gemäß den Vorgaben der Deutschen Reichsbahn und mit dem internationalen Standard 80 x 120 cm für Austauschpaletten vorangetrieben.[91] Allerdings lief auch in der DDR die Palettierung nicht nach Plan, den Betrieben musste mit Ausnahme- und Übergangsbestimmungen entgegengekommen werden, bis die Abläufe der sozialistischen Handelsbetriebe den Paletten angepasst waren.

Mit dem Mauerbau 1960/61 schränkte die DDR die Möglichkeiten einer Übersiedlung in die BRD massiv ein und reduzierte somit auch das Risiko der Abwanderung von Arbeitskräften erheblich. Als die DDR im Jahr 1964 dem Europäischen Palettenpool beitrat, entstand die Paradoxie, dass die DDR den länderüberschreitenden Warenfluss beförderte, während sie gleichzeitig die grenzüberschreitende Mobilität ihrer Bürger:innen unterband. Diese Paradoxie manifestierte sich insbesondere auch in den Besprechungen der Verwaltungen und speziellen Arbeitsgruppen des Europäischen Palettenpools, zu denen ab 1964 jeweils auch eine Delegation des Ministeriums für Verkehrswesen der DDR anreiste. Auf den Tagungen wurde etwa über den Umgang mit »Palettenschulden« verhandelt. Mittels einer Festlegung der Bestimmung der »Lebensdauer« von Paletten, Fristen für den Palettenausgleich und Gebühren für Verzögerungen als Kompensation für Palettenverluste versuchte das EPP, den Palettenaustausch zu koordinieren.[92]

Im Vorfeld der Besprechungen wurden minutiöse Direktiven für das Auftreten der Delegation verfasst, mit Vorgaben zu den Standpunkten, welche sie zu vertreten hatte. Im Anschluss an die Auslandsreisen fasste die Delegation den genauen Ablauf der Reise, den Verlauf der Besprechung und die Erfüllung der Direktiven in einem Bericht zusammen. Die Delegation hatte sich an strikte Direktiven zu halten und auch über den Verlauf der Reise Bericht zu erstatten. Je nach politischer Lage und Ort der Besprechung musste sie sich nach Ankunft bei der Botschaft der DDR melden. Sie war angehalten, engen Kontakt mit anderen sozialistischen Delegationen zu halten, einen gemeinsamen sozialistischen Standpunkt zu vertreten und auf keinen Fall Einladungen von Einzelpersonen oder Institutionen aus der BRD anzunehmen.[93] Die vordergründig rein technischen Palettenkonferenzen boten zur Zeit des Kalten Krieges auch Möglichkeiten für außenpolitische Auseinandersetzungen. So forderte die Delegation der DDR immer wieder (vergeblich), dass ihre Bezeichnung im Teilnehmerverzeichnis neben »RB« auch den Zusatz »im Ministerium für Verkehrswesen der DDR« enthalten müsse, und betonte damit die Organisationsstruktur der Reichsbahn als zentral geleiteter Betrieb.[94]

Die Paletten dienten während des Kalten Krieges als Hebel für eine Rationalisierung von Transport, Lager und Produktion. Sie boten eine technologische Lösung zur Beförderung des Materialflusses, die zu einer doch auffällig einheitlichen Technik, Architektur und Organisationsstruktur im Osten und Westen führte. Kapitalistische Visionen der Verflüssigung der Waren in den USA und in Westeuropa und sozialistische Ideen der Mechanisierung zwecks Verschiebung von Arbeitskräften vom Transport in die Produktion in den Fabriken erwiesen sich als kompatibel.

Zweckentfremdungen und die Rückkehr der Vielfalt

Die Ausbreitung der Palette war zwar eine planerische Großleistung, doch ließ sich der Gebrauch eines Objekts, das gerade darauf angelegt ist, universelle Verwendung zu generieren und zwischen Eisenbahngesellschaften und Unternehmen zu zirkulieren, nur sehr schwer koordinieren. Bereits 1958 beklagten die SBB in der Schweiz erstmals einen Palettenmangel.[95] Ein weiteres Problem war der kostenintensive Unterhalt der beschädigten Paletten und die Versuchung für Palettenpoolteilnehmer, die Reparatur auf den nächsten Teilnehmer in der Transportkette abzuschieben. Auch die Entwendung und Zweckentfremdung von Paletten wurde von der Schweizerischen Studiengesellschaft für Rationellen Güterumschlag (SSRG) beobachtet und kritisiert: »Auf diese Weise werden jährlich zehntausende von Paletten ihrem Zweck entfremdet. Im Liechtensteinischen hat man kürzlich sogar feststellen können, dass ein Tierfreund aus einer der Bahn gehörenden Boxpalette eine Hundehütte gezimmert hat. [...] Es empfiehlt sich dringend die Austausch- und Rückgabekontrollen bei den Palettierungsgeräten sehr straff durchzuführen. Nichts ist lästiger als bei Bestandesaufnahmen plötzlich feststellen zu müssen, dass grosse Mengen Palettengeräte auf unerklärliche Weise verschwunden sind.«[96]

Trotz der Verbuchung von Paletten auf Frachtbriefformularen und eines Kontrollsystems an den Grenzbahnhöfen waren die Palettenverluste teilweise so groß, dass es zu Güterflussstockungen und Produktionsunterbrechungen bei den Bahnkunden kam. Im Zusammenhang mit der Ausarbeitung eines neuen Reglements für den Güterdienst berichteten die SBB 1971 von »immer grösser werdenden Schwierigkeiten«: »Gegenwärtig schulden wir vielen Kunden Zehntausende von Geräten, die wir nicht zurück geben können, weil unser Bestand nicht ausreicht, obwohl wir in den ersten neun Monaten des Jahres 1971 bereits mehr als 180 000 neue Paletten eingeschossen haben.«[97] Im internationalen Palettentausch waren die Koordinationsprobleme noch gravierender. Mit bürokratischen Kontrollinstrumenten versuchte der Europäische Palettenpool, den Unregelmäßigkeiten entgegenzuwirken: Buchführung, Kontrolle und Aufsicht über die Qualität der Paletten oblagen den nationalen Eisenbahngesellschaften. Die Paletten mussten gezählt und die Anzahl der ausgetauschten Paletten im Frachtbrief festgehalten werden. Mittels der Festlegung von einheitlichen Zählmethoden, einheitlichen Abschreibungsperioden und der Verhängung von Geldbußen bei verzögerter Rückgabe versuchte der Europäische Palettenpool, dem Verlust von Austauschpaletten Herr zu werden.

Einen Standardisierungsprozess wie die Palettierung darf man sich nicht als umfassende Durchsetzung einheitlicher Normen vorstellen. Die Häfen beispielsweise wurden von der Palettierungsoffensive kaum erfasst. Zu Beginn der 1950er Jahre wurden etwa am Rheinhafen in Basel auch *forklift trucks* zum Löschen der Schiffe und zur Umladung in die Eisenbahnwaggons getestet.[98] Im Amsterdamer Hafen waren damals bereits standardisierte Paletten, die für den Einsatz von *forklift trucks* benötigt wurden, im Einsatz, allerdings waren sie viel größer als die normierten Eisenbahnpaletten. Es zeichnete sich bereits in den 1950er Jahren ab, dass der Schiffstransport die Waren viel stärkeren Belastungen aussetzte als der Eisenbahnverkehr und dass eine Stabilisierung der Waren mittels sogenannter Container von den Spediteuren und Reedern bevorzugt wurde. Die Seeschifffahrt, das war bereits Anfang der 1950er Jahre klar, ließ sich nicht in das Projekt einer transportübergreifenden einheitlichen Palettierung einbinden.[99]

Eine Dissertation zur Frage der ökonomischen Effizienz der Palettierung in der Schweiz kam 1963 zum Schluss, dass das volkswirtschaftlich angestrebte Ziel eines durchgehend palettisierten Warenverkehrs noch auf sich warten lasse, da insbesondere zwischen den verschiedenen Verkehrsträgern noch zu viel »umpalettisiert« werden müsse.[100] Die Reißbrettvisionen der Ingenieure und Betriebsökonomen waren nicht vollends Realität geworden. Doch die Stärke eines Standards besteht darin, dass er von allen anschlussfähigen Partnern verwendet werden kann – auch gegen die Intentionen seiner ursprünglichen Schöpfer:innen. Schließlich hatten die europäischen Eisenbahngesellschaften die Paletten als Kampfmittel gegen die Konkurrenz durch den Lastwagenverkehr eingeführt. Doch es war klar, dass sich der Lastwagentransport nicht von der Palettierung ausschließen ließ. Die Lastwagen setzten der Palettierung anfänglich wirtschaftliche und technische Widerstände entgegen: technische wegen der Vielzahl von Flurhöhen und der Varianz der Lastwagenbreiten und wirtschaftliche wegen des Verlusts an Laderaum bei Verwendung von Paletten, was bei Lastwagen im Vergleich mit der Eisenbahn stärker ins Gewicht fällt.[101] Doch die Lastwagenbranche unternahm in den 1960er Jahren im Verband mit der International Road Transport Union (IRU) Maßnahmen, um die Lastwagenbreiten zu normieren und den Lastwagenverkehr mit dem Palettensystem zu verbinden. Auch die Lastwagen wurden deshalb schließlich Bestandteil des Palettensystems, indem die Lastwagenbreiten auf Initiative des IRU den Paletten angepasst wurden, auch wenn dies von den Eisenbahngesellschaften ursprünglich nicht so vorgesehen war.[102] Zu Beginn der 1970er Jahre war es dann der Lastwagenindustrie »aufgrund millimetergenauer Tüftelei« gelungen, Lastwagen und Anhänger mit optimierten Pritschenabmessungen zu konstruieren.[103]

Ziemlich genau dann, als in Europa Architektur, Verpackungen, Technik und Arbeitsorganisation immer passgenauer mit den Paletten interagierten, setzte sich mit dem Container ein neues Transportmittel aus den USA in Europa durch, das die standardisierte europäische Palettenharmonie beträchtlich störte und zu massiven Interessenkollisionen zwischen den USA (unterstützt von Großbritannien) und Kontinentaleuropa führte.[104] Die Normierung der Innenabmessung des

Containers durch die ISO war nicht kompatibel mit den Europaletten. Mit den neuen Transportbehältern aus den USA gelangten auch neue Forderungen an die ISO, die internationale Normierung von Verpackungen künftig auf Basis der Container statt auf Basis der Paletten vorzunehmen und neue Palettenstandards zuzulassen.[105] Angloamerikanische Normierungssysteme, die auf den im privaten Schiffsverkehr etablierten Container als Normierungsgrundlage setzten, standen der europäischen Normierungstradition gegenüber, die auf der im internationalen Eisenbahnverkehr verankerten Palette basierte. Die Amerikaner:innen nahmen für ihr System Weltläufigkeit in Anspruch und disqualifizierten das System Europas als Regionalprojekt. Die Europäer:innen waren zwar schnell gewesen bei der Adaption und Transformation einer amerikanischen Erfindung, doch ist kein Standard davor gefeit, durch technische Entwicklungen, politische Entscheidungen und wirtschaftliche Prozesse in Frage gestellt zu werden. Die bürokratische Organisation des Austausches von Paletten unter Obhut der Europäischen Eisenbahngesellschaften war sehr erfolgreich dabei, die Palettierung in Gang zu bringen, doch gelang es ihr nie, diese zu kontrollieren.

1991 wurde mit der European Pallet Association (EPAL) eine private Organisation gegründet, die die Produktion und Reparatur von Paletten mittels Zertifikaten an Lizenzunternehmen vergibt und die technische Qualität sicherstellt.[106] Die EPAL ist in dreißig Ländern präsent und fußt auf vierzehn nationalen Komitees. Die 1994 ins Leben gerufene EPAL Suisse produziert beispielsweise rund 500 000 und repariert 1,5 Millionen Paletten im Jahr.[107] Die 1990er Jahre stellten für die Palettierung einen insgesamt für die Geschichte der Logistik wichtigen und aufschlussreichen Einschnitt dar. Ein marktwirtschaftlich organisiertes Lizenzsystem löste das alte bürokratische System der staatlichen Eisenbahngesellschaften als Instanz der Qualitätskontrolle am Ende des Kalten Krieges ab. Die von Beginn an auf Verflüssigung der Warenmobilität angelegten Paletten hatten ihren Dienst erfüllt. Das liberale System setzte sich durch. Seither garantiert die privat organisierte EPAL in Europa die notwendigen minimalen Standards, um die technische

Kompatibilität innerhalb des losen Netzwerks von Unternehmen zu garantieren.

Die Tauschkriterien sind durch die EPAL zwar international reglementiert, doch zeigte sich, dass die globalisierte Wirtschaft auf eine Pluralisierung von Standards drängte. Um Ländern wie China entgegenzukommen, ließ die EPAL nun wieder mehr Formate (neben 80 x 120 cm auch 100 x 120 cm und 80 x 60 cm) zu. Die SBB verkauften 1996 das Stückgutunternehmen Cargo Domizil und zogen sich 1998 auch aus der Palettenbewirtschaftung zurück. Es waren dann die im ASTAG organisierten Straßentransporteure, die in die Bresche sprangen und die Koordination des Palettentausches übernahmen, bis auch sie 2007 wieder ausstiegen.[108] Die Situation war durchaus vergleichbar mit der Lage in den USA ganz zu Beginn der Geschichte der Palette: Nach dem Ausstieg staatlicher Organisationen waren private Akteur:innen nicht mehr langfristig bereit, die Kosten der Koordination zu tragen. Die Organisation des Palettentausches wurde nun der Selbstverantwortung übertragen und als Frage des Fair Plays verstanden. Die GS1 (die Nachfolgeorganisation der SGRG) hat zusammen mit der ASTAG hierfür im Sinne eines

Bild 21: Zwei auf einer Straße aufgestellte Paletten zur Freihaltung von Parkplätzen in Bukarest. Zeichnung: Oana Lohan.

Bild 22: Notwege mit Paletten nach Überflutung des Dorfes Stansstad durch den Vierwaldstättersee im Sommer 2021.

Code of Conduct Regeln und Pflichten herausgearbeitet. »Engagierte Unternehmen« können sich zu einem Code of Conduct bekennen und auf der Internetplattform Europalettentausch registrieren lassen.[109]

Während die Logistiker:innen in den 1960er Jahren noch versucht hatten, dem Abfluss von Paletten, ihrer Zweckentfremdung und eigensinnigen Aneignung durch die Zivilgesellschaft mit bürokratischer Kontrolle entgegenzuwirken, haben die Paletten ein Eigenleben entwickelt und sind zu einer vielfältig und maximal flexibel nutzbaren Moduleinheit avanciert. Ob die Paletten im neu aus dem Boden gestampften Quartier Europaallee hinter dem Bahnhof in Zürich improvisierte Lässigkeit und freie Begegnungsorte markieren sollen, ob sie an den Stadträndern Wiens zu Hundehütten umgebaut werden, in Bukarest und Weimar zur Freihaltung von Parkplätzen aufgestellt werden, auf einer Ferieninsel in Südeuropa von den Menschen als Fußsteg auf einem vermatschten Weg zurückerobert werden oder in der Innerschweiz nach der Überflutung des Dorfes Stansstad durch den Vierwaldstättersee im Sommer 2021 als behelfsmäßig errichtete Notwege verwendet werden – Paletten sind weltweit zum verlässlichen Baumaterial einer wilden, lokalen Bedürfnissen entsprungenen Infrastruktur geworden. Diese ursprünglich nicht intendierten Verwendungen eines Transportstandards sind so erfolgreich, weil Paletten überall zur Hand sind, ihre Verwendung unkontrollierbar ist und sie sich nun auch gut in eine naturnahe Ästhetik des Holzbaus einfügen.

Palettenmangel nach Brexit und Covid-19-Pandemie

Seit ihren Anfängen werden die Europaletten aus dem Naturstoff Holz hergestellt. Elf Bretter, 78 Nägel und vier Klötze werden zusammengenagelt, so will es der Standard. Doch der Naturstoff Holz birgt auch Gefahren für den grenzüberschreitenden Welthandel. Mittels Holzverpackungen und Paletten werden mit den Waren auch Schädlinge transportiert. Die Einführung des ISPM 15 (Internationaler Standard für Phytosanitäre Maßnahmen) durch das Internationale Pflanzenschutzübereinkommen (IPPC) der Ernährungs- und Landwirtschaftsorganisation der Vereinten Nationen (FAO) im Jahr 2002 versucht, dem wilden Treiben auf den hölzernen Transportplattformen und ihren globalen Auswirkungen den Garaus zu machen. Die Umsetzung des Internationalen Pflanzenschutzübereinkommens führte zu einer Erweiterung der Markierungen auf den Paletten: Neben EUR (oder EPAL) werden standardisierte Mehrwegpaletten nun auch durch das Zeichen HT (Heat Treatment) und die Ähre als Zeichen des IPPC markiert. Vor dem Vollzug des Brexits am 1. Januar 2020 wurde angesichts der angekündigten Durchsetzung der ISPM 15-Standards durch die Zollbehörden an den Außengrenzen des Europäischen Wirtschaftsraums befürchtet, dass LKWs mitsamt ihren Waren an den Grenzen stillstehen könnten, weil nur etwa ein Drittel der Paletten der ISPM 15-Norm entsprach.[110]

Die Materialität der Paletten macht sich zudem bei Liefer- und Preisschwankungen von Holz bemerkbar, welche auch zu Engpässen und Preissteigerungen von Paletten führen.[111] Obwohl während der Covid-19-Pandemie 2020/2021 (nach Schätzungen der EPAL) rund 600 Millionen nach strengen Auflagen standardisierte Paletten im Umlauf waren, kam es 2021 wie bei den Containern zu Lieferengpässen, nachdem zu Beginn der Pandemie die Lieferungen von Holz aus Skandinavien und Osteuropa zurückgegangen waren.[112] Im Post-Covid-Boom mit gesteigerter Nachfrage nach Holz kam es auch zu einem Mangel an qualitativ hochwertigen Nadelhölzern (Fichte, Tanne, Kiefer). Die Verknappung des Palettenholzes führte auch zu Lieferengpässen und Preissteigerungen bei EPAL-Paletten. Mit dem Beginn des Ukrainekrieges und den Sanktionsmaßnahmen gegen Russland nach dem 24. Februar 2022 droht den Paletten neues Ungemach: Die Verpackungslobby in Deutschland befürchtete durch die Sanktionen ausgerechnet einen Mangel an Nägeln. Die meisten Firmen der Branche beziehen ihre Nägel von Lieferanten in Osteuropa, etwa aus Polen. Dass diese Lieferanten fast komplett auf Stahl aus Russland setzen, hat die Branche dann überrascht.[113]

Der Europalette wurde im Zuge der Covid-19-Pandemie zudem öffentliche Aufmerksamkeit als Ladeträger für die Lagerung und den Transport der Covid-19-Impfstoffe zuteil.[114] Während Kunststoffe bei den tiefen Temperaturen, die für die Lagerung der Impfstoffe notwendig ist, ihre Elastizität verlieren und brüchig werden, ist der Naturstoff Holz auch bei tiefsten Temperaturen stabil und durch Behandlung gemäß des ISPM 15-Standards auch gegen Schädlinge geschützt.

Es war just der ISPM 15 aus dem Jahr 2002, der schließlich nach dem Brexit die Abhängigkeit des freien Warenverkehrs von Standards und gleichzeitig auch die Ausschlussmechanismen, die mittels Standards durchgesetzt werden, deutlich vor Augen führte. Der ISPM 15 schreibt nämlich vor, dass Verpackungs- und Transportmaterialien im grenzüberschreitenden Verkehr gegen Frischholzschädlinge mindestens 30 Minuten mit 56° Celsius Hitze behandelt werden müssen. Während die ISPM 15-Norm im offenen Wirtschaftsraum der EU wie auch im Handel mit der Schweiz nicht kontrolliert wird, wird sie im grenzüberschreitenden Verkehr mit Drittstaaten (wie Großbritannien nach dem Brexit) durchgesetzt.[115]

Paletten sind (wie die von Bruno Latour entschlüsselten automatischen Türschließanlagen) Dinge der Moderne, deren Wirkweise auf den von Ingenieur:innen in Objekte eingeschriebenen Skripts basieren, aber ebenso auf Vorschriften, welche den Akteur:innen auferlegt werden.[116] Mittels einer standardisierten Palette, die um beliebige weitere Standards angereichert werden kann, wurde ein flexibel anwendbares Werkzeug zur Verflüssigung eines offenen Warenverkehrs in die Welt gesetzt. Dass sie auch von Lebewesen bevölkert sein und durch ihre weiten Reisen die Biodiversität an entfernten Orten gefährden kann, daran hatten die fordistischen Weltaneigner zu Beginn des 20. Jahrhunderts noch nicht gedacht. Paletten sind das Ergebnis einer immer vom Chaos begleiteten planerischen Großleitung. Sie wurden vom Zweiten Weltkrieg über den Kalten Krieg, bis hin zur Globalisierung und Deregulierung in den 1990er Jahren auch kulturell immer wieder neu aufgeladen. Und sie werden bis heute von der Zivilgesellschaft und anderen Lebewesen listig entwendet.

4. Vom Frachtzeichen zum Haken: **Die Verpackung**

Bild 23: Kartonstück aus dem Konvolut Piktogramme zum Thema Transport. Konzept und Sammlung: Hans-Rudolf Lutz, 1975–1990.

Dieses Stück Karton ist wohl hastig geschnitten worden. Auf dem Karton ist eine Graphik aufgedruckt, die ein umgekipptes Weinglas darstellt, das am Stängel und am Kelch zerbrochen ist. Daneben ein Pfeil, der nach oben zeigt. Unterhalb des Trinkkelchs steht in Großbuchstaben »FRAGILE«. Unterhalb des Pfeils »UP«.

Das bedruckte Kartonstück ist ein Ausstellungsobjekt in der Graphiksammlung des Museums für Gestaltung in Zürich und kann in einer Wandvitrine in der Abteilung Collection Highlights besichtigt werden. Dort wurde nicht an Ausstellungsobjekten gespart. Dutzende von Kartonstücken hängen in kleinen Serien gruppiert an der Wand. Während der Blick über die vielen Kartonteile mit Pfeilen gleitet, fällt plötzlich auf, dass kein Pfeil dem anderen gleicht. Alle unterscheiden sich ein bisschen. Auch bei den aufgespannten Regenschirmen oder den zwischen Zeigefingern und Daumen schwebenden Eiern fällt die Varianz sofort ins Auge. Oft sind es bloß kleine Nuancen in Form, Größe oder Farbe.

1975 begann der gelernte Schriftsetzer und visuelle Gestalter Hans-Rudolf Lutz Piktogramme auf Wellkarton zu sammeln.[1] Er entdeckte sie während seiner Gastlehrertätigkeit in Edmonton in Kanada auf Wellkartonverpackungen, die zur Abfallentsorgung bereitgestellt worden waren. Der Aufenthalt in Kanada war der Anfang von Lutz' Wellkartonstreifzügen durch Amerika, Europa und Asien, die er bis 1990 fortsetzte.[2] Nicht alle Kartons fand er auf dem Müll. In vielen Ländern Asiens, Lateinamerikas und Afrikas waren diese Wellkartonverpackungen Kostbarkeiten, die eingesammelt, entfaltet und auf Märkten verkauft wurden. Manchmal schickte Lutz die Pappkartonstücke mit Briefmarken frankiert als Postkarte nach Zürich. Es müssen wohl auch Pakete verschifft worden sein. In Zürich hielten weitere Gestalter:innen mit ihren Japanmessern in Fabriken und Handwerksbetrieben sowie bei Werkstoffsammler:innen Ausschau nach bedrucktem Wellkarton für Hans-Rudolf Lutz' Sammlung. 1990 waren rund 15 000 bedruckte Pappkartonstücke zusammengekommen.

Die Graphiken auf den Verpackungen wurden von namenlosen »Handwerker-GestalterInnen« aus der Wellkartonindustrie angefertigt.[3] Lutz verstand diese Graphiken von Gestalter:innen, die keine Graphikausbildung absolviert hatten, als Graphik von unten. Die Wellkartongraphik unterliege nicht primär einer Werbe- oder Verkaufsstrategie. Transportverpackungen spielten für den Verkauf eines Produktes höchstens dann eine Rolle, wenn sie in einem Selbstbedienungsladen mit der Verpackung ausgestellt würden. Sie seien frisch und einfach und mit wenig Aufwand hergestellt worden. Meistens wurden Flexdruck oder Buchdruck mit weichen Druckstöcken aus Kunststoff oder Gummi verwendet. Sie wurden in vielen Ländern noch wie ein Linolschnitt direkt von Hand geschnitten, hielt Lutz fest: »Auf jeden Fall ist Wellkarton nicht zu fein zu bedrucken.«[4] Aus diesen drucktechnischen Gründen sei eine einfache Graphik entstanden, die eine Fundgrube voller Anregungen für Gestalter:innen sei.

1983 veröffentlichte Lutz in den *Typographischen Monatsblättern* Reproduktionen von Beispielen aus seiner Sammlung, zusammen mit ein paar Überlegungen zur visuellen Sprache der Verpackungsgraphik. Sieben Jahre später erschien sein zusammen mit Rudolf Barmettler und Walter Keller gestaltetes umfassendes Bilderbuch mit dem Titel *Die Hieroglyphen von heute* (1990), in dem 5000 Verpackungsgraphiken abgedruckt sind. Aus den farbigen Drucken auf Karton, unterschiedlich in Größe, Farbe wie auch Kartondicke und -qualität, waren nun einheitlich große Schwarz-Weiß-Piktogramme geworden. Sie zeigten Vielfalt in Serialität und Unterschiedlichkeit im Standard. Die Farben und die Dreidimensionalität der Verpackung verschwinden in den Schwarz-Weiß-Zeichen. Die Gestaltung seiner Publikationen legt nahe, dass sich Lutz ausschließlich für die Zeichen und nicht für die Materialität der Verpackungsgraphik interessierte.

Bild 24: Die Verpackung der Verpackung der Verpackung, *Typographische Monatsblätter*, 1983.

Die Transportanweisungen wenden sich an die Arbeiter:innen, welche die Verpackungen transportieren und öffnen. Es handelt sich um graphische Zeichnungen, die zeigen, wie verpackt, gestapelt und verladen werden soll. Tabellen mit Zeilen und dem Hinweis »MAXIMAL 7« geben die Instruktion, dass maximal sieben Kartonkisten aufeinandergestapelt werden dürfen. Regenschirme weisen darauf hin, dass die Verpackung vor Feuchtigkeit geschützt werden soll. Das Glas mit dem Stiel ist ein Hinweis auf die Zerbrechlichkeit des Transportguts. Neben dem Glas existieren noch andere Zeichen dafür, etwa Eier. Lutz beobachtete in seiner Sammlung, dass auch das Wort »FRAGILE« als ein von Nationalsprachen unabhängiges Zeichen »gelesen« wird, auch von Transportarbeiter:innen, die nicht lesen können.

Neben Anweisungen zum richtigen Handling finden sich viele Zeichen, die vor Gefahren warnen: Vor Hitze oder Kälte wird durch ein Thermometer gewarnt, vor Feuer durch Flammen, und durchgestrichene Schuhe deuten an, dass man nicht auf die Verpackung treten soll. Lutz erblickte in der Verpackungsgraphik ein rein zeichenhaftes Abbilden. Die stark reduzierten Symbole besäßen einen hohen Informationswert und seien auf der ganzen Welt verständlich. Mit dem Buchtitel *Die Hieroglyphen von heute*, den Lutz, Barmettler und Keller ihrer Sammlung vorangestellt haben, betonen sie den bildhaften Charakter der Transportgraphik, die selbst beim Begriff »FRAGILE« die Kommunikation leitet.

Lutz und seine Mitstreiter:innen haben die Wellkartonsammlung zwischen 1975 und 1990 angelegt, in einer Phase also, in der mechanische Transporttechniken an den Umschlagplätzen die Handarbeit bereits vielerorts verdrängt hatten und weiter verdrängten. Ihre Sammlung wurde just vor Beginn der zweiten Globalisierungsphase und auch vor der umfassenden Umstellung auf Container im Seetransport abgeschlossen. Die Bilder mit einem Haken, die davor warnen, diesen nicht am Wellkarton zu befestigen, weil er sonst reißt, würden proportional zum steigenden Einsatz mechanischer Transportmittel abnehmen und bald verschwinden, schrieb Lutz in *Die Hieroglyphen von heute*. Die

Bild 25: NO HOOK, aus dem Konvolut Piktogramme zum Thema Transport. Konzept und Sammlung: Hans-Rudolf Lutz, 1975–1990.

Wellkartonstücke mit Darstellungen des Hakens sind deshalb logistikhistorisch interessante Quellen, weil sie an verschwindende Zeichen und die damit verbundenen Praktiken und Arbeitskulturen erinnern.

Der Haken, der einst von den Hafenarbeitern weltweit als Werkzeug verwendet wurde, um Kisten und Getreide-, Kaffee- oder Baumwollsäcke an den Ketten der Hebevorrichtungen zu befestigen, und auch als Distinktionszeichen stolz am Hosengürtel getragen wurde, war in dieser Funktion beispielsweise durch Marlon Brandos Darstellung in Elia Kazans Film *On the Waterfront* aus der McCarthy-Ära für das Hollywoodkino verewigt worden.[5] In dem Mitte der 1990er Jahre im Hafen von Genua gedrehten Film *Les hommes du port* des Regisseurs Alain Tanner waren die Haken bereits Teil einer vergangenen materiellen Kultur. In Tanners Hommage an die Männer, die seit Generationen Schiffe laden und löschen, lebt der Haken bloß noch in den Erinnerungen der Hafenarbeiter fort.[6] Der Haken war mit den Containern obsolet geworden. Die Einheitsladungen wurden nun mit Hilfe eines Krans manövriert.

Lutz hatte seine Sammlung selbst als Archiv bezeichnet, in dem spätere Generationen einmal nachschauen könnten, mit welchen Artefakten sich die Menschen des 20. Jahrhunderts einst umgeben hätten. Für die Geschichtswissenschaft stellen das von Lutz zusammengestellte Konvolut von bedruckten Wellkartonstücken im Museum für Gestaltung in Zürich und das Buch *Die Hieroglyphen von heute* eine seltene archäologische Sammlung der materiellen Kulturen logistischer Praktiken dar. Sie beinhalten viele Spuren, die historische Fragen aufwerfen. Was erfährt man über die Geschichte der Logistik, wenn man sich ihr über Verpackungen nähert? Welche Geschichten stecken hinter der Gestaltung von Transportverpackungen? Welche visuellen Kulturen sind dabei entstanden? Worin liegen ihre rechtlichen und ökonomischen Funktionen? Welcher soziale Sinn liegt eigentlich in deren Standards, und wo liegen die Grenzen logistischer Normierungen?

Im folgenden Kapitel geht es um die Geschichte von Transportverpackungen und Begleitpapieren (im Englischen *shipping documents*). Waren reisen nie allein, sondern sind in einen Medienverbund integriert. Sie werden zu Transporteinheiten zusammengefasst, verpackt, beschriftet, bezeichnet, etikettiert und mit Begleitpapieren versehen. Der Schutz der Waren, die Kontrolle von Bewegungen und die Koordination von Zeitabläufen und Fristen schufen Aufgaben für die Verpackungsindustrie, die Holzkisten, Baumwollsäcke, Jutesäcke, Kartonschachteln oder Metallfässer produzierte. Es entstanden auch spezialisierte Geschäftsfelder wie das Fuhrwesen und der Unternehmenstypus des Spediteurs, welche Transporte organisierten und koordinierten. Die Koordination basierte auf Kommunikation, das Handling des Materialflusses auf der Verschriftlichung von Informationen.

Wenn im Folgenden die Geschichte der Medien ins Zentrum gerückt wird, die der räumlich-zeitlichen Stabilisierung und Kontrolle von Transportgütern dienen, geht es um Verschriftlichungs- und Normierungsprozesse, die mit James R. Beniger als Teil einer informationellen »Kontrollrevolution« betrachtet werden könnten.[7] Der Soziologe Beniger hat 1986 eine auf längerfristige Entwicklungen ausgerichtete

Nachgeschichte der industriellen Revolution in den USA geschrieben, welche die Entwicklung von Kommunikationstechnologien als Folge der industriellen Revolution begreift. Weil die auf persönlichen Beziehungen basierenden Kontrolltechniken in der Wirtschaft durch die industrielle Revolution verloren gegangen seien, hätten sich im 19. Jahrhundert neue Kontrollinstanzen entwickelt. Die hohe Relevanz dieser neuen Kontrollinstanzen liege in ihrer restaurativen Funktion. Durch die Ausbreitung der Massenproduktion (und des Massentransports, müsste beigefügt werden) seien alte Ordnungen zusammengebrochen. Dem wurde mit neuen Kontrolltechnologien begegnet. Beniger dachte etwa an die Entstehung von statistischen Instrumenten zur Kontrolle der Produktion, an Qualitätskontrollen in chemischen und physikalischen Labors, an die verwissenschaftlichten Rationalisierungsmaßnahmen in Betrieben durch den Taylorismus, an neue Kommunikationskanäle mittels Telegraphen und Telefonapparaten, an die Einrichtung von ingenieurwissenschaftlichen Studiengängen, die sich mit der Planung von Verkehr oder der Organisation in Betrieben beschäftigen, aber auch an Bürotechniken wie Schreibmaschinen, Rechenmaschinen, Lochkarten und Computer.

Im Zentrum von Benigers Buch steht das Argument, dass die im Dienste der Kontrolle entstandenen Kommunikationstechnologien und beschleunigten Informationsflüsse wiederum neue Kontrollbedürfnisse geschaffen haben: »Information processes and flows needed to be controlled, so that information technologies must continue to be applied at higher and higher levels of control.«[8] Die Ursachen für die Entstehung der sogenannten »Informationsgesellschaft«, von der Benigers Zeitgenoss:innen seit den 1970er Jahren sprachen, sind gemäß Beniger nicht eine Folge jüngerer technischer Entwicklungen in der Zeit nach dem Zweiten Weltkrieg, sondern bereits durch die industrielle Revolution im 19. Jahrhundert geschaffen worden. Die Geschwindigkeit der Materialverarbeitung und die Flüsse der Materialwirtschaft seien ihre eigentlichen Ursachen.

Benigers Thesen offerieren einer Logistikgeschichte interessante

Analyseangaben zum Verständnis des Zusammenhangs von Koordination und Kommunikation im Handel, zum Verkehr und Transport von massenproduzierten Gütern und zum zentralen Stellenwert, der dabei Medien als vermittelnden Instanzen zukommt. Der inhärenten Revolutionsrhetorik, welche Benigers Zeitdiagnose aus den 1980er Jahren strukturiert und ihr eine argumentative Dringlichkeit verleiht, ist dennoch mit einer epistemisch motivierten Skepsis zu begegnen. Eine am Quellenmaterial ausgerichtete historische Analyse entdeckt nicht bloß Varianten im Geschichtsverlauf, sondern stößt auch auf Material, das auf Gegenläufigkeiten verweist, auf verloren gegangenes Wissen, und sie führt die Historikerin zurück an alte Weggabelungen, wo Entwicklungen festgelegt wurden. Wie am Beispiel des logistischen Mediengebrauchs sichtbar wird, sind ältere Zeichensysteme und Medienformate aus der Frühen Neuzeit in die standardisierten logistischen Praktiken des 20. Jahrhunderts eingeflossen. Zwar dokumentieren die verfügbaren Quellen (wie Frachtbriefe, Handbücher und Branchenmagazine für Spediteur:innen oder Normierungsempfehlungen) fast ausschließlich die Standardisierungsbestrebungen. Sie geben den Soll-Zustand und die Normen ihrer Promoter:innen wieder und zeigen nicht die Abweichung. Dennoch sind in ihnen auch Verweise auf soziale und ökonomische Prozesse enthalten, weshalb sie neben medienhistorischen Perspektiven auch sozial- und wirtschaftshistorische Betrachtungsweisen ermöglichen.

Frachtbriefe als Medien des Warentransports

Wer im Wirtschaftsarchiv in Basel in einem disparaten Korpus von Frachtbriefen und Speditionsbüchern aus dem Zeitraum zwischen 1760 und 1890 stöbert,[9] stößt auch auf ein sorgfältig verpacktes, mit einem Stück Schnur zusammengebundenes Paket. Mit Tinte hat da jemand in geschwungener Handschrift die Beschriftung »1825, Fracht Briefe«

Bild 26: Paket mit Frachtbriefen von 1825 im Schweizerischen Wirtschaftsarchiv in Basel.

angebracht. Die mit Papier umwickelten und zu einem Paket zusammengeschnürten Frachtbriefe sind ein schönes Sinnbild für die durch den Frachtbrief hergestellte Verbindung von Waren und Informationen.

Dass der Bestand an Frachtbriefen im Schweizerischen Wirtschaftsarchiv in Basel gelandet ist (und seit kurzem teilweise online verfügbar ist), stellt für die Logistikgeschichte einen Glücksfall dar. Die ständig wachsende Menge an papierenen Dokumenten in modernen Organisationen des 19. und 20. Jahrhunderts ist für Archivar:innen nämlich zur großen Herausforderung geworden. Massenakten und serielle Einzelfallakten fallen in der Archivlogik gewöhnlich der Kassation anheim. Doch gerade wegen seiner Serialität über den langen Zeitraum von über 150 Jahren hinweg bietet der Bestand Potenzial für medienhistorische Zugänge, welche den Zusammenhang zwischen »Aufschreibesysteme«[10] und (Rechts)normen im Blickfeld haben.[11]

Die zufällig im Schweizerischen Wirtschaftsarchiv gelandeten Papiere entstammen dem Umfeld des in Basel seit dem 18. Jahrhundert auch international bedeutsamen Speditionsgewerbes.[12] Die Frachtbriefe

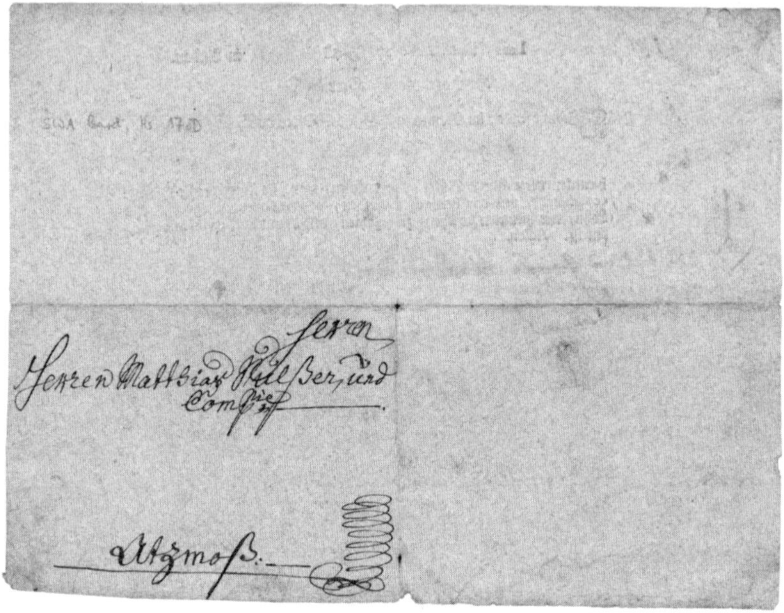

Bild 27: Rückseite eines gefalteten Frachtbriefs aus Lindau, 1775.

aus dem 18. Jahrhundert weisen individuelle Formate und eine Längs- und Querfaltung auf.

Das rührt daher, dass sie »gewöhnlich auf einem Viertelbogen starkes Papier geschrieben, dann einmal in die Länge und in die Quere gebrochen und dem Fuhrmann oder Schiffer unversiegelt übergeben« wurden, wie in einem Handelslexikon aus dem 19. Jahrhundert nachzulesen ist.[13] Frachtbriefe konnten jederzeit geöffnet und geschlossen werden. Sie waren durch die Faltung des Papiers, die Beschriftung der Vorder- und Rückseite sowie die Verbindung von gedrucktem Formular und handschriftlichen Aufzeichnungen bereits im 18. Jahrhundert (das heißt vor der industriellen Revolution) hoch standardisiert. Sie sind ein Hybrid aus Brief und Formular. Zwar sind in Basel auch einige vollständig handschriftlich verfasste Frachtbriefe aus dem 18. Jahrhundert überliefert, doch die Mehrzahl der Frachtbriefe verwendete bereits vorgedruckte Formulare, in welchen der Ort und Name des Absenders und eine allgemein gehaltene Standardfloskel aufgedruckt ist.

Die Formulare wurden vom Absender gestaltet und gedruckt, von Hand ergänzt (mit Angaben zum Datum, Namen des Fuhrmanns und den Colli) und mit der Unterschrift des Absenders versehen. Sie waren, wie eine juristische Abhandlung zum Frachtfahrer-Recht zu Beginn des 19. Jahrhunderts festhält, ein »durch Annahme von Seiten des Fuhrmanns stillschweigend genehmigtes Document über den geschlossenen contractum«.[14]

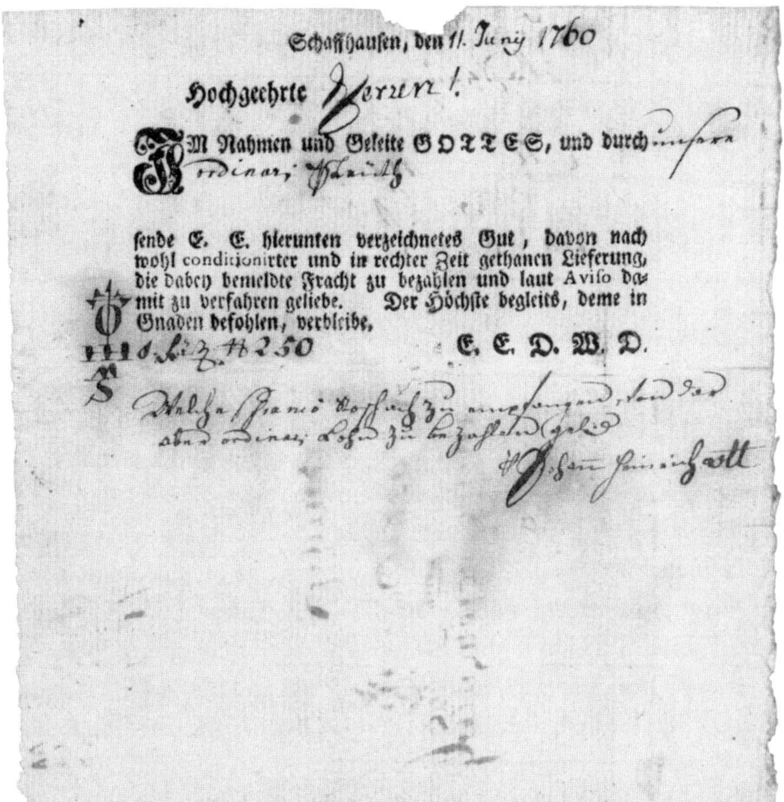

Schaffhausen, den 11. Juny 1760

Hochgeehrte Herren!

JM Nahmen und Geleite GOTTES, und durch

sende E. E. hierunten verzeichnetes Gut, davon nach wohl conditionirter und in rechter Zeit gethanen Lieferung, die dabey bemeldte Fracht zu bezahlen und laut Aviso damit zu verfahren geliebe. Der Höchste begleits, deme in Gnaden befohlen, verbleibe,

E. E. D. W. D.

Bild 28: Vorderseite eines Frachtbriefs aus Schaffhausen, 1760.

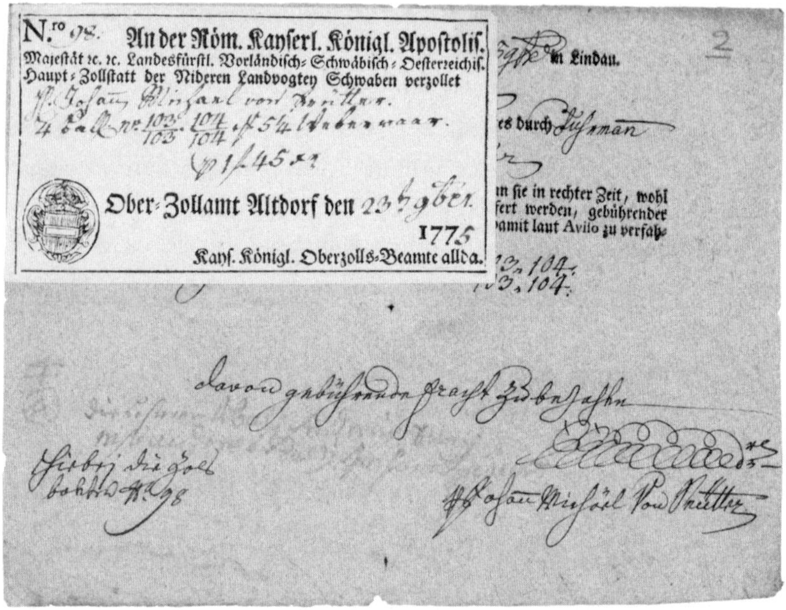

N.ro 98. An der Röm. Kayserl. Königl. Apostolis.
Majestät rc. rc. Landesfürstl. Vorländisch-Schwäbisch-Oesterreichis.
Haupt-Zollstatt der Nideren Landvogtey Schwaben verzollet

Ober-Zollamt Altdorf den 23 8ber.
1775
Kays. Königl. Oberzolls-Beamte allda.

in Lindau.

es durch Fuhrman

n sie in rechter Zeit, wohl
fert werden, gebührender
damit laut Aviso zu verfah

Bild 29: Frachtbrief aus Lindau mit aufgeklebtem Zollschein Nr. 98, 1775.

Die Formulare waren auch Briefe. Wie bei einem gewöhnlichen Brief wurden die Angaben zum Empfänger auf einer äußeren Seite des zweifach gefalteten Papiers festgehalten. Manche der überlieferten Frachtbriefe enthalten eine unbestimmte Anrede, beispielsweise »hochgeehrte Herren«, und verweisen mit Formulierungen wie »Namen und Geleit Gottes« auf eine gemeinsam geteilte höhere Macht. Mit solchen Formulierungen wurde die Kommunikation zwischen Fremden durch Verweise auf das Göttliche abgesichert. Die Papiere begleiteten die Waren während des Transports und hielten Anzahl, Beschreibung, Bezeichnung und Gewicht der Waren, die Zieladresse und die Modalitäten des Inkassos fest. Schriftstücke des Staates wie Zollscheine (mediale Belege von Handelsregulierungen) wurden direkt auf dem Frachtbrief aufgeklebt.

Die Waren wurden im Frachtbrief in die symbolische Ordnung von

Buchstaben und Zahlen übersetzt. Mittels Erkennungszeichen, Nummern und Gewichtsangaben konnten anonyme Kisten in zuordenbare Frachten verwandelt werden. Das symbolische Zeichen wurde in doppelter Ausführung sowohl auf der Ware bzw. auf den Transportkisten als auch auf dem Papier vermerkt. Zur Bezeichnung wurden Monogramme und Zeichen (Dreiecke, Herzen, Kreuze etc.) verwendet.

Die Zeichen hielten durch Verweise auf eine symbolische Ordnung die Beziehungen zwischen dem Absender, dem Empfänger, dem Vermittler und der Ware aufrecht. Schrift-, Bild- und Zahlenzeichen ergänzten sich dabei gegenseitig. Durch die Verwendung des Frachtbriefs mussten die Charakteristika der transportierten Güter von den Händler:innen, Fuhrleuten und Speditionsfirmen nicht immer neu festgehalten, sondern bloß noch überprüft werden. Der Gebrauch von Zeichen beschleunigte das Wiedererkennen. Indem der Frachtbrief

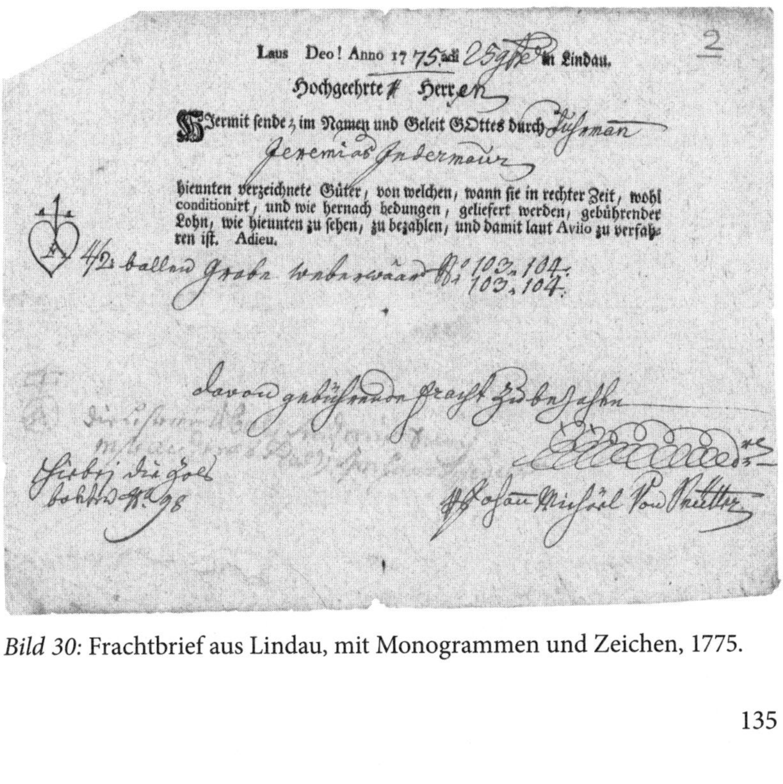

Laus Deo! Anno 1775 adi 25 9bre in Lindau.

Hochgeehrte Herren

Hiermit sende, im Namen und Geleit GOttes durch Fuhrman Jeremias Indermaur

hieunten verzeichnete Güter, von welchen, wann sie in rechter Zeit, wohl conditionirt, und wie hernach bedungen, geliefert werden, gebührender Lohn, wie hieunten zu sehen, zu bezahlen, und damit laut Aviso zu verfahren ist. Adieu.

4/2 ballen grobe webrwaar N° 103. 104.

davon gebührenden fracht zu bezahlen

Johan Michael von Muller

Bild 30: Frachtbrief aus Lindau, mit Monogrammen und Zeichen, 1775.

Ankunfts- und Zielort festhielt, setzte er einen zeitlichen und örtlichen Rahmen, der den Anfang und das Ende des Transportvertrags markierte. Frachtbriefe stabilisierten zwar die Beziehung zwischen Waren, Absender:innen, Transporteur:innen und Empfänger:innen während des Transportes, doch waren sie bloß ein Stück Papier, das die Informationen zusammen mit den Waren transportierte. Sie waren, um einen Ausdruck zu verwenden, den Michael Hutter im Zusammenhang mit Münzen geprägt hat, »ein Versprechen einer den Moment überstehenden Gültigkeit«.[15] Frachtbriefe enthielten jene Informationen, welche immer dann, wenn die Waren zum Stillstand kamen, um später weitergereicht zu werden, die temporäre Lücke zwischen den Absender:innen und Empfänger:innen überbrückten. Etwa wenn Händler:innen sie dem Fuhrmann übergaben, wenn die Speditionsfirma sie an ein Lagerhaus ablieferte oder wenn sie von einem Transportmittel auf ein anderes verschoben werden mussten. Doch waren die Frachtbriefe keine Vertreter der Ware selbst. Der Absender hatte »nachher nichts in den Händen, und er wäre eigentlich nicht einmal im Stande, einen [sic!] betrügerischen Fuhrmann zu beweisen, dass er ihm die Ware übergeben hat, während dieser für die Erfüllung seiner Anforderungen nicht allein durch den Frachtbrief, sondern auch die Ware selbst [...] völlig gedeckt ist«, wie ein Handelslexikon Mitte des 19. Jahrhunderts festhielt.[16]

Es waren deshalb nicht die verbrieften Anweisungen allein, welche eine Verbindung zwischen den Akteur:innen schufen. Sie waren eingebettet in soziale Beziehungen und Institutionen. Zwischen Absender:innen und Empfänger:innen der Waren wirkten Vermittler:innen, Kaufleute, Kommissionär:innen und in Transport- und Lagerangelegenheiten die Spediteur:innen.

Speditionshäuser als Transportvermittler

In Amsterdam und Hamburg gab es schon zu Beginn des 18. Jahrhunderts spezialisierte Speditionsfirmen, die ihre Geschäftstätigkeit auf die Vermittlung von Transport ausrichteten. In seiner Dissertation zur Geschichte des Basler Speditionsgewerbes aus den 1940er Jahren beschreibt Walter Eggli ein zunächst mit staatlichen Transportprivilegien ausgestattetes Gewerbe, das zwischen dem Fuhrgewerbe und den Kaufmännern entstand und den Fuhrleuten Fracht und den Kaufleuten Transportgelegenheiten verschaffte.[17] Spediteure übernahmen Koordinationsfunktionen zur Auslastung der Transportmittel und zur Abwicklung der Zollformalitäten. Sie betrieben auch Risikominimierung, indem sie für die Kaufleute den Umgang mit mehr oder weniger zuverlässigen und kapitalkräftigen Fuhrmännern übernahmen. Bis zu Beginn des 19. Jahrhunderts wurde die Verkehrsvermittlung auch von Beamten des Basler Kaufhauses betrieben. Walter Eggli kam aufgrund einer Analyse von Adressbüchern zum Schluss, dass sich das Speditionsgeschäft in Basel erst ab 1850 aus dem Handels-, Bank- und Versicherungsgeschäft herausdifferenziert hat. Die Vereinheitlichung der Zölle, die seit den 1820er Jahren durch die Eidgenössische Zollrevision vorangetrieben und nach der Bundesstaatsgründung 1849 durch einen eidgenössischen Zolltarif rechtlich verankert wurde, sowie der seit den 1840er Jahren durch Privatgesellschaften organisierte Eisenbahnbau führten zu einer Veränderung der Funktion der Basler Spediteure. Diese erschlossen sich in den 1850er Jahren zunächst mit Umschlag, Lagerung und Transport des Schienenmaterials und dann mit der Organisation von Transporten durch geschickte Verbindung der Transportmittel Fuhrwerk und Eisenbahn wieder neue intermediäre Geschäftszweige. Die Vermittlungstätigkeit der Spediteure reagierte permanent auf Veränderungen der Verkehrsmittel und auf Verschiebungen der Interessenlagen anderer Akteure (wie jene der Kaufleute oder des Staates). Sie war sehr anfällig für wirtschaftliche Krisen, politische Ereignisse und Kriege und auch dem Treiben der Natur ausgeliefert.

Bereits im 18. Jahrhundert wurde im Universallexikon von Johann Heinrich Zedler auf die wirtschaftliche Stärke des Schweizer Speditionswesens verwiesen: »Man findet hin und wieder, sonderlich in der Schweiz und in Frankreich, grosse reiche Speditores, die viele eigene Wagen, ja oft einer bis tausend Maultiere gehalten und damit anderer Kaufleute Güter fortgeschaffen haben.«[18] Die Tätigkeit der Speditores, Spediteure oder Güter-Versender wurde 1743 als Kontrollinstanz umschrieben, die beim Abladen der Waren präsent sein müsse: »Von welchen erfordert wird, dass sie erstlich in den Niederlags-Städten, in welcher die Waaren zu Wasser ankommen, nahe an dem Flusse wohnen sollen, auch eine gute Winde oder Kran an den Ufer derselben, vor ihrem Packraum stehen haben. [...] Sollen sie grosse und weite Gewölbe, in solche die Waren bequem, und ohne Confusion einzulegen haben. Sollen sie, wenn sie Ballen und Kisten von den Fuhr- und Schiffleuten empfangen, fleissig Acht geben, ob dieselben wohl conditioniert das ist: Ob sie nicht nass, oder durch einen anderen Zufall verdorben seyn. [...] Wenn sie derlei Schaden finden, müssen sie darüber ein Attestat machen lassen, damit sie dadurch die Streitigkeiten, welche sich unter Fuhr- und Kaufleuten, und unter ihnen bei der Lieferung ereignen können, vermeiden mögen. Diese Vorsicht ist auch den Fuhrbriefen gemäss. [...] Denn weil der Frachtbrief lautet, dass sie die Waaren wohl conditioniert empfangen sollen, müssen sie dieselben nicht anders annehmen«.[19]

Der Spediteur kam also dann ins Spiel, wenn Waren an entfernte Orte zu versenden waren und keine direkten Transportmittel vorhanden waren. Er ermöglichte eine räumliche Über-Setzung. Worin bestand diese Übersetzung? Er übernahm diese Aufgabe durch persönliche Präsenz und als Vertretung seiner Präsenz mittels Ausstellung von Papieren, wie in einem Handelslexikon nachzulesen ist: »Sie bedingen mit dem Absender die Fracht, Lieferzeit etc., übergeben die Güter Fuhrleuten, die sie kennen, und stehen für den Werth der Güter selbst, sowie für allen Schaden, welcher unterwegs durch Schuld des Fuhrmann entstehen könnte. Sie haben bei diesem Geschäft einen Gewinn, indem ihnen der

Fuhrmann entweder eine gewisse Abgabe von der bedungenen Kraft zu zahlen hat, oder indem sie selbst mit ihm eine niedrigere Fracht als mit den Absendern bedingen.«[20] Diverse Kommunikations- und Transportkanäle waren dabei im Spiel und bedingten sich gegenseitig. Dem Spediteur wurde der Auftrag zum Transport der Waren durch einen Avisbrief per Post erteilt. Er übernahm die Fracht, lagerte sie, übergab sie den Frachtführern und organisierte ihre Stabilität über große Distanzen und mehrere Transportmittelwechsel hinweg. Er war jene Instanz, welche alarmierte und attestierte, wenn Transportketten unterminiert wurden, sei es durch Mensch oder Natur. Er meldete Störungen und sanktionierte Wertverminderungen der Ware durch den Transport, indem er bei Bezahlung der Fracht an den Fuhrmann die Schadenssumme gleich vor Ort abzog. Und er übernahm auch Verpfändungen, indem er bei Zahlungsunfähigkeit des Empfängers diesem die Ware nicht übergab. In diesem Sinne diente er als Vertrauens- und Sicherheitspuffer zwischen Absender:innen und Empfänger:innen. Er stellte für alle anfallenden Kosten während des Transports (Abgaben, Lagergelder, Briefporto) eine Rechnung an den Auftraggeber. Er wägte, verpackte, stapelte und lagerte Waren, reparierte Transportkisten und stellte Frachtbriefe aus. Er war auch ein Mittelsmann zwischen Kaufleuten und dem Staat, indem er die Verzollung der Waren erledigte. Der Spediteur war präsent, wenn Transportmittel und Ware miteinander verbunden und wenn sie wieder voneinander getrennt wurden. Er ermöglichte Trans-Aktionen im wortwörtlichen Sinn, Handlungen jenseits des vertrauten Raums und außerhalb des vertrauenswürdigen Personenkreises. Er wurde damit zum Vermittler bei Markttransaktionen.

Ökonom:innen haben sich Mitte des 20. Jahrhunderts eingehend mit den sozialen Bedingungen von Markttransaktionen beschäftigt. Der Begründer der Transaktionskostentheorie Ronald Coase beschrieb den hohen Stellenwert, der Inspektionspraktiken zukommt: »In order to carry out a market transaction it is necessary [...] to draw up the contract, to undertake the inspection needed to make sure that the terms of the contract are being observed, and so on.«[21] Der Spediteur, so könnte

im Vokabular der Ökonom:innen festgehalten werden, trug zusammen mit den Begleitpapieren zur Senkung der Transaktionskosten in Handel und Transport bei.

Über alle spedierten Waren, die durch seine Hände gingen, führte er ein besonderes Buch, das sogenannte Speditionsbuch, in dem Datum, Sender, Empfänger, Anzahl Colli und deren Bezeichnung und die eingenommenen und ausbezahlten Geldbeträge festgehalten wurden, und er trug alle Auslagen und Einnahmen in das Speditionskonto seiner üb-

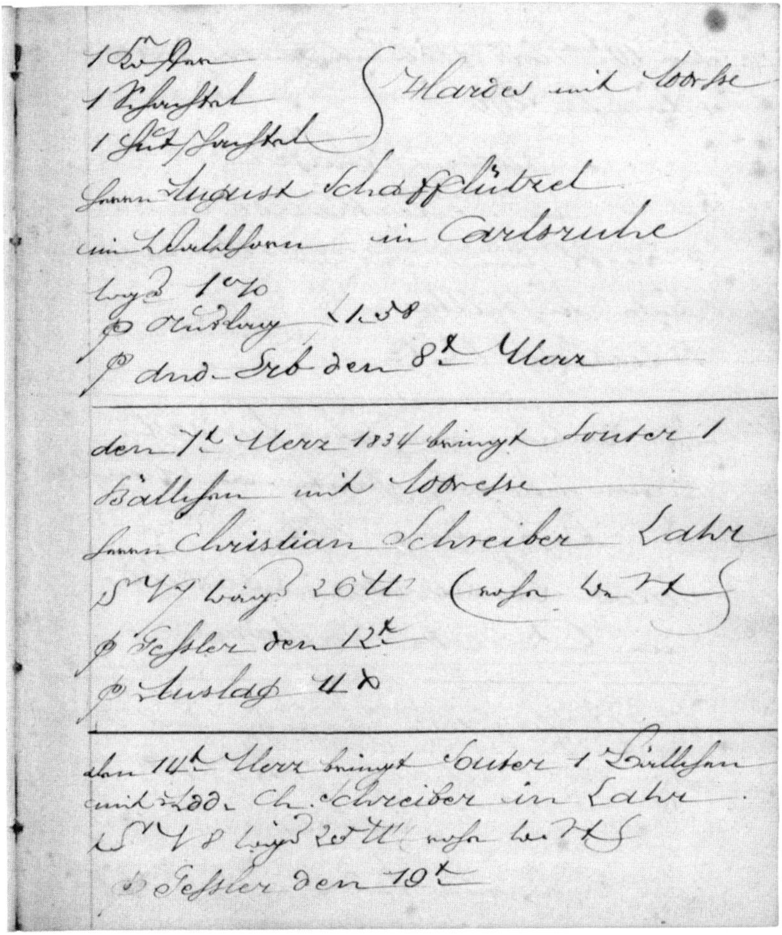

Bild 31 und 32: Speditionsbuch der Firma Johann Georg Ewig aus Basel, 1834–1852.

rigen Bücher ein.[22] Das Speditionsbuch der Firma Johann Georg Ewig aus Basel ist ein Beispiel für eine Buchführung über spedierte Güter.[23] Das Speditionsbuch umfasst die Zeitspanne zwischen Februar 1834 bis Mai 1852. Die Spediteure waren Wirte in der Gastwirtschaft Zum Schnabel am Rindermarkt in Basel.

Die einzelnen Frachten wurden im Speditionsbuch fortlaufend als Fließtext festgehalten und durch Querstriche voneinander abgetrennt. Das Fehlen von Seitenangaben und Registern lässt darauf schließen, dass sie als Verdoppelung und Sicherungskopie der losen Frachtbriefe verwendet wurden und nicht regelmäßig konsultiert werden mussten. Spediteure waren also weit mehr als Transportvermittler, sie waren auch Spezialisten für Informationsübermittlung und vor der Einführung des Handelsrechts Pioniere für komplexe Handelsverträge.

Verrechtlichung der Frachtnormen

Zu Beginn des 18. Jahrhunderts war das verschriftlichte Recht über den Warentransport sehr disparat. Ein 1718 unter dem Titel »Das Recht der Fuhrleute« erschienenes Traktat muss man sich als unübersichtliches Sammelsurium von Gerichtsurteilen und Versatzstücken aus dem römischen Recht vorstellen, über »Contract[e] und quasi-Contract[e] die mit Fuhr-Leuten pflegen geschlossen zu werden«.[24] Zu Beginn des 19. Jahrhunderts sind dann Versuche beobachtbar, die »zerstreut umher liegenden« Materien »von der heterogensten Art« zu ordnen.[25] Diese Ordnungsbemühungen waren von der napoleonischen Legislation beeinflusst, welche mit dem französischen *Code de commerce* von 1807 das erste bürgerliche Handelsgesetzbuch der Welt schuf.[26]

Mit dem *Code de commerce* wurden auch das Verhältnis zwischen Kaufleuten, Spediteuren und Transporteuren sowie die Funktion des Frachtbriefs *(lettre de voiture)* ins Gesetzbuch integriert. Unter § 101 wurde der Frachtbrief als Vertrag zwischen »l'expéditeur, et le voiturier ou entre l'expéditeur, le commissionnaire et le voiturier« im Handelsrecht verankert. Der *Code* hielt zunächst fest, dass der Frachtbrief datiert und vom Spediteur signiert sein müsse, dass Inhalt, Gewicht und Anzahl der transportierten Waren sowie der Name und das Domizil des Spediteurs, des Empfängers und des Transporteurs festgehalten sein müssen. Auch die Zeichen und Nummern der Waren mussten im Brief aufgeführt sein, und es wurde vorgeschrieben, dass der Spediteur ein Speditionsbuch führen musste: »La lettre de voiture est copiée par le commissionnaire sur un registre coté et paraphé, sans intervalle et de suite.«[27]

Die bürgerlichen Gesetzbücher übertrugen also die auf Schrift, Zeichen und Papier basierenden frühneuzeitlichen Aufschreibesysteme im 19. Jahrhundert in die handelsrechtlichen Gesetze. Im Deutschen Handelsgesetzbuch von 1861 wurde festgehalten, dass der Frachtbrief bloß ein Beweis für den Frachtvertrag zwischen Absender und Frachtführer sei und der Frachtführer die Ausstellung eines Frachtvertrages verlangen könne.[28] Es wäre jedoch falsch zu vermuten, dass mit der Verrechtlichung der Frachtbriefe die Rechtssicherheit gestiegen wäre. Zwar waren im Deutschen Handelsgesetzbuch 275 Paragraphen ausschließlich dem Frachtgeschäft von Waren gewidmet, die minutiös alle erdenklichen Konflikte behandelten (Verlust, Beschädigung, Verspätung) sowie auch Eisenbahntransport und Seehandel. Die Regelung des wechselhaften, fragilen, raum- und zeitüberschreitenden und viele Akteure einschließenden Transportes sprengte jedoch die strengen neuen obligationsrechtlichen Doktrinen, weil das Frachtgeschäft auf einem Wechsel in den »Subjekten der Obligation« angelegt ist.[29] Die Übergabe des Frachtbriefes durch den Frachtführer an den Empfänger war nämlich jener Moment, wo der Absender aus dem Vertrag mit dem Frachtführer austrat. Die Vertragserfüllung geschah dann zwischen dem Frachtführer und dem Empfänger. Die »Verkehrsbedürfnisse« waren im Gewohnheitsrecht, das den Empfängern gewisse selbständige Rechte und Pflichten aus dem Frachtvertrag verlieh, nicht schlechter aufgehoben gewesen. Das Deutsche Handelsgesetz führte mit dem Ladeschein ein weiteres Papier ein, das die Unsicherheiten am Ende der Transportkette zwischen dem Frachtführer und dem Empfänger verringern sollte. Die Übergabe des Frachtbriefes an den Empfänger blieb auch im Handelsgesetz die Schlüsselstelle. Sie wurde nun zum »scharf markierte[n] Trennungspunkt«[30] innerhalb obligationsrechtlicher Bestimmungen umgedeutet.

Auch in der handelsrechtlich kodifizierten Welt des 19. Jahrhunderts taten die Frachtbriefe weiterhin ihren Dienst und wurden noch stärker formalisiert. In der ersten Hälfte des 19. Jahrhunderts wurde das Papier der Frachtbriefe dünner, die handgeschriebenen Frachtbriefe verschwanden, und auch die Verweise auf eine übergeordnete göttliche Instanz im Geschäftsvertrag fielen weg. Dennoch gab es auch Kontinuitäten. Insbesondere die zweifache Faltung blieb bestehen. Die Briefe wurden tabellarischer verfasst, d. h. die Angaben über Zeichen, Nummer, Stückzahl und Gewicht wurden in Tabellen eingetragen, die mehr Raum auf Kosten von Fließtext einnahmen.[31] Durch die Verwendung von einfachen und fettgedruckten Linien wurden Rechenhilfen geschaffen. Die während des Transports anfallenden Tarife und Zölle konnten direkt auf dem Papier zusammengezählt werden.

In den 1850er Jahren begann eine kurze Phase typographisch und illustrativ aufwendig gestalteter Briefköpfe, die durch Formalisierungsprozesse im Zuge des internationalen Eisenbahnverkehrs zwei Jahrzehnte später wieder verschwanden. Die Briefköpfe zeigten die neuen Dampfschiffe und Eisenbahnen und repräsentierten visuell den Bedeutungszuwachs der Transportvermittler Mitte des 19. Jahrhunderts. Da mit den Waren auch der Name der Absender:innen verbreitet wurde, repräsentierten die Frachtbriefe den Berufsstolz der aufstrebenden Spediteure. Die Bilder transportierten neue Botschaften – insbesondere den Bedeutungszuwachs des Transportwesens durch die Möglichkeit des Eisenbahntransports. Merkur, der Götterbote und Gott des Handels, posierte mit seinem Stab neben Kisten, Säcken und Fässern. Symbole des Transports wie Anker, Pferdepeitsche und fliegende Vögel sowie die Triade der modernen Transportmittel (Fuhrwerke, Eisenbahnen, Segel- und Dampfschiffe) thronten nun über Schrift und Tabelle. Die reichhaltigen Briefköpfe manifestierten die vertragliche Hoheit, welche die Spediteure Mitte des 19. Jahrhunderts einnahmen, bis sie ihre Funktion kurz darauf mit Versicherungs- und Eisenbahngesellschaften teilen mussten.

Der Brief war nun nicht mehr das einzige Medium zur Übermitt-

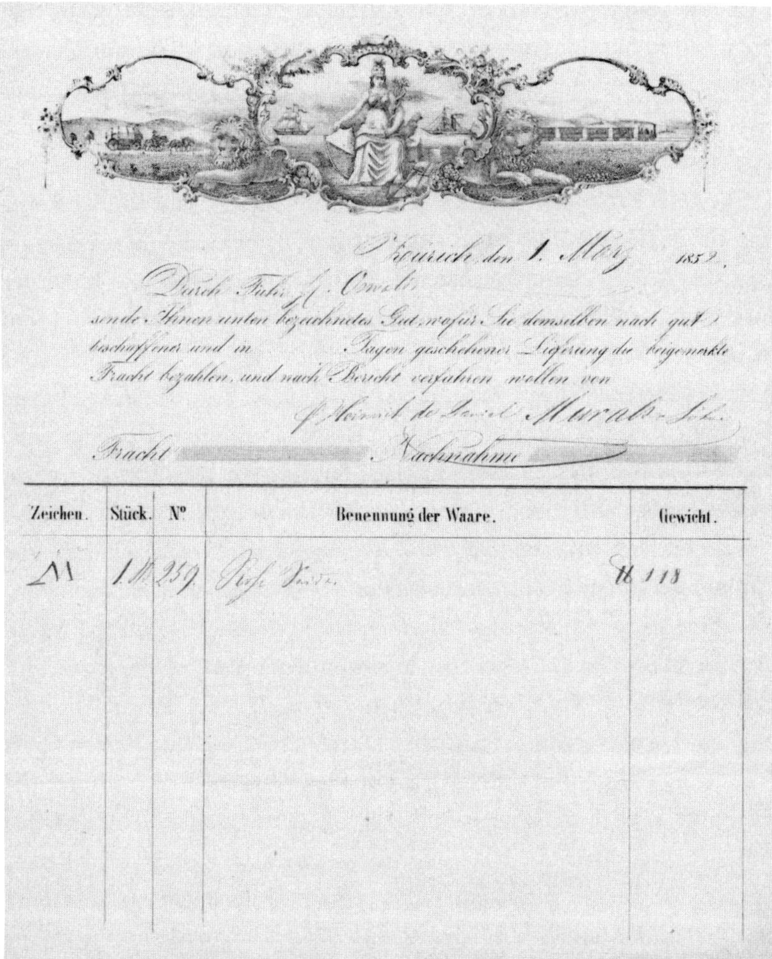

Zürich den 1. März 1852.

Durch Fuhr

sende Ihnen unten bezeichnetes Gut, wofür Sie demselben nach gut beschaffener und in Tagen geschehener Lieferung die beigemerkte Fracht bezahlen, und nach Bericht verfahren wollen von

Fracht Nachnahme

Zeichen.	Stück.	N°	Benennung der Waare.	Gewicht.
	1	259		118

Bild 33: Frachtbrief mit Fuhrwerk, Schiffen und Eisenbahn, 1852.

lung von Botschaften: Auf den Frachtbrief geklebte Bescheinigungen von Transportversicherungen mit dem Hinweis, dass die Versicherungsgesellschaft bei Unfällen telegraphisch zu benachrichtigen sei, künden vom Einzug des Telegraphen in Handel und Transport. Telegraphen schufen ein Kommunikationsmedium, welches die Distanzen schneller als der Briefverkehr überwinden konnte und den Transfer von Botschaften beschleunigte. Die Rationalisierung der Kommunikation kommt auch in einer Zunahme vorformulierter und vorgedruckter Anweisungen zum Ausdruck. Damit wurde Komplexität reduziert, und die Inspektionsarbeit konnte schneller erledigt werden.

Die Eisenbahngesellschaften schufen Mitte des 19. Jahrhunderts eine grenzüberschreitende Verkehrsinfrastruktur, welche den Massentransport von Waren in einem neuen Maßstab ermöglichte. Die Rolle der Eisenbahngesellschaften für den Wandel von Organisationsstrukturen in der Wirtschaft kann nicht hoch genug eingeschätzt werden. Der Aufbau des Eisenbahnnetzwerkes und der dabei erforderliche enorme Kapitalbedarf sprengten die Organisationskapazitäten der Unternehmensstrukturen des 19. Jahrhunderts. Sie führten zur Gründung von Aktiengesellschaften und in den USA zur Geburt der Manager:innen – der neuen koordinierenden *visible hands* der Marktgesellschaften, die Funktionen in der Unternehmensleitung wahrnahmen, welche die Unternehmer:innen nicht mehr allein leisten konnten.[32] In Europa waren die Eisenbahngesellschaften die Motoren einer Vereinheitlichung der Frachtverträge.[33] Im Eisenbahnfrachtvertrag wurden erstmals allgemeingültige fixe Termine verankert. Durch feste Lieferungsfristen (zwei Tage für normales Gut und ein Tag für Eilgut) wurde der Transport für Kaufleute zeitlich genauer kalkulierbar. Die unterschiedlichen Zeitregime wurden durch weißes (»Normal«) und rotes (»Express«) Papier signalisiert, welche unterschiedliche zeitliche Prioritäten im Transport markierten. Die alte Briefform mit Anrede und Text ging nun vollständig im Formular auf.

Die Stempel der Eisenbahngesellschaften lösten die Unterschrift des Spediteurs ab. Der Frachtvertrag war nun in die Logik der staatlichen Bürokratien überführt worden. Der Stempel wurde zum Zeichen dafür, dass der Vertrag geschlossen worden war.

Vom alten Frachtvertrag blieb die zweifache Faltung, welche die Form für die neue Gestaltung der Formulare lieferte. Nach einmaligem Zusammenfalten (quer) wurden auf der Vorderseite Adresse, dekla-

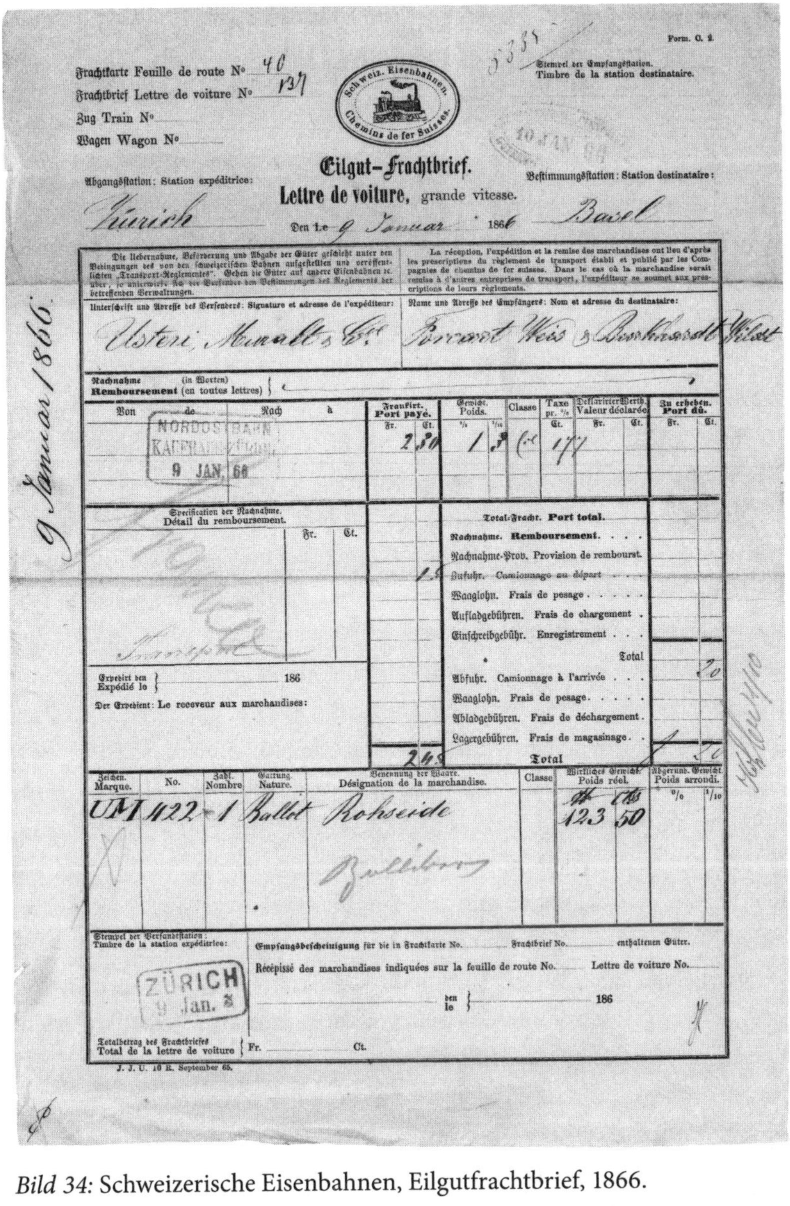
Form. O. 2

Frachtkarte Feuille de route No 40
Frachtbrief Lettre de voiture No 137
Zug Train No
Wagen Wagon No

Schweiz. Eisenbahnen. Chemins de fer Suisses.

5385

Stempel der Empfangsstation.
Timbre de la station destinataire.

10 JAN 66

Eilgut-Frachtbrief.
Lettre de voiture, grande vitesse.

Abgangsstation: Station expéditrice: Zürich

Bestimmungsstation: Station destinataire: Basel

Den Le 9 Januar 1866

Die Uebernahme, Beförderung und Abgabe der Güter geschieht unter den Bedingungen des von den schweizerischen Bahnen aufgestellten und veröffentlichten „Transport-Reglementes". Gehen die Güter auf andere Eisenbahnen rc. über, so unterwirft sich der Versender den Bestimmungen des Reglements der betreffenden Verwaltungen.

La réception, l'expédition et la remise des marchandises ont lieu d'après les prescriptions du règlement de transport établi et publié par les Compagnies de chemins de fer suisses. Dans le cas où la marchandise serait remise à d'autres entreprises de transport, l'expéditeur se soumet aux prescriptions de leurs règlements.

Unterschrift und Adresse des Versenders: Signature et adresse de l'expéditeur: Usteri, Muralt & Cie

Name und Adresse des Empfängers: Nom et adresse du destinataire: Forcart Weiss & Burckhardt Wildt

9 Januar 1866

Nachnahme (in Worten) Remboursement (en toutes lettres)

Von de	Nach à	Frankirt. Port payé. Fr.	Ct.	Gewicht. Poids. %	1/10	Classe	Taxe pr. % Ct.	Declarirter Werth. Valeur déclarée Fr.	Ct.	Zu erheben. Port dû. Fr.	Ct.
NORDOSTBAHN KAUFHAUS ZÜRICH 9 JAN. 66		2	30	1	3	Cl	177				

Specification der Nachnahme. Détail du remboursement. Fr. Ct.

Transport

Total-Fracht. Port total.
Nachnahme. Remboursement
Nachnahme-Prov. Provision de rembourst.
Zufuhr. Camionnage au départ
Waaglohn. Frais de pesage
Aufladgebühren. Frais de chargement
Einschreibgebühr. Enregistrement
Total
Abfuhr. Camionnage à l'arrivée
Waaglohn. Frais de pesage
Abladgebühren. Frais de déchargement
Lagergebühren. Frais de magasinage
Total

Expedirt den Expédié le 186

Der Expedient: Le receveur aux marchandises:

Zeichen. Marque.	No.	Zahl. Nombre	Gattung. Nature.	Benennung der Waare. Désignation de la marchandise.	Classe	Wirkliches Gewicht. Poids réel.		Abgerund. Gewicht. Poids arrondi. %	1/10
UFT	422	1	Ballot	Rohseide		123	50		

Stempel der Versandtstation: Timbre de la station expéditrice:

ZÜRICH 9 Jan. 8

Empfangsbescheinigung für die in Frachtkarte No. Frachtbrief No. enthaltenen Güter.
Récépissé des marchandises indiquées sur la feuille de route No. Lettre de voiture No.
den le 186

Totalbetrag des Frachtbriefes Total de la lettre de voiture Fr. Ct.

J. J. U. 10 R. September 65.

Bild 34: Schweizerische Eisenbahnen, Eilgutfrachtbrief, 1866.

rierte Gesamtsumme, Nachnahme und Bahnstempel sichtbar, und auf den inneren beiden zusammenhängenden Seiten entstand ein durchgehendes Schema für die Angabe des eigentlichen Frachtguts und Platz für den Wiegestempel und den Stempel der Abgangsstation sowie die Unterschrift des:der Absender:in.[34]

Die Eisenbahngesellschaften waren sinngemäß die Lokomotiven einer Vereinheitlichung des Frachtrechts und einer Standardisierung der Frachtbriefformulare im Rahmen des internationalen Übereinkommens über den Eisenbahnfrachtverkehr, die 1890 unterzeichnet wurde. Damit wurden bislang private Transportnormen in einen internationalen Staatsvertrag übersetzt. Diese Übereinkunft war der erste internationale Vertrag, der nicht primär technische Inhalte, sondern wirtschaftliche Angelegenheiten regulierte. Er wurde deshalb von den Befürwortern eines *jus universum* am Ende des 19. Jahrhunderts euphorisch gepriesen. Der internationale Frachtvertrag steigerte die Regulierungsdichte. Die Verwendung des von den Eisenbahngesellschaften herausgegebenen Frachtbriefes, dessen Abstempelung und Übersetzung in Deutsch oder Französisch, war nun die obligatorische Voraussetzung für einen Frachtvertrag. Erstmals wurde die Ausstellung eines Duplikats und eines Datumstempels für den Absender für obligatorisch erklärt. Mit dem Duplikat wurde dem Absender ein Mittel in die Hand gegeben, um durch Vorweisen des Duplikats über die Güter zu verfügen. Damit wurde die Position der Absenderin gestärkt. Sie konnte nun auf das Papier zurückgreifen und das Duplikat auch als Mittel zur Sicherung ihrer Forderung verwenden.

So wie die Eisenbahnen nationale Grenzen sprengten, durchbrach der »durchgehende Frachtschein« den nationalen Rechtsrahmen. Dieser internationale Staatsvertrag (ein Pionier des Völkerrechts) entstand nicht im Rahmen des internationalen Privatrechts, sondern durch Verhandlungen zwischen den Eisenbahnverwaltungen. Die standardisierten Eisenbahnfrachtbriefe waren die Äquivalente zu den 150 000 Kilometern Schienen: Sie ermöglichten im Zeitalter der Geburt von Nationalstaaten einen nahtlosen grenzüberschreitenden Warentransfer zwischen Deutschland, Österreich-Ungarn, Italien, Frankreich, Russland, Belgien, den Niederlanden, Luxemburg und der Schweiz. Die neuen hoch standardisierten Formulare, die einheitliche Stempeldrucke an Stelle der individuellen Handschrift verwendeten, konnten auf der Ebene der Informationsübermittlung mit den zunehmenden Warenmassen standhalten. Sie konnten nun problemlos in die administrativen Abläufe der internationalen Transportbürokratien eingespeist werden. Der Frachtbrief und sein Wandel im 19. Jahrhundert sind ein eindrückliches Beispiel für die von James R. Beniger konstatierte zentrale Funktion, die medialen Kontrollinstanzen im Transport von massenproduzierten Gütern zukam. Eine revolutionäre Neuheit war der Frachtbrief allerdings nicht. Seine Stärke beruhte auf seiner Verankerung in der frühneuzeitlichen Handels- und Transportwelt und seiner bemerkenswerten medialen Konstanz.

Verpackungsnormen als soziale und mediale Normierung

In den Frachtbriefen wurden Transportverpackungen manchmal genauer spezifiziert. Es war etwa von Ballen, Kisten oder Körben die Rede. Die Verpackungen fassten die Waren zu Transporteinheiten zusammen und stabilisierten sie während des Transports. Die im Frachtbrief verbrieften Zeichen wurden direkt auf Verpackungen aufgetragen. Diese Form der Verbindung von Ware und Information während des Transports stellte eine einfache, aber äußerst konstante Praxis dar. Sie ist deshalb medienhistorisch und sozialhistorisch bedeutsam, weil unter den Bedingungen von zunehmenden räumlichen Entfernungen, unter dem Credo von Beschleunigungssteigerung und mit der Einführung von festen Terminfristen neue Formate und Zeichensysteme entwickelt und durchgesetzt wurden, die auf schnelle Erkennbarkeit ausgerichtet waren.

An der Gestaltung von Verpackungen, ihrer Anpassung an standardisierte Transportmittel (wie Paletten) (→ Die Europalette) und ihren visuellen Kulturen lassen sich die gesellschaftlichen Funktionsweisen und die kulturellen Bedeutungen der mit Cornelia Vismann als »dingliche Handlungsanleitungen« bezeichneten Ordnungs- und Kontrollinstanzen von Raum und Zeit historisch beobachten.[35] Die lose Sammlung von Frachtbriefen im Schweizerischen Wirtschaftsarchiv in Basel und Hans-Rudolf Lutz' Konvolut von Piktogrammen zum Thema Transport im Museum für Gestaltung in Zürich sind seltene archivalische Glücksfälle. Die Geschichte der Verpackungen als Teil sozialer Normierungsprozesse muss sonst fast ausschließlich in Auseinandersetzung mit Quellen geschrieben werden, die dem Anliegen der Rationalisierung und Normierung dienten.

Bei dem Rechtshistoriker Miloš Vec kann man nachlesen, wie technische Standards in den 1860er Jahren zunächst bei Rohren und Schrauben auf Basis von ingenieurwissenschaftlichen Empfehlungen formuliert wurden.[36] Der Medienwissenschaftler Peter Berz hat sich mit Rückgriff auf Georges Canguilhems Theorie zur Normalität[37] mit dem Selbstverständnis der Normierungsbewegung in Deutschland beschäftigt, die mitten im Ersten Weltkrieg mit der Gründung des Normenausschusses für den Maschinenbau im Jahr 1917 ihren Anfang nahm.[38] Berz hat argumentiert, dass es der Normierungsbewegung auch um die Standardisierung der symbolischen Darstellung der Normierung gegangen sei, weil Normen auch durch die einheitliche Darstellung Geltung und Autorität erlangt hätten. Es sei kein Zufall, dass der Normenausschuss gleich zu Beginn Zeichnungsnormen (wie der zeichnerischen Darstellung und der Blattgrößen) aufgestellt, also die Form der Norm ins Zentrum gerückt habe. Berz hat argumentiert, dass die graphischen Gestaltungselemente Teil des Normsetzungsprozesses seien.

Für die Zeit nach dem Ersten Weltkrieg sind im Kontext von Normierungs- und Rationalisierungsbestrebungen Publikationen überliefert, die sich mit der Rationalisierung von Verpackungen beschäftigten. Die Eisenbahngesellschaften waren Vorreiter der Normierung und der Kontrolle der Transportverpackungen, indem sie Richtlinien für Verpackungsarten erließen und diesen durch Klauseln, die besagten, dass bei mangelhafter Verpackung ihre Schadenersatzpflicht entfalle, auch Geltung verschafften.[39]

Als der Ingenieur Carl Weicken 1929 die Studie *Die Wirtschaftlichkeit der Verpackung* veröffentlichte, gab es in Deutschland bereits zwei Ausschüsse (den Ausschuss für wirtschaftliche Fertigung und den Deutschen Normenausschuss in Berlin), die sich mit der Vereinheitlichung des Verpackungswesens beschäftigten.[40] Die Vereinheitlichungsbestrebungen hatten allerdings noch nicht die Phase eines breiter abgestützten Normsetzungsprozesses erreicht. Gerade deshalb ist Weickens Studie eine aufschlussreiche historische Quelle. Er wollte mit seiner Abhandlung die »Meister und Packer« in den Betrieben für das Vorhaben der Vereinheitlichung gewinnen. Die Lektüre der Studie macht deutlich, wie eng ingenieurwissenschaftliche Visionen und soziale Normierungsprozesse aufeinander einwirkten.

Weickens reich bebildertes Buch zeigt die materielle Kultur der Verpackung Ende der 1920er Jahre: Holzkisten, aus Weiden geflochtene Körbe (die für den Versand von Obst, Gemüse und Fisch sowie für den Kohlentransport verwendet wurden), Packpapier, Kartonschachteln (glatte Pappe oder Wellpappe), Metallbehälter (wie Konservendosen, Metallfässer, Stahlflaschen), Glasbehälter, Säcke und Ballen.

Weickens Rationalisierungsbestrebungen setzen bei den betrieblichen und volkswirtschaftlichen Kosten der Verpackung an. Die verbreiteten schweren Holzverpackungen werden nicht unkritisch gesehen, da ein Drittel des Holzverbrauches in Deutschland von Importen gedeckt werden müsse, wie Weicken betont. Als Alternative empfiehlt er Wellkarton, der aus Holz, Altpapier, Stoff, Textilabfällen oder Stroh hergestellt wurde. Auch der Ausschuss für wirtschaftliche Fertigung (AWF) hatte 1928 bereits eine Studie über die *Zweckmässige Verpackung aus Pappe* veröffentlicht und die Karton- und Wellkartonverpackungen als Möglichkeit der Rationalisierung vorgestellt.[41] Wellkarton schütze vor Druck, Stoßbewegungen und Erschütterungen. Verpackungen aus Wellkarton waren ein Industrieprodukt, das zugeschnitten und vorgestanzt geliefert wurde und von den Verbraucher:innen bloß noch zusammengefaltet werden musste. Die Eigenschaft der Faltbarkeit empfahl sie auch als Maßnahme zur Raumersparnis im Lager. Zudem konnten auf dem Karton auch leicht Papierstreifen aufgeklebt werden, mit Angaben zum Inhalt der Verpackung, Hinweisen wie »Vorsicht« oder »Glas« oder mit Reklame.

Gefahren beim Umladen und der Vorwurf mangelnder Sorgfalt seitens der Ladearbeiter:innen sind ein wiederkehrendes Thema. Beim Umladen würden Güter fallen gelassen, im Lagerschuppen durch Umkanten fortbewegt oder über den Boden geschleift. Auch vor dem von den Arbeiter:innen zum »Angreifen« verwendeten Haken warnte der Verpackungsrationalisierer, weil dieser die Verpackungen beschädige.[42] Ebenso verrufen waren die Stechkarren, die oft unvorsichtig unter die Güter gehoben würden und diese dann zum Umkippen brächten.

Die Sicherung vor Diebstahl ist ein oft behandeltes Thema in Handbüchern zu Lagerung und Transport. In den vorgeschlagenen Maßnahmen manifestiert sich das Zusammenspiel der Durchsetzung von sozialen Normen (Sicherung von Eigentumsrechten) und der industriellen Normierung besonders deutlich. Die Bemühungen der Transportunternehmen, der Transportversicherungen und der Verpackungsindustrie zielten auf die Entwicklung von Maßnahmen, um »das unbefugte Lösen der Verpackung zu verhindern und zumindest die unbefugten Öffnungen der Verpackung« erkenntlich zu machen.[43] Ein ganzes Arsenal von Metallbändern, Kistenklammern, Spezialnägeln für Kisten, Spezialdrähten, Bindfäden, Blechplomben, Paketsiegeln und Klebestreifen für Kartonschachteln, Nietenverschlüssen, Patentverschlüssen oder Verschlusskapseln für Glasflaschen, die beim Eintrocknen zum luftdichten Verschluss zusammenschrumpften, stand bereits im Dienste der Eigentumssicherung zur Verfügung.

In den Vorstellungen der Rationalisierer:innen sollten die Verpackungen Kontrollfunktionen und Arbeitsinstruktionen übernehmen. In einer Werbung von Stanley (einem amerikanischen Hersteller von Hilfsmitteln für Material Handling) aus dem Jahr 1949 treten diese

Bild 35: Werbung für Stanley Steel Strapping Equipment, 1949.

multiplen Funktionen von Verpackung prominent in Erscheinung.[44] Es handelt sich um eine Werbung für ein Werkzeug zum Anbringen von Metallbändern zum sicheren Verschließen von Kartonverpackungen. Der Arbeiter, der mit dem Stanley Steel Strapping Equipment hantiert, steht vor einem Berg aufgestapelter Kartonkisten, auf denen in Großbuchstaben vor dem Gebrauch von Haken gewarnt wird. Mit den Metallstreifen und der Warnung vor dem Haken haben sich auch zwei Formen von Normen in die Werbung eingeschrieben: Maßnahmen gegen Diebstahl und Instruktionen für Arbeiter:innen.

Verpackungsmarkierungen im Dienst der Beschleunigung

Die auf den Verpackungen angebrachten Symbole zur Bezeichnung der Frachten wurden schon in den frühneuzeitlichen Frachtbriefen erwähnt. Im Zug der Rationalisierung der Transportverpackungen wurde nun das »rasche Eintreffen der Waren« zum Ausgangspunkt von Bestrebungen zur Entwicklung von normierten Verpackungsmarkierungen.[45] Weicken empfahl 1929, die Verpackungen in Übereinstimmung mit den Angaben auf den Begleitpapieren auf mindestens vier Seiten zu markieren. Wurden früher bloß die Frachtbriefzeichen auf den Transportkisten angebracht, sollten nun neben dem Namen (oder Zeichen) der Empfänger:innen auch Angaben zum Bestimmungsort, zur fortlaufenden Nummer des Packstücks und zum Gewicht auf der Verpackung festgehalten werden. Ende der 1920er Jahre lässt sich eine Normierung der Schriftgestaltung von Transportverpackungen beobachten. Carl Weicken empfahl, die Beschriftung deutlich, lesbar und möglichst groß zu gestalten (mindestens 5 cm hoch) und am besten Schablonen und Gummistempel zu verwenden. Die Forderung nach Schablonenschrift, welche die Handschrift der Packer:innen durch eine normierte Schrift ersetzte, ging einher mit der Empfehlung, auch »Behandlungsangaben« auf der Packung anzubringen und »Merkzeichen« zu verwenden. In

Bild 36: Rationalisierung des Blicks. Werbung für Schablonenstanz-Maschinen, Diagraph-Bradley, St. Louis, 1947.

Carl Weickens *Die Wirtschaftlichkeit der Verpackung* bin ich erstmals auf spezifische Angaben zur Verwendung von »Merkzeichen« gestoßen: »Die Behandlungsangaben mit Rücksicht auf den Inhalt werden zweckmäßig durch Merkzeichen (z. B. angemalte Kette als Zeichen, wo die Ketten beim Umschlag anzulegen sind, ein Glas oder eine Flasche für ›Vorsicht‹ oder ›zerbrechlich‹, einen Totenkopf für ›Gefährlich‹ oder Pfeile für ›Oben‹ oder ›Hier öffnen‹ usw.) angedeutet, da die Umladung z. T. in Dunkelheit und in Übersee auch von Analphabeten vorgenommen wird. Das AWF hat sich der Aufgabe unterzogen, derartige Sinnbilder international festzulegen«.[46] Die Branchenzeitschriften der Verpackungswirtschaft geben einen Einblick in die rationalisierten Verfahren der Markierungstechniken.[47] Neben den herkömmlichen Markierungsmethoden mit Pinseln oder Farbstiften wurden die Vor- und Nachteile von Schablonen, Stempeln und der Markierung durch Einbrennen diskutiert.

Es entsteht dabei der Eindruck, dass die Markierung zu Beginn der 1930er Jahre als etwas aufgefasst wurde, das nicht mehr dem Gestaltungsspielraum der Arbeiter:innen überlassen werden durfte. Die Vorstellung von Haltbarkeit und Deutlichkeit in der Ausführung ging auch mit der Idee von »Sauberkeit« einher.[48] Individuelle Handschriften wurden nun angesichts der Maxime der schnellen Erfassbarkeit der Informationen als eine zu eliminierende Undeutlichkeit angesehen, weil sie zu Verzögerungen im Transport führten.

Auch in den USA finden sich 1929 im Zuge der Diskussion um *work simplification* in der Zeitschrift *Distribution Economy* erstmals Überlegungen zur Bedeutung von Verpackungsmarkierungen für die Eliminierung von Transportschäden und die Beschleunigung des Umladens.[49] 1929 verlieh Weicken seiner Hoffnung Ausdruck, dass sich der Ausschuss für wirtschaftliche Fertigung (AWF) künftig mit der internationalen Festlegung von Sinnbildern für Verpackungen beschäftigen würde.

Obwohl Ende der 1920er Jahre erste Normierungstendenzen von Transportverpackungen dokumentiert sind, dauerte die Ausarbeitung von normierten Markierungszeichen noch bis Anfang der 1960er Jahre. Diese Langsamkeit des Normierungsprozesses ist nicht überraschend angesichts der privatwirtschaftlichen Organisation der Normierung durch Fachleute aus Wirtschaft, Verkehr und Versicherungswesen. Anders als bei der ersten internationalen Norm, der Meterkonvention von 1875, die als internationaler Vertrag zwischen Staaten abgeschlossen wurde, oder auch bei den Regeln der Gewichte, stellten die Transportnormen selbstorganisierte Empfehlungen dar.[50]

DIN 55402 – Markierungszeichen für nicht gefährliche Güter

Die länderübergreifende Normierung der Verpackungen und Verpackungsmarkierung erhielt nach dem Zweiten Weltkrieg durch umfassendere Standardisierungsprozesse (Einführung von Paletten und entsprechende Anpassung der Verpackungsformate) neuen Schub. Mit der DIN 55402, die durch das Deutsche Institut für Normung (DIN) in Koordination mit dem Technischen Komitee TC 88 der International Organization for Standardization (ISO) ausgearbeitet worden war, wurde 1961 die erste Vornorm für die Markierung nicht gefährlicher Güter veröffentlicht. Mit der Normierung der gefährlichen Güter wurde erst anschließend begonnen. Die Norm wurde als Vornorm bezeichnet, da man die weiteren Arbeiten der TC 88 der ISO abwarten und die dort getroffenen Vereinbarungen gegebenenfalls berücksichtigen wollte. Die Normierung im Weltmaßstab brauchte Zeit und ein Verständnis für Vorläufigkeit. Dieses Bewusstsein für die Schaffung von Spielräumen im Dienst von Einheitlichkeit und Konstanz ist charakteristisch für Normierungsinstanzen, wie auch Peter Berz im Zusammenhang mit seiner Studie zum Deutschen Normenausschuss während des Ersten Weltkriegs argumentiert hat. Die Prinzipien der Flexibilität und Kontinuität hätten den Aufbau und die Arbeitsweise des Normenausschusses geprägt.[51]

Bild 37: DIN 55402, Markierungszeichen für nicht gefährliche Güter, 1961.

Die von einer Arbeitsgruppe erarbeiteten Zeichen wurden nicht von Grund auf neu geschaffen. Bei der Deutschen Bundesbahn konnten in den 1950er Jahren beispielsweise bereits »Warnzettel in Bilderschrift« bezogen werden, die »international und sogar für Analphabeten« verständlich seien.[52] In dem von der Verpackungswirtschaft herausgegebenen *Packer-Magazin* waren auch schon die Gläser und Regenschirme abgebildet, die sich als Warnung vor Zerbrechlichkeit und Nässe bereits etablierten hatten.

Die DIN 55402 von 1961 enthielt nur acht Zeichen. Sie umfasste alle von Carl Weicken identifizierten Gefahrenherde – inklusive der berüchtigten Haken und der gefährlichen Stechkarre. Die Norm entsprach ziemlich genau dem, was Peter Berz angedeutet hat, als er die graphischen Gestaltungselemente als Teil des Normsetzungsprozesses bezeichnete.[53] Die Beschränkung auf acht Zeichen symbolisierte auch das Credo der Normierungsausschüsse, das auf Reduktion und Übersichtlichkeit angelegt war. Schautafeln, die in den Arbeitsräumen aufgehängt werden konnten, sollten nämlich die mit Stauen und Umladen beschäftigten Personen immer an die Normen erinnern.

Verpackungen dienten nicht bloß der Stabilisierung der Waren während des Transports und der Lagerung. Sie waren auch Werbeflächen. Den Standardisierungsinteressen, die auf Reduktion und Einheitlichkeit bedacht waren, standen die Diversifizierungsinteressen der Werber:innen gegenüber, die auf Vielfalt und Extravaganz ausgerichtet waren. Es deutete sich also an, dass die Hoheit der Normierungsinstanzen auf den Verpackungen limitiert war. In den Instruktionen finden sich denn auch Hinweise, dass die Reklamen der Absender:innen nicht auf den Flächen angebracht werden dürfen, auf denen sich die Markierung befindet.[54] Reklamen dürften die Markierungen nicht beeinträchtigen.

Es drängt sich auf, das Korpus der Vornorm DIN 55402 für die Markierung nicht gefährlicher Güter mit Hans-Rudolf Lutz' Sammlung in *Die Hieroglyphen von heute* zu vergleichen.

Das Repertoire der acht DIN- und ISO-genormten Zeichen hat sich als beständig erwiesen. Die nach oben gerichteten Pfeile, Gläser, Regenschirme, Haken und Stechkarren sind sehr prominent vertreten, mitsamt den von den Gestalter:innen eingebrachten Variationen. Wie schon Lutz beobachtet hat, sind Wörter wie »UP«, »ALTO«, »FRAGILE« oder »MUY FRAGIL« den Bildzeichen nicht gewichen, sondern sogar weiterentwickelt worden. Die Normierungsausschüsse hatten nicht daran gedacht, dass auch Wörter als Bilder eingeübt und verstanden werden können, auch von den sogenannten »Analphabet:innen« und den Packer:innen in fernen Ländern, auf die man sich bei der Normierungsarbeit gerne bezog. Der Eigensinn der anonymen Gestalter:innen schlug sich auch in der Entwicklung neuer Bildzeichen nieder.

Zudem haben sich auch Bildzeichen gehalten, die bereits vor der Normierung von 1961 in Umlauf gewesen waren, etwa die Frau mit dem Tonkrug auf dem Kopf, die vor zerbrechlicher Ware warnt.

Zwei Zeichen von der DIN-55402-Tafel sind in der Sammlung von Lutz nicht präsent: Zum einen das auf einem Dreieck schwebende Gewicht mit dem Zusatz »kopflastig«. Und zum anderen die Ketten mit

Bild 38: Bildzeichen für zerbrechliche Güter im Buch *Die Hieroglyphen von heute,* 1990.

Bild 39: Vielfalt im Standard, Pfeile aus dem Buch *Die Hieroglyphen von heute,* 1990.

dem Zusatz »hier anschlagen«. Obwohl es durchaus auch denkbar ist, dass die Sujets den Sammler:innen durch die Lappen gegangen sind, sind die Absenzen interessant. Das Bildzeichen für »kopflastig« scheint sich nicht durchgesetzt zu haben, und auch die Instruktionen für das Anbringen von Ketten wurden in der Praxis nicht aufgenommen. Vielleicht wurde das Bildzeichen für »kopflastig« als zu wenig prägnant und verständlich erachtet? Und könnte es sein, dass das Anbringen von Ketten durch den Einsatz von Paletten und mechanischen Hebe- und Fördertechniken wie Gabelstapler obsolet geworden ist, ziemlich genau zu dem Zeitpunkt, als die Normierungsausschüsse sich ein Zeichen zur Instruktion ausgedacht hatten?

Während der letzten zehn Jahre bin ich durch viele Warenlager gestreift und habe auch Zollfreilager in Flughafennähe besichtigen können. Dabei ist mir aufgefallen, dass bei Transporten für hochpreisige, besonders wertvolle und besonders gefährdete Güter spezielle Kleber auf den Holzkisten und den im Kunsttransport gebräuchlichen Klimakisten angeklebt werden.[55] Aus dem Zeichen des aufgerichteten Pfeils haben Ingenieur:innen der Material-Handling-Industrie nämlich ein Kontrollinstrument entwickelt. Produkte wie TiltWatch® XTR oder Tip-N-Tell sind als Klebeetiketten erhältlich.[56] Auf der Webseite des amerikanischen Anbieters von Supply-Chain- und Transportüberwachungszubehör finden sich Hinweise zur Funktion dieser Technik, in die Kontrollfunktionen eingelagert worden sind.[57] Die TiltWatch-Tags werden mit einer extrem starken Klebemasse auf der Seite der Transportkiste angebracht. Indikatoren aus Flüssigkeiten und Pulvern in eingelassenen Kapseln zeigen Erschütterung und Schieflagen an. Es geht um eine visuelle Abschreckung vor falscher Handhabung während des Transportprozesses. Der Aufkleber dient als Warnung. Dem Transportunternehmer kann mangelnde Sorgfalt im Umgang mit Speditionsgütern nachgewiesen und angelastet werden. Die visuellen Marker zielen auf die Kontrolle von Transport und Bewegung und die Disziplin der Transportangestellten. Da sie nicht wie die RFID[58] mit einem Ortungssystem verbunden sind, liegt die eigentliche Kontrollfunktion wohl nicht primär in der Überwachung, sondern in der Abschreckung. Es sind Techniken der Prävention (zur Vermeidung von Transportschäden), der Dokumentation (zum Beweis gegenüber der Transportfirma) und des Marketings (als Qualitätszeichen gegenüber dem Kunden).

Die Verwendung von Klebeetiketten mit integrierten Indikatoren aus Flüssigkeiten und Pulvern zum Anzeigen von falschen Manipulationen, mangelnder Sorgfalt und Unfällen steht in der Tradition der bereits Ende der 1920er Jahre im Warentransport gebräuchlichen »Merkzeichen«. Der nach oben gerichtete Pfeil bildet eine historisch verankerte visuelle Grundlage für Instruktion und Warnung während des Gütertransports. Er ist ein Kommunikationsmedium, das allerdings um eine verschärfte Warnfunktion und überdies eine neue Kontrollfunktion angereichert wurde. Ein Teil der Kontrollarbeit wurde an die visuellen Indikatoren auf den Klebeetiketten der Transportverpackungen delegiert und kann bei Versicherungskonflikten als Medium der Evidenz verwendet werden.

Normierung der Produktverpackungen

Das Credo der rationellen Verpackung erfasste in den 1950er Jahren auch die Gestaltung der Verpackungen einzelner Konsumgüter. Normierungsausschüsse, private verpackungswissenschaftliche Institute, staatliche Materialprüfungsanstalten und die Verpackungsindustrie arbeiteten unkoordiniert-koordiniert am Projekt der Vereinheitlichung und Rationalisierung der Produktverpackungen. Die Entwicklung neuer thermoplastischer Kunststoffe wie Polyäthylen stellten neue Materialien für leichte und »hygienische« Einwegverpackungen zur Verfügung. Wenn man die Fachzeitschriften der Verpackungsbranche aus den frühen 1950er Jahren durchblättert, fällt die euphorische Stimmung bei der Anpreisung der neuesten Erfindungen und Produkte auf.[59] Selbst für eine Technik- und Wissenschaftshistorikerin, die schon einige Momente überschießender Technikeuphorie studiert hat, sind die Berichte über die auf Basis fossiler Energie hergestellten Produktverpackungen bemerkenswert.[60] Das Erdölzeitalter beflügelte seit den 1950er Jahren auch die Verpackungsgestaltung. Am Beispiel der 1951 vom Schwedischen Unternehmen Tetra Pak auf den Markt gebrachten Tetra Verpackung lässt sich dieser transport- und umwelthistorisch bedeutsame Wendepunkt in der Verpackungsgestaltung exemplarisch analysieren.

Erik Wallenberg und Ruben Rausing hatten zwanzig Jahre an ihrer neuen Tetra Verpackung gearbeitet. Anschließend dauerte es nochmals sieben Jahre, um die für die Massenproduktion benötigten Maschinen zu konstruieren.[61] Die Verpackung wurde aus einem mit Kunststoff (»Plastikhaut«) beschichteten Papier hergestellt. Die ursprünglich in Form eines Tetraeders (und später auch in Form eines besser stapelbaren Quaders) konstruierten Verpackungen für Flüssigkeiten waren zunächst für Milch gedacht. Mit der neuen Verpackung bedienten Wallenberg und Rausing die Interessen der Selbstbedienungseinzelhändler:innen und der Transporteur:innen. Anders als die schweren und bruchgefährdeten Milchflaschen handelte es sich um ein Einwegprodukt, das nicht mehr gereinigt und auch nicht mehr zurücktransportiert wurde. Zudem war die Tetra Verpackung leichter als die Milchflaschen, und sie konnte in leichten Metallbehältern, statt in den alten schweren Holzharassen für Milchflaschen gestapelt werden. Und selbst in den prall gefüllten Kühlschränken der Konsument:innen konnte sie in einer Ecke verstaut werden.

Die Tara (das Gewicht der Verpackung einer Ware) wurde in den konsumorientierten goldenen Nachkriegsjahren zum Maß, nach dem sich die Wahl der Verpackung auszurichten hatte: »Bisher entfielen nur 42 Prozent einer Tonne Bruttogewicht auf Milch und 58 Prozent auf die Emballage – in Zukunft sind es 87 Prozent Milch und nur 13 Prozent Verpackung«, lautete die Rechnung in der Verpackungszeitschrift *TARA*.[62] Die Verpackung war auch ein Trinkgefäß, denn mit einem Schnitt an ihrem Ende konnte direkt aus ihr getrunken werden.

Während bis nach dem Zweiten Weltkrieg die Ersparnis von Materialien und Rohstoffen als Teil der Verpackungsrationalisierungen begriffen wurde, geriet mit dem Prinzip der wegwerfbaren Einwegpackungen, der Optimierung des Verpackungsgewichts und der raum- und gewichtsoptimierten Verpackungsformen auf Basis von Kunststoffen der einst der Rationalisierungsbewegung inhärente haushälterische Umgang mit Ressourcen aus dem Blickfeld. Erst in den 1970er Jahren erinnerte die Ökologiebewegung daran, dass das Einwegprinzip nicht bloß den Materialfluss der Nachkriegsgesellschaften perfektioniert hat, sondern auch Müllberge produziert. Mit dem Recycling der Kunststoffe erschloss sich die Ingenieurwissenschaft dann neue Problemlösungsfelder. Zu Beginn des 21. Jahrhunderts, nachdem der Klimawandel unter dem Druck der Klimabewegung wieder in die Aufmerksamkeit der Öffentlichkeit gerückt ist, ist neben dem Rohstoffverbrauch auch die Höhe der Treibhausgasemissionen ein Parameter geworden, den die Verpackungsindustrie in ihre Unternehmenskommunikation integrieren muss.[63] Die Qualität von Verpackungen wird nun auch an ihrem CO_2-Fußabdruck gemessen.

Das neue Prinzip der Anpassung der Produkte an Transportbehälter wurde in den 1950er Jahren durch die Umstellung auf das Transportsystem mittels Paletten vorangetrieben. (→ Die Europalette) Die europäischen Eisenbahngesellschaften rissen mit der Lancierung der Palettierung auch die Verpackungsindustrie in ihren Sog. Die Industriebetriebe wurden nun aufgefordert, die Seitenmaße ihrer Produktverpackungen an das Seitenmaß der Paletten anzupassen. Die Verpackungen sollten so stapelbar sein, dass die Ladungen auf den untersten Schichten mehrerer aufeinandergestapelter Paletten dem Druck standhielten.[64] Die Ingenieur:innen hatten herausgefunden, dass Wellkartonschachteln mit rechteckigem Grundriss mit einem Seitenverhältnis 1:2, 2:3 oder 3:4 am besten stapelbar sind. Verpackungen, die nicht leicht mechanisch manipuliert werden konnten, mussten geändert werden, so lautete die Devise.

Mit dem standardisierten Verpackungsdesign wurde auch die Automatisierung der Beladung der Paletten vorbereitet. Vollautomatische *pallet loaders* waren in den USA bereits Mitte der 1950er Jahre verfügbar.[65] Nur wenn die Ladungen durch eine Maschine manipulierbar waren, war ihre Abfertigung schneller als die Handhabung durch Menschen. Ohne standardisierte Produktverpackungen wären die voll automatisierten Hochraumlager nicht realisierbar gewesen. (→ Das Warenlager) Das 1986 eröffnete voll automatisierte zentrale Verteilzentrum von Coop beim Eisenbahnknotenpunkt Olten im Schweizer Mittelland basierte nicht bloß auf Paletten, Zentralrechnern und Mikrorechnern (welche die Palettenlifte steuerten), sondern auch auf den genormten Maßen der Schuhschachteln, welche exakt den Palettendimensionen angepasst waren und so stabil sein mussten, dass sie den Belastungsansprüchen durch die automatisierte Lagerung standhielten.[66]

Etwa zur selben Zeit, als die Rechner die Steuerung in den Hochraumlagern übernahmen, entstanden erste Projekte (wie das Swiss Community System, SWICOS), die sich damit beschäftigten, wie der Austausch von Informationen im Warentransport in »Datenaustauschzentralen« abgewickelt werden könnte.[67] Transportunternehmen schlossen sich nun zu Cargo Community Systems (CCS) zusammen, um einheitliche elektronische Prozesse für den Datenaustausch zu entwickeln. Mit der Entstehung des kommerziellen Internets Anfang der 1990er Jahre wurden die technischen Bedingungen geschaffen, um die im Frachtbrief enthaltenen Informationen in die neuen Internetplattformen zu integrieren.

Vertragsrechtlich tut der Frachtbrief allerdings weiterhin seinen Dienst. Der Frachtbrief ist bis heute der Kern des Frachtvertrags, der die Beziehungen zwischen dem:der Frachtführer:in, dem:der Absender:in und dem:der Empfänger:in regelt. Eine elektronische Aufzeichnung ist inzwischen dem Frachtbrief gleichgestellt, sofern sichergestellt ist, »dass die Authentizität und die Integrität der Aufzeichnung gewahrt bleiben (elektronischer Frachtbrief)«, wie im Deutschen Handelsgesetzbuch geschrieben steht.[68] Die elektronische Unterschrift bürgt für die Authentizität.

5. Von den Kanban-Karten zu den Lieferketten: **Just in Time**

Bild 40: Kanban-Karten im Lager der Motomachi-Fabrik von Toyota.

Ein junger Arbeiter in einer Lagerhalle der Motomachi-Fabrik von Toyota. Der Mann trägt Arbeitskleidung. Ein weißes Poloshirt, eine Mütze und glänzende schwarze Schuhe, die wegen der eher kurz geschnittenen Hose ins Auge fallen. Auf dem Boden ein Holzgestell, an dem viele beschriftete Zettel angebracht sind. Der Arbeiter hält einen Zettel in der Hand und schaut in die Kamera.

Auf das Bild des Arbeiters aus der Motomachi-Fabrik bin ich auf der Webseite von Toyota gestoßen.[1] Beim Scrollen auf den Seiten zur Firmengeschichte sind mir die Zettel sofort wieder aufgefallen: auf Abbildungen, welche halb fertige Autos in den Montagehallen zeigen. Bei den Zetteln handelt es sich um Kanban-Karten. Die Kanban-Karten stehen auch für die gleichnamige Produktions-, Lager- und Distributionsmethode Kanban. Kanban, Just in Time (JIT) und Toyota-Produktionssystem (TPS) bilden ein semantisches Feld, das seit den 1970er Jahren auch in der Managementliteratur und in arbeitssoziologischen Publikationen in den USA und in Europa Spuren hinterlassen hat.

Wenn sich ein Fachbegriff aus der Logistik in der Alltagssprache der Gegenwart niedergeschlagen hat, dann ist es *just in time.* Wir hetzen JIT zum Bahnhof. Meine Student:innen senden mir ihre Seminararbeiten noch kurz vor Mitternacht – JIT. Wir treffen, geleitet durch Google Maps, JIT zu unseren Verabredungen ein. Und wir können in Kursen lernen, mit Hilfe von Kanban unsere Leistungsfähigkeit zu steigern, uns besser zu konzentrieren und dabei noch mehr Spaß beim Arbeiten zu haben.[2]

Just in Time ist ein Neologismus aus dem 20. Jahrhundert, der als Anglizismus auch in die deutsche Sprache Einzug gehalten hat. Die Sondierung von Web- und Bibliothekskatalogen legt nahe, dass der Begriff erstmals Ende der 1970er Jahre in westlichen Publikationen auftauchte. Auch auf dem Google Books Ngram Viewer in englischer Sprache findet sich der Begriff erstmals Ende der 1970er Jahre, zu Beginn der 1980er Jahre steigt seine Verwendung rasant an.

Wer sich mit der Geschichte dieser Konzepte beschäftigt, landet sehr schnell bei der Managementliteratur, die sich in den USA und in Europa seit den 1970er Jahren mit dem Phänomen beschäftigt, und begibt sich damit auch in ein Reich ausgeprägter Erzählkunst. Die im Rückblick verfassten Erinnerungen und Erklärungen (etwa vom Toyota-Ingenieur Taiichi Ōno) liefern historische Begründungen für Unternehmenserfolge und wirken an der eigenen Geschichtsschreibung mit. Sie legen aber auch einige der Knotenpunkte von Übersetzungsprozessen zwischen den USA, Japan und Europa offen. Ihre Geschichte verweist auf Veränderungen in der Massenproduktion und der Distribution im Übergang zu postindustriellen Gesellschaften[3] und auf die Konfrontation und Hybridisierung der Wissensbestände der westlichen Betriebsökonomie mit postfordistischen Konzepten seit den 1970er Jahren.

Doch die Bemühungen, die behäbigen Lager in den Fabriken zu verflüssigen, reichen weiter zurück. Logistik, das zeigt die Geschichte von Just in Time, basiert auf der Geschichte der Inventur, die seit dem *Code de Commerce* auch im bürgerlichen Handelsrecht verortet ist. Die Koordination von Materialien und Warenflüssen ist auf die Errichtung von Systemen zur Handhabung von Informationen angewiesen. Die Verschränkung des Informationsflusses mit dem Warenfluss ist eine genuine Bedingung für Logistik. Doch unter welchen ökonomischen Bedingungen sind die Konzepte und Techniken zur Verflüssigung von Lagern entstanden? Wie viel Japan steckt in Kanban? Warum ist die Bewirtschaftung von Lieferketten zum Kerngeschäft von Logistikunternehmen und zur Achillessehne der Weltwirtschaft geworden? Und was bedeutet es, dass wir unser Leben nun mit Kanban organisieren?

Das Inventar

Grundlage der Buchführung ist seit dem 15. Jahrhundert das Inventar.[4] Aus dem Lateinischen *inventarium* hergeleitet, bezeichnet es wörtlich die »Gesamtheit des Gefundenen«. In der Abhandlung über die Buchhaltung von Luca Pacioli aus dem Jahre 1494 heißt es, dass jeder Kaufmann seine Geschäftstätigkeit mit der Abfassung eines sorgfältigen Inventars beginnen soll: »Auf einem Blatt oder in einem besonderen Buch das einschreibt, was er in der Welt an Immobilien und Mobilien zu besitzen glaubt«.[5] Seit Pacioli wird unter dem Inventar »die Aufzeichnung der Güter und anderer Sachen« verstanden.[6] Die Erfassung aller Dinge solle mit den beweglichsten beginnen, gefolgt von den kleineren Dingen des Hauses (Kleider, Betten etc.), den Waren im Lager und schließlich den Immobilien, dem Land und den Schuldner:innen. Sie ist eine Liste, die auch Besitzansprüche formuliert: »Ich besitze Waren [...] im Lager von verschiedenen Arten: zuerst so viel Listen Ingwer von Mekka im Gewichte von soundso viel Pfunde, bezeichnet mit dem Zeichen usw. Und so wirst du fortfahren, die Waren Sorte für Sorte mit allen möglichen Kennzeichen und mit größter Deutlichkeit nach Gewicht, Anzahl und Maß zu beschreiben.«[7] Um die Besitztümer zu erfassen, muss ihre Zirkulation unterbrochen werden. Schon das erste Traktat über die Buchführung aus dem 14. Jahrhundert betrachtet die Inventur als Unterbrechung des Handels und riet deshalb, dass sie an einem Tag angefertigt werden müsse, weil sie sonst »den zukünftigen Handel«[8] störe.

Jedes Handelsgewerbe müsse mit der Inventur beginnen, so schrieb es auch dreihundert Jahre nach Luca Pacioli der französische *Code de Commerce* von 1807 vor, dem ersten bürgerlichen Handelsrecht, das bald in anderen Ländern kopiert wurde.[9] Der *Code* hielt fest, dass die Aufzeichnung der »effets mobiliers et immobiliers« jährlich wiederholt werden müsse und bei Konflikten unter Geschäftsleuten als Beweismittel vor Gericht zugezogen werden könne. Ein spezielles Rechnungsbuch (Waren-Sconto, Lager- oder auch Warenbuch genannt) diente der Lagerkontrolle.[10] In den Enzyklopädien und Handbüchern aus dem ausgehenden 18. und frühen 19. Jahrhundert wurde es als »erstes und fast unentbehrliches Hülfs- und Nebenbuch« ausführlich behandelt.

Es diente dazu, »in möglichster Kürze zu wissen, was man an Lager hat«,[11] welche Waren noch vorrätig und welche schon abgesetzt sind. Mit der Aufzeichnung geht eine Bewertung der Waren einher, und mit der Verschriftlichung der Lagerbestände ist überdies die Vorstellung verbunden, der »etwaigen Untreue« der Angestellten einen Riegel vorzuschieben.[12] Bereits in den Abhandlungen des 18. Jahrhunderts wurde bei der Bewertung der Waren und Rohstoffe dazu geraten, die Beschaffenheit der Ware, die Mode und die »Umstände der Zeit« in Rechnung zu ziehen, d. h. nicht einfach die Einkaufspreise der Vergangenheit, sondern die aktuellen Verkaufspreise zu schätzen.[13] Bei der Verbuchung des Lagers ging es also um dreierlei: die Ermittlung des wahren Waren- und nicht des Scheinwertes, die Kontrolle der Angestellten und die Beweisführung bei Rechtsstreitigkeiten.

In der zweiten Hälfte des 18. Jahrhunderts entstanden in Deutschland die ersten Handelsschulen mit Buchhalterklassen, doch die Handelswissenschaften etablierten sich erst im ausgehenden 19. und frühen 20. Jahrhundert als Universitätsfach mit Promotionsrecht und damit als wissenschaftlich ambitionierte Disziplin.[14] Prozesse der Verwissenschaftlichung und Verrechtlichung gingen dabei Hand in Hand. Das Inventar bildete in den bürgerlichen Handels- und Zivilgesetzbüchern die Basis für kodifizierte Besitzansprüche. Es ist jenes Instrument, mit dem die Eigentumsverhältnisse und der Transfer von Sachen und Waren im wechselhaften Geschäftsleben festgeschrieben und eingeklagt werden können. Im Erb-, Gesellschafts- und Konkursrecht bildet das Inventar die Grundlage für die Aufteilung der Vermögen.[15]

Michael Zakim hat für die kapitalistische Durchdringung der amerikanischen Gesellschaft im 19. Jahrhundert und die marktwirtschaftliche Organisation der Wirtschaft in den USA auf den Punkt gebracht, was auch für Europa gilt:[16] Eisenbahnnetze und Telegraphenleitungen mögen die offensichtlichen Informationsinfrastrukturen gewesen sein.

Doch im Hintergrund war Schreibarbeit (etwa in Form von Lagerbüchern oder Frachtbriefen) (→ Die Verpackung) für die Akzeleration von Produktion und Handel verantwortlich.

Das Lager wurde in der Buchhaltung zwar als Kapital bewertet, doch aus kaufmännischer Sicht wurde es im ausgehenden 19. Jahrhundert zunehmend als Makel erachtet. In einem Handelslexikon heißt es, dass es der »noch nicht abgesetzte Vorrath selbst« sei.[17] »Auf Lager sein« bedeutet derart betrachtet immer auch »noch nicht abgesetzt sein«. Und »auf Lager arbeiten« muss immer auch das »Produzieren ohne Absicht auf baldigen Umsatz und ohne Bestellung« mit einkalkulieren. Dass die Inventur das Geschäftsleben stört, hatte bereits Luca Pacioli im späten Mittelalter angedeutet. Die Buchhalter:innen zu Beginn des 20. Jahrhunderts gingen nun einen Schritt weiter und berechneten die Kosten der Betriebsunterbrechung, die als Ausfall am Umsatz und damit auch als Gewinnverminderung zu Buche schlage.[18] Mit der Massenfabrikation und der steigenden Anzahl von Produkten wurden die Verbuchung der Eingänge und Verkäufe in den einfachen Lagerbüchern und die periodische Inventur zunehmend als unsichere Aufzeichnungsmethoden wahrgenommen, bei der sich Verwechslungen und Messfehler einschleichen würden. Vor dem Ersten Weltkrieg tauchte das neue buchhalterische Credo der »ständigen Inventur« auf Basis moderner »Bureauhilfsmittel« in der Buchhaltungsliteratur auf. Weil die Paginierung und Bindung des Lagerbuches nun als unerwünschte Begrenzung bei der Buchführung stetig wachsender Lager wahrgenommen wurden, wurde empfohlen, die Verbuchung vom Medium des Buches zu lösen: »Dagegen besitzen gebundene Bücher bei vielen Einzelnachweisungen den Nachteil, dass von vornherein für jede Nachweisung ein begrenzter Platz vorgesehen werden muss, nach dessen Ausnutzung die betr. Nachweisung an eine andere Stelle übertragen werden muss, so dass dadurch die anfängliche Reihenfolge bald gestört und die Übersicht wesentlich beeinträchtigt wird. An einem gebundenen Buch kann ferner nur eine Person arbeiten.«[19] An die Stelle des Buches traten lose Blätter und Kartensysteme, die nicht mehr in den abgesonderten

Büroräumen des Kontors, sondern direkt bei den Lagerregalen geführt wurden, beliebig erweiterbar waren und von mehreren Personen gleichzeitig bearbeitet werden konnten. Die buchhalterische Erfassung produzierte jedoch dadurch größere Papierablagerungen, die zusätzlichen Lagerplatz beanspruchten, genauso wie die Verpackungen und Behälter für die Verschiffung der Waren immer größere Lagerräume füllten. Kompakte Karteikartensysteme versprachen dabei zweierlei: zum einen Lagerraumersparnis und zum anderen Schutz vor betrügerischer Buchführung durch Entwendung und Austausch der losen Karten.

Hand-to-mouth buying nach dem Ersten Weltkrieg

Der Erste Weltkrieg beendete eine lange Prosperitätsphase, die seit 1890 angehalten hatte. Boomperioden und Konjunkturkrisen folgten nun Schlag auf Schlag.[20] Die USA waren zwar die ökonomischen Gewinner des Krieges (ihr Anteil an der Weltindustrieproduktion stieg von 35,8 % um 1913 auf 42,2 % um 1929), doch die Wirtschaft der Roaring Twenties war äußerst volatil. Bereits 1920 und 1921 blieben die amerikanischen Händler:innen und Fabrikant:innen massenhaft auf ihren euphorisch angelegten Lagern der Nachkriegswirtschaft sitzen. Die erhöhten Produktionskapazitäten und die in Erwartung einer weltweiten Nachfragesteigerung angelegten großen spekulativen Lager sahen sich einer sinkenden Nachfrage und fallenden Preisen gegenüber. Dass Vorratsblasen platzen, ist nichts Neues. Doch die Schlüsse, die in Zeiten des Scientific Managements nun daraus gezogen wurden, waren neu. Nach der als »Lagerdepression« in die Annalen eingegangenen Weltwirtschaftskrise von 1920/21 wurden die materiellen Vorräte in den Produktionsbetrieben und Handelsfirmen als betriebswissenschaftliches Problem entdeckt:[21] »Plant discipline begins with [...] accountability«,[22] verkündeten die Handbücher für Manager:innen.

Die Buchführung wandelte sich nun zur Technik einer alle Bereiche des Betriebs umfassenden Kostenanalyse, die das Ziel verfolgte, die minimale Lagergröße, den richtigen Bestellzeitpunkt und die optimale Produktionskapazität in einem mathematischen Sinne auf Basis von Differenzialgleichungen und unter Ermittlung der Grenzkosten zu berechnen. Damit wurde erstmals am Programm einer ineinander verzahnten Produktions-, Distributions- und Lagerökonomie gearbeitet, die die Betriebsökonom:innen während des 20. Jahrhunderts weiter beschäftigte. Das Lager wurde als zu statisch betrachtet. Es sollte beweglicher und flexibler werden – und zwar in einem materiellen, organisatorischen und epistemischen Sinn. »The ideal store room [...] would be one on wheels«,[23] verkündete ein Handbuch 1922. Die Idee, die Lager von räumlichen Begrenzungen und der Gebundenheit an einen Ort zu lösen, die schließlich mit dem Hochregal und dem Container in den 1960er Jahren verwirklicht wurde, war also bereits nach dem Ersten Weltkrieg ausgesprochen.[24] Genauso wurde die Idee, die Produktion in der Fabrik laufend an die Verkäufe anzupassen und die Spekulationslager zu eliminieren, in den 1920er Jahren erstmals als betriebsökonomisches Credo angedacht.

Wenn in der ökonomischen Literatur nun von *hand-to-mouth buying*[25] die Rede war, war damit zunächst die extreme Vorsicht gegenüber spekulativen Lagern und Großeinkäufen nach 1920 gemeint. Die Reaktion der Fabrikant:innen und Händler:innen auf die Lagerdepression wurde zu einer neuen Doktrin der Lagerhaltungspraxis umformuliert, die als Anpassung an größere Umbrüche interpretiert wurde und mit Reinhart Koselleck als Phase der »Verzeitlichung« des Warenlagers bezeichnet werden könnte.[26] Die Zeit wurde in den 1920er Jahren als schnell und flüchtig wahrgenommen. In der Lagerfrist sah man nun einen gestaltbaren Faktor einer effizienten Lagerhaltung.

Laut Fred E. Clark, einem der Pioniere der amerikanischen Marketingliteratur der 1920er Jahre, war ein Bündel von Ursachen dafür verantwortlich, dass amerikanische Firmen dazu übergingen, nicht mehr langfristig zu lagern, sondern kurzfristig zu bestellen:[27] erstens ein rasanter technologischer Wandel durch neue massenproduzierte Waren (wie Radios, Ölheizungen, Kühlschränke etc.), der derart schnell voranschreite, dass die Bestellungen von gestern schon heute technologisch veraltet seien. Zweitens eine Standardisierung von Waren und Rohstoffen, welche es den Käufer:innen ermögliche, jederzeit auf beliebige Waren und alternative Händler:innen auszuweichen. Drittens eine Verdichtung und Rhythmisierung der Transportmittel (Dampfschiffe und Eisenbahnen) und der Medien (Telefon und Telegraph), welche neue Möglichkeiten schaffen würden, die Waren nach Fahrplan zu verschiffen sowie jederzeit zu bestellen. Viertens beobachtete er auch einen raschen Stilwandel, flüchtige Modeerscheinungen und schwankende Geschmacksvorlieben, also allesamt Ergebnisse einer Wahrnehmung der Kontingenz und des Flüchtigen, die von Charles Baudelaire Mitte des 19. Jahrhunderts als Charakteristika der Moderne beschrieben worden waren.[28] Fünftens (und dies ist aus wissenschaftshistorischer Perspektive besonders relevant) die Vermutung, dass die Ausbildung der Manager:innen und die Verwissenschaftlichung der Betriebsführung das *hand-to-mouth buying* verstärkt und verstetigt habe: »The increased use of adequate accounting systems, the development of the retail inventory system, unit control systems, and the collateral results of certain ›movements‹ such as scientific management, ›efficiency‹ and trade associations, have tended toward more careful buying, and consequently have served both as causes for, and as conditions essential to, the careful control of purchases which is fundamental to the present hand-to-mouth buying movement.«[29]

Die Methoden des Scientific Managements und das Wissen der Betriebsökonomie beeinflussten die Lagerhaltung. Die als Reaktion auf die Lagerdepression von den Industriellen praktizierte Reduktion der Vorratshaltung wurde nun wissenschaftlich untermauert. Die Managementratgeber interpretierten die Doktrin des *hand-to-mouth buying* nicht mehr als ängstliche Panik vor überfüllten Lagern mit Überschussbeständen. Sie deuteten sie vielmehr als mathematisch gestütztes effizientes Verhalten der Lagerminimierung. Außerdem solle sie dazu beitragen, die Produzent:innen stärker an die Käufer:innen zurückzubinden, und damit insgesamt zu stabileren konjunkturellen Verhältnissen führen.

Doch wie wurde aus der buchhalterischen Lagerkontrolle, die seit dem Mittelalter praktiziert wurde, in den 1920er Jahren eine »wissenschaftliche Routine«[30] und schließlich in den 1950er Jahren gar eine rechnergestützte *theory of inventory management*,[31] die bis heute zum Kern des Wissens gehört, das in betriebsökonomischen Ausbildungsgängen gelehrt wird? Und welche epistemischen Umbrüche waren damit verbunden?

Die statistische Erfassung der Bestellmengen und -intervalle für alle Materialien in Fabrikations- und Handelsbetrieben erweiterte die Praxis der ständigen Inventur – von der Ersatzschraube über die Rohstoffe bis hin zu den Halbfertigfabrikaten und den fabrizierten Waren. Lagerkarteikarten erfassten die Daten zur Ermittlung von Durchschnitts- und Grenzkosten bei unterschiedlichen Bestellintervallen. Mathematische Formeln zur Ermittlung der optimalen Bestellmengen und -intervalle, die zwischen 1925 und 1927 entwickelt worden waren, wurden durch Tabellen und mechanische Rechenhilfen wie dem *ordering-point calculator* routinisiert. Schreibarbeit, Mathematik und Recheninstrumente formalisierten und standardisierten die Lagerhaltungspraktiken und machten sie für alle Akteure berechenbarer. Die Lagerkontrolle beruhte auf der buchhalterischen Erfassung des eigenen Betriebs und schloss auch eine Beobachtung der Kund:innen und Konkurrent:innen ein.

Europäische Betriebswirt:innen bewunderten die statistischen Erhebungen über Lager und Vorräte durch amerikanische Betriebe, Branchenverbände und das Department of Commerce als »systematisches Vorgehen«, weil es betriebsökonomische und volkswirtschaftliche Betrachtungsweisen verknüpfte. Durch den ständigen Gebrauch von Statistiken und der Technik des permanenten Vergleichs sei der amerikanische Manager darin geübt, Produktionselemente in einer Weise zu beobachten, wie sie der Industrielle in Europa nicht wahrnehmen könne: »Dass die Höhe des Rohmateriallagers in Beziehung zur Größe

CHART II. THE ORDERING-POINT CALCULATOR

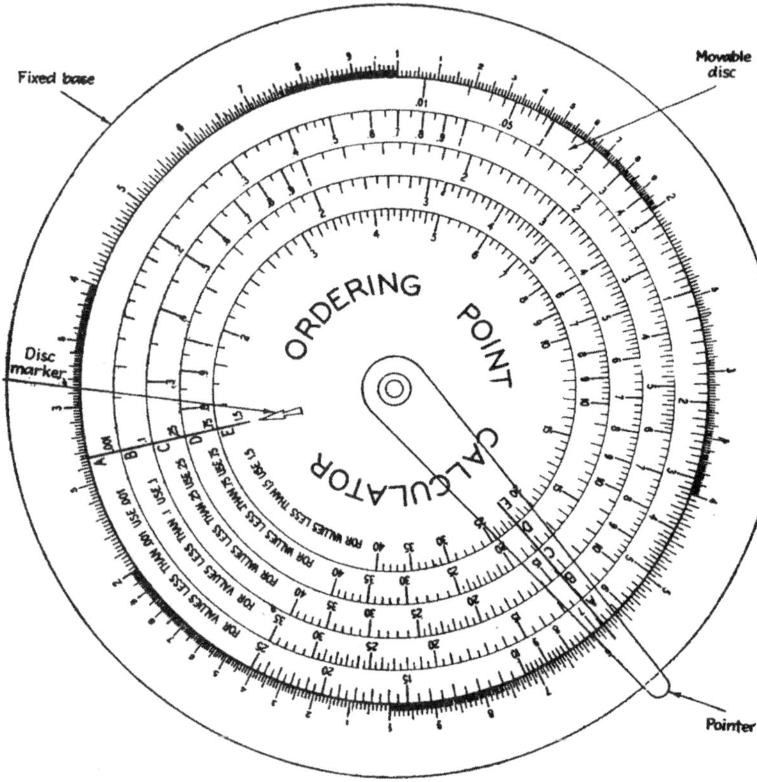

Bild 41: Ordering-point calculator: Eine Drehscheibe zur Ermittlung des optimalen Bestellzeitpunkts, 1934.

der Produktion, das Fertiglager in Beziehung zur Höhe des Absatzes gesetzt wird, ist dort die Regel, während es bei uns die Ausnahme ist.«[32]

Der entscheidende Umbruch in der verwissenschaftlichten Lagerkontrolle in den 1920er Jahren lag also in einer wachsenden Selbstreferenzialität der Lagerhaltung und der Lagerbuchhaltung: Das betriebsökonomische Wissen über die Lagerhaltung, das durch die Betriebe produziert und über die Managementliteratur und die American Management Association (seit 1923) verbreitet wurde, sollte nun die Lagerhaltung leiten. Es beschrieb nicht bloß ökonomische Zustände, sondern griff auch in die betriebswirtschaftliche Praxis ein.[33] Die Daten, die über das Lager gesammelt wurden, beeinflussten die Praxis der Lagerhaltung. Das Lager wurde für die Betriebs- und die Volkswirt:innen zu einem Instrument und Werkzeug, mit dem sie die Produktion und den Absatz zu planen und die Preise zu gestalten versuchten. Die Daten, die dabei gesammelt wurden, waren auch wichtig für die Formulierung von Konjunkturtheorien in den 1930er Jahren, etwa durch John Maynard Keynes. (→ Das Warenlager)

Operations Research und Toyota-Produktionssystem (TPS)

Nach dem Zweiten Weltkrieg kamen neue Impulse zu einer wissenschaftlichen Optimierung der Lagerhaltung aus dem amerikanischen Operations Research (OR) und dem japanischen Toyota-Produktionssystem (TPS). Operations Research wurde in der Kriegswissenschaft in Großbritannien und den USA während des Zweiten Weltkrieges entwickelt.[34] Die im Zusammenhang mit Forschung zur Bombenpräzision von Mathematiker:innen und Ingenieur:innen entwickelte OR-Methodik erweiterte das Methodenspektrum der Managementlehre und beförderte einen Boom der Quantifizierung von Lagerhaltung und Produktionsplanung. Fragen von optimierter Lagerhaltung und Produktionsmengen (beispielsweise aufgrund saisonaler Schwankungen der Nachfrage oder auch bei komplexen Produktionsbedingungen mit vielen Teilen und Ersatzteilen wie in der Automobil- oder Maschinenindustrie) wurden in mathematische Aufgaben übersetzt.[35] Unternehmerische Probleme (wie unbekannte Zukunft, Kontingenz, Komplexität) sollten mittels mathematisch unterstützter Planung gelöst werden. Dem Risiko leerer Lager versuchte man mittels optimierter Puffermengen und einem rigorosen Kontrollsystem zu begegnen. Wie John F. Magee (einer der OR-Pioniere in den USA) 1956 betonte, kämen die Manager:innen bei der Bestandsverwaltung mit bloßer Intuition nicht mehr weiter. Die notwendigen Informationen zur Planung und Kontrolle von optimaler Produktion und Lagerung seien mit den herkömmlichen Daten der Buchhaltung nicht zu schaffen.[36] Die in der Buchhaltung erfassten Kosten würden die entscheidenden Kosten nicht berücksichtigen: »The cost information needed often requires reorganization or restatement of the accounting costs reported in summary accounting records.«[37] Die Planung des perfekten Lagers setze bei einer umfassenden Kostenanalyse an, welche alle anfallenden Kosten (wie Steuern, Wertverlust, Kapitalkosten, Verkaufskosten, Kundenbetreuung etc.) und die Veränderungen im Laufe der Zeit erfassen sollte.

Diese Rhetorik einer mathematisch fundierten Kostenanalyse stellte sich als großer Erfolg heraus – zumindest wenn man den Erfolg an der Anzahl der neuen Lehrstühle und Gründungen von Instituten für OR an Universitäten und Technischen Hochschulen seit den 1960er Jahren bemisst. Von der Harvard Business School in Boston bis zur ETH in Zürich – Generationen von Betriebsökonom:innen und Ingenieur:innen wurden nun dazu angehalten, ihre Unternehmensentscheide auf Basis von OR zu treffen.

Zur gleichen Zeit, als die amerikanischen Managementtheorien auf die in den Kriegslabors entwickelten Methoden der Kostenanalyse mittels der Methoden des Operations Research setzten, ließen sich japanische Betriebsingenieur:innen von amerikanischen Supermärkten inspirieren und entwickelten daraus eine neue Philosophie der Lagerhaltung, die unter Begriffen wie Kanban, Just in Time (JIT) und Toyota-Produktionssystem (TPS) in die Managementliteratur Einzug gehalten hat.

Wie kommt es, dass die JIT-Produktion ausgerechnet in Japan erfunden wurde? Letztlich lehrt uns die Geschichte, dass auch Innovationen ein hohes Maß an Kontingenz aufweisen. Dennoch legt der historische Blick längerfristige Prozesse offen. Grundsätzlich gilt es festzuhalten, dass die JIT-Methoden ihre Entstehung Übersetzungsprozessen zwischen japanischen und westlichen Wirtschaftspraktiken verdanken, die bis ins 19. Jahrhundert zurückreichen. Darauf weist auch die Ethnologin Anna Tsing hin.[38]

Der Wirtschaftshistoriker Mark Metzler argumentiert, dass die Industrialisierung Japans seit den 1860er Jahren in ihrer Geschwindigkeit und Heftigkeit besonders ausgeprägt war.[39] Er betont, dass Japan zwar für die industrielle »Aufholjagd« weltweit Ruhm erlangt habe. Übersehen werde dabei aber, dass Japan während mehr als einem Jahrhundert Pionier einer intensiven Ressourcennutzung war. Landressourcen, Zeitressourcen und materielle Ressourcen (insbesondere Kohle) seien äußerst intensiv genutzt worden. Man könnte mit Metzler vermuten, dass sich seit der Öffnung Japans und der Industrialisierung eine spezifische Affinität für Ressourcenoptimierung und Orientierung an Fließkonzepten entwickelt hat.

Ingenieure und Manager bei Toyota betonen in ihren Memoiren, dass es im Unternehmen bereits vor dem Zweiten Weltkrieg, nach der Übernahme des metrischen Systems, erste Versuche mit Pufferreduktion gab. Jeden Tag sollte bloß die erforderliche Menge produziert und anschließend mit der Produktion aufgehört werden.[40] Doch auch betriebsorganisatorische Entwicklungen haben die Etablierung der JIT-Produktion befördert: Nach dem Zweiten Weltkrieg und der Kapitulation Japans wurde das auf Familienkonzernen basierende japanische Unternehmenssystem (*Zaibatsu*) aufgelöst und durch ein auf hierarchisch strukturierten losen Verbünden von vertikal integrierten Unternehmen (*Keiretsu*) abgelöst.[41] Ein Netz von Zulieferbetrieben produzierte für die Muttergesellschaft, was die Errichtung von JIT-Verbünden vereinfachte.[42] Mit dem Beginn des Koreakriegs 1950 bis zum Beginn der 1960er Jahre erhielt Toyota große Aufträge des amerikanischen Militärs zur Produktion von Lastkraftwagen.[43] Vom Boom der Lastautoproduktion profitierte auch die Fabrikation von Personenwagen, die sich von kleinen Produktionsmengen für den japanischen Markt zur Massenproduktion für den Exportmarkt weiterentwickelte.[44] Die Motomachi-Fabrik von Toyota, die eine entscheidende Rolle bei der Entwicklung eines JIT-Systems mittels Kanban-Karten spielte, war

Ende der 1950er Jahre, zur Zeit des wirtschaftlichen Booms, mit viel Kapital errichtet und 1959 in Betrieb genommen worden.[45]

Just in Time wurde bei Toyota seit Ende der 1950er Jahre mittels *trial and error* und in verschiedenen Etappen entwickelt.[46] Die Kanban-Karten waren von den 1950er bis in die 1970er Jahre die Kommunikationsmedien der JIT-Produktion. Der japanische Begriff *kanban* (看板) bedeutet »Schild« und verweist auf die Zeichen, die Käufer:innen anlocken sollen. Bis heute ist mit Kanban in der ursprünglichen Bedeutung ein Ladenschild gemeint.

In einem zweiten, spezifischeren Anwendungskontext, dem der betriebsökonomischen Literatur, tritt der Begriff im Zusammenhang mit Kanban-Karten in Erscheinung.[47] Kanban-Karten bestanden aus einem Stück Papier, auf dem schriftliche Aufzeichnungen angebracht wurden. Diese Zettel wurden in einem Umschlag aus durchsichtigem Kunststoff aufbewahrt und transportiert. Sie dienten zum einen als betriebsinterne Bestellkarten, die auf Behältern angeheftet wurden. Damit blieben die Zettel bei den Maschinenteilen, während diese die Montage durchliefen. Wurde während des Produktionsprozesses der Nachschub eines Teils nötig, reichten die Arbeiter:innen die Karten in der Produktionslinie nach vorne durch, wo das bestellte Teil sofort produziert wurde.

Darüber hinaus wurden Kanban-Karten auch im Bestellwesen eingesetzt, insbesondere bei der Kommunikation mit den Lieferanten. Die Kanban-Karten dienten dann als Auftragsformular. Eine Kopie der Karte (oder die Karte selbst) konnte anschließend zur Buchhaltung geschickt und wie eine Rechnung des Lieferanten bearbeitet werden.

In einem dritten, übertragenen Sinn war mit Kanban auch jenes Produktionssystem gemeint, das mit den Kanban-Karten ermöglicht wurde, nämlich *genau* die richtige Menge *genau* rechtzeitig zu produzieren und Verschwendung zu minimieren.[48] Durch die Kanban-Karten wurden die Material- und Informationsflüsse in den Fabriken aufeinander abgestimmt (rückwärtslaufende Informationsflusskette und vorwärtslaufende Materialflusskette).

Als Erfinder der Kanban-Karten gilt Ōno Taiichi (im Westen auch

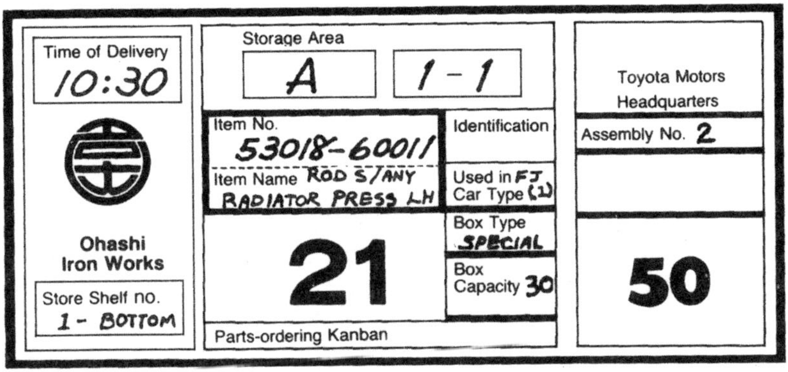

Bild 42: Kanban-Karte eines Zulieferers von Toyota: Bestellkarte der Ohashi Iron Works, 1978.

Taiichi Ohno geschrieben), der zuerst in der Textilproduktion bei Toyota tätig war und 1943 in die Automobilproduktion wechselte. Die Kanban-Karten und ihr Einsatz im Kanban-System beim japanischen Automobilhersteller Toyota sind vom Self-Service-System der amerikanischen Supermärkte inspiriert worden. Ōno schreibt in seinen Erinnerungen, dass die amerikanischen Supermärkte, die in Japan erstmals Mitte der 1950er Jahre aufgetaucht seien, sofort sehr beliebt gewesen seien und auch ihn angezogen hätten. Deshalb habe er sich darauf gefreut, 1956 während einer Studienreise zu General Motors und anderen Automobilfabriken in den USA endlich auch einen amerikanischen Supermarkt vor Ort genauer anzuschauen. Er beobachtete, dass Kund:innen mit Körben im Laden herumliefen und sich die Waren selbst aus dem Regal nahmen.[49] Der Supermarkt stand Pate bei der Idee, die Abläufe in der Fertigungsstraße bei Toyota als eine Art Laden zu betrachten: Der nachfolgende Fertigungsprozess (sozusagen der Kunde) geht zum vorgelagerten Produktionsprozess (das Pendant zum Supermarkt), um die gewünschten Teile (Waren) zur richtigen Zeit und in der richtigen Menge zu kaufen. Unmittelbar darauf stellt der erste Produktionsprozess die Menge, die gerade entnommen wurde, wieder her (füllt also sozusagen die Regale auf).[50]

Die Umstellung auf das Kanban-System dauerte von seinen Anfängen während des Koreakrieges im Zusammenhang mit der Produktionsexpansion schließlich drei Jahrzehnte. Nachdem Ōno 1959 zum Manager der jüngst eröffneten Motomachi-Fabrik ernannt worden war, begann er mit der experimentellen Einführung von Kanban. Da jedoch die Rohmaterialien vom Hauptwerk zur Motomachi-Fabrik angeliefert wurden, konnte er das System zunächst nur partiell in der Montage anwenden. Nach seiner Ernennung zum Manager des Hauptwerks führte er auch dort schrittweise Kanban ein und 1962 im gesamten Produktionsbetrieb. Erst später (insbesondere nach der Erdölkrise von 1973) wurde die Integration der Zuliefererbetriebe vorangetrieben.[51] Die Einbindung der Zuliefererbetriebe ins JIT-System war sehr aufwendig. Schriftliche Instruktionen funktionierten nicht. Die entsprechenden Teams der Lieferanten wurden in der Motomachi-Fabrik ausgebildet.

Was ist eigentlich unter dem *just* in Just in Time genau zu verstehen? Es ging nicht darum, *rechtzeitig* Material und Maschinenteile zu liefern und zu produzieren, sondern *genau rechtzeitig*.[52] Das bei Toyota entwickelte JIT-System verfolgte die Philosophie der Eliminierung von »Verschwendung« und der Maxime der Effizienzsteigerung im Ressourcenverbrauch, und zwar in mehrfacher Hinsicht: in Bezug auf Personal, Produktionsflächen sowie Investitionen in Maschinen, Werkzeuge und Lagervorräte. JIT kann deshalb in der Tradition des amerikanischen Scientific Managements verortet werden, allerdings mit deutlich neuen Akzentsetzungen und Herangehensweisen: Insbesondere der Akzent auf der Organisation des Unternehmens und die engmaschige Verknüpfung von Produktion und Zulieferern sowie der Fokus auf Fehlereliminierung während des Produktionsprozesses waren neu. Ōno betonte, dass jede:r Arbeiter:in dazu aufgerufen werde und berechtigt sei, Fehler auf der Stelle zu beheben und mittels eines Signalsystems (*Andon*) durch Auslösen einer gelben Lampe Hilfe anzufordern oder durch Anzeige einer roten Lampe die Produktion sofort unterbrechen zu lassen.[53] Durch Anpassungen an die Nachfrage, Flexibilität der Produktion und kurzfristige Termin- und Kapazitätssteuerung sollten »Verschwendungen« reduziert werden. JIT verkündete das Credo der Sparsamkeit und beinhaltete eine Absage an die in der Massenproduktion geläufigen Konzepte wie Puffer, Reservearbeiter:innen oder Reserveraum. Dennoch wurde das *just* in JIT immer als eine Annäherung betrachtet. Ōno betonte, dass Lagerbestände nie auf null reduziert werden könnten und sollten, sondern nur gegen null tendieren müssten.[54]

JIT-Managementlehren und Geopolitik

Die Memoiren aus dem Hause Toyota fanden ihren Widerhall in der westlichen Betriebsratgeberliteratur. Diese Literatur ist gekennzeichnet durch Narrative über die Systemkonkurrenz USA–Japan, Erzählungen über die Aufholjagd Japans und das Argument, dass damit der Fordismus überwunden worden sei. Das Toyota-Produktionssystem (TPS) löste insbesondere in den USA einen Boom von Managerliteratur aus. Taiichi Ōnos Bücher von 1978 und 1986 erschienen in den 1980er Jahren in der amerikanischen Productivity Press.[55]

Seit zu Beginn des 20. Jahrhunderts durch den Taylorismus die Industrieproduktion verwissenschaftlicht und durch den Fordismus die Massenproduktion und der Massenkonsum organisatorisch verschränkt worden waren, hatte die amerikanische Betriebsökonomie ihre Konzepte in die ganze Welt exportiert. JIT kehrte die geopolitischen Verhältnisse um. Es war die erste amerikanische und europäische Adaption eines Konzeptes der japanischen Betriebsökonomie. Wobei die Innovation aus dem Hause des Autoherstellers Toyota ja wiederum vom amerikanischen Scientific Management und dem Distributionssystem der Supermärkte inspiriert worden war. Dass sich die Produktion von Lastwagen in Japan, die das amerikanische Militär für den Einsatz im Koreakrieg in Auftrag gegeben hatte, auch auf die japanische Automobilindustrie auswirken würde und diese der amerikanischen zunehmend Konkurrenz machen würde, daran hatte man 1950 in den

USA noch nicht gedacht. Ōno betonte, dass mit der Wahl des Begriffs Kanban (statt Just in Time) bei Toyota explizit eine genuin eigene Begrifflichkeit (quasi eine Marke) geschaffen worden sei. Er verlieh dieser betriebsökonomischen Entscheidung eine handelskriegerische Note: »We rejected foreign words as much as possible to keep foreigners from understanding and imitating the system.«[56]

Die ersten Berichte in betriebsökonomischen Zeitschriften erschienen rund 25 Jahre nach den Versuchen mit JIT bei Toyota. Sie lösten in Europa und den USA groß angelegte Versuche aus, die neuen Methoden zu adaptieren, nachdem Japan die USA als führenden Produzenten von Automobilen abgelöst hatte. Sozial- und kulturhistorisch betrachtet, markiert die Diskussion um JIT eine Globalisierung des Managementdiskurses. Während die einen bei JIT das Ende des fordistischen Organisationsparadigmas mit hierarchischer Struktur und zentraler Kontrolle am Horizont erblickten und darin eine regelrechte Gruppentechnologie sahen – mit flachen Hierarchien, dezentral organisiert, mit hoher Flexibilität, kurzen Produktionszyklen, kreativen Beschäftigten –, warnten andere, dass JIT in einem politischen und ökonomischen Kontext entwickelt worden sei, der die Artikulation kollektiver Arbeiter:inneninteressen eingeschränkt hatte.

Die betriebswissenschaftlichen und soziologischen Auseinandersetzungen mit JIT zeugen vom Anspruch japanischer Autor:innen, die Überlegenheit des Toyota-Produktionssystems (TPS) zu begründen, und von den Versuchen des Westens, die neue Situation eines Rückstandes gegenüber Japan durch Adaption wieder wettzumachen. Die Frage, worauf der japanische Vorsprung zurückzuführen sei (Kultur oder Organisation?) und ob die Adaption von JIT möglich und überhaupt erstrebenswert sei, wurde kontrovers diskutiert. Als ein Autorenteam von Toyota 1977 einen Artikel über Kanban im *International Journal for Production Research* veröffentlichte, betonte es den japanischen Charakter des Toyota-Produktionssystems (TPS).[57] Durch die Einführung des TPS habe die japanische Autoindustrie die Umschlaggeschwindigkeit massiv gesteigert und den Westen in Bezug auf Arbeitsproduktivität überholt. Wegen des Respekts gegenüber dem Faktor Mensch in der Produktion weise das Toyota-Produktionssystem eine hohe Akzeptanz unter Arbeiter:innen auf.[58] Ein in der japanischen Geschichte und Kultur verankertes Gruppenbewusstsein unter Arbeiter:innen, Fleiß (»born from a long history of a homogenous race«),[59] die lebenslange Bindung an das Unternehmen, die Organisation des Lebens rund um die Arbeit und die unternehmerische Organisation von Gewerkschaften würden sich deutlich von der Situation im Westen unterscheiden.

Die Sozialwissenschaftler vom Wissenschaftszentrum Berlin für Sozialforschung (WZB), die sich in einem Forschungsprojekt mit Umstrukturierungen der Weltautomobilindustrie befasst haben, kritisieren aus industriesoziologischer Perspektive das Narrativ einer Besonderheit des Toyotismus scharf.[60] In einem Aufsatz von 1984, der sich insbesondere mit der Selbstdarstellung der japanischen Autoindustrie und ihrer Rezeption in der westlichen Betriebsökonomie beschäftigt, zerpflücken die Autoren zudem das gerade durch amerikanische Betriebswissenschaftler:innen und Automobilmanager:innen vorgebrachte Argument, dass die Zeit nun auch im Westen reif sei für einen Wechsel von Organisationsparadigmen. Letztlich sei Toyotismus nichts anderes als eine Potenzierung des Fordismus. Die von Toyota hervorgehobenen und von Human-Relations-Theorien bereitwillig rezipierte Darstellung von »harmonischen Arbeitsbeziehungen« seien das Resultat von Massenentlassungen und der Niederlage und Zerschlagung der Gewerkschaftsbewegung in den 1950er Jahren.[61] Und sie argumentieren, dass das als Ermächtigung von Arbeiter:innen vielgelobte Signalsystem der Prozessoptimierung (*Andon*) auch ein Mittel der Optimierung des Produktionsprozesses für die Manager:innen sei. Es diene als Indiz dafür, wie stark die Puffer wirklich eliminiert seien und wie nahe tatsächlich am Limit gearbeitet werde.[62] Interessanterweise stützen sie sich dabei auf die Berichte des amerikanischen Ingenieurs und Managementwissenschaftlers Richard J. Schonberger, der nach dem Motto »Management technology is a highly transportable good«[63] selbst an der Erforschung japanischer Managementmethoden und deren Implementierung in den USA beteiligt war. Schonberger hatte die erste 1975 in den USA eröffnete japanische Motorfahrzeugfabrik von Kawasaki in Lincoln (Nebraska) genauer studiert.[64] Nachdem das erste Kanban-Projekt nach der Eröffnung in Lincoln gescheitert war, wurde 1981 ein zweiter, diesmal erfolgreicher Anlauf genommen. Schonberger sah in der Installation des *Andon*-Signalsystems einen wichtigen Bestandteil des Erfolgs. Das *Andon*-Signalsystem kam dabei den Manager:innen bei Kawasaki entgegen: »When the yellow lights are on, it means we are really busting ass. [...] If no lights are on, management knows that the line is moving too slowly or there are too many workers. Usually the response is to pull workers off the line and assign them elsewhere, so that it becomes hard for the remaining workers to keep up; so yellow lights begin to come on.«[65] Die Kontroversen um *Andon* zeigen, dass die Eliminierung von Puffern auch auf dem Druck auf Arbeiter:innen basierte. Aufschlussreich ist auch die Analogie zwischen der Reduktion von Pufferlagern und dem Abzug von Arbeiter:innen vom Fließband. »The effect is constant improvement of productivity: the same or higher output with less and less material and labor input.«[66]

Wie Christian Kleinschmidt, der sich mit amerikanischen und japanischen Managementleitbildern in Deutschland beschäftigt hat, zeigt, machten sich deutsche Manager seit Ende der 1950er Jahre auch vor Ort ein Bild von der japanischen Industrie.[67] Dabei ging es lange primär um den Aufbau von Handelsbeziehungen und Absatzmärkten und weniger um Wissenstransfer. Das (in Anlehnung an Jean-Jacques Servan-Schreiber) seit Beginn der 1970er Jahre in Deutschland auftauchende Schlagwort einer »japanischen Herausforderung« änderte gemäß Kleinschmidt kaum etwas an der oberflächlichen und selektiven Betrachtung japanischer Managementmethoden, die bis 1980 von Arroganz geprägt waren. Erst durch den »Japanschock« in der deutschen Automobilindustrie zu Beginn der 1980er Jahre (Japan hatte die Automobilproduktion seit den 1970er Jahren verdoppelt und war zum weltweit führenden Automobilhersteller aufgestiegen) begannen sich deutsche Unternehmer:innen ernsthaft mit japanischen JIT-Methoden zu beschäftigen – und zwar meist durch Lektüre der amerikanischen Managementliteratur. Durch die Beobachtung und Integration von JIT in den USA und Europa entstanden Hybride, die sich vom Vorbild Japans unterschieden und in die bestehenden Logistiktheorien integriert wurden. Zwar wurde Kanban in einem deutschen Handbuch für Logistikstudent:innen aus dem Jahr 1992 immer noch exotisierend als »eine besonders für die sozio-ökonomische Umwelt Japans geeignete und auch dort entwickelte Variante der JIT-Logistik« bezeichnet.[68] Dennoch wurden intensive Zusammenarbeit, Systemverbünde und Verträge mit Zulieferern als Lösungsansatz angepriesen, um die »kostenintensive Vorratshaltung« zu reduzieren.[69]

Von den Kanban-Karten zum integrierten Informationsnetzwerk

Betriebsratgeberliteratur weist die Tendenz aus, gerne periodisch die Revolution von Managementtheorien zu verkünden. Und dabei ist es keinesfalls hinderlich, dass dieselben Revolutionen zuweilen auch mehrfach ausgerufen werden. Als der amerikanische Management-Guru Peter F. Drucker 1990 in der *Harvard Business Review* die »postmoderne Fabrik« von 1999 prophezeite, dienten ihm Fordismus und Toyotismus als Ausgangspunkt seiner Ausführungen.[70] Er verkündete abermals eine Revolution, die sich auf der Ebene der Kostenberechnung abspiele und insbesondere Auswirkungen auf das Lagersystem haben werde: »In the new manufacturing accounting [...], inventory of finished goods is a ›sunk cost‹ (an economist's, not an accountant's, term). Stuff that sits in inventory does not earn anything.«[71] In diesem Zitat stecken eine Spitze – die Kritik an der herkömmlichen Buchhaltung – und ein Plädoyer für statistisch gestützte Qualitätskontrollen und umfassende Kostenrechnungen. Eine neue Managementmethode kann bloß verkauft werden, wenn die alte für ungültig erklärt wird. Ähnlich verhält es sich mit den Metaphern. Die Fabrik der Zukunft müsse nicht einem Kriegsschiff, sondern einer Kriegsflotte ähnlich sein. Drucker schwebten flexible Module vor, die durch lose (durch gemeinsame Standards verbundene) Operationen organisiert seien: »The Factory of 1999 will be an information network«.[72] Drucker dachte an einen kontinuierlichen Fluss, der durch Informationen gesteuert sein würde (»a continuous flow that is governed and directed by information«).[73]

Die vor dem Hintergrund der Marktdurchsetzung des Personal Computers und der Kommerzialisierung des Internets geschriebenen Managementratgeber erklärten Kanban nun zum Modell für »virtuelle Unternehmen« und seine Pioniere zu Propheten der informationsgesteuerten Materialflussbewirtschaftung. Für William H. Davidow und Michael S. Malone war Kanban in ihrem 1992 veröffentlichten Bestseller *Das virtuelle Unternehmen* inzwischen schlicht der Lackmustest für die Qualität eines Produktionsbetriebs, weil JIT alle Spielräume bis zur Grenze ausreizen würde. Davidow und Malone sahen JIT als einen Marker, der die Probleme im Betrieb sichtbar mache, etwa veraltete Technologie, unzuverlässige Lieferanten und Störanfälligkeiten: »Wenn just-in-time funktionieren soll, muss einfach alles stimmen. Maschinen müssen laufen, wenn sie gebraucht werden, und dürfen nicht plötzlich ausfallen. Teile müssen passen, wenn sie ankommen. Tun sie das nicht, steht die ganze Fertigung still. Das macht just-in-time so delikat: Schon bei kleinen Pannen geht nichts mehr. Das motiviert ungeheuer, Probleme schnell und nachhaltig zu lösen, damit sie nicht wieder auftreten. Deswegen wäre just-in-time auch das falsche Rezept für einen Betrieb, der sich schwertut, seine Qualitätsziele zu erreichen.«[74] Im neuen informationsgesteuerten Unternehmen, so deutet es William H. Davidows und Michael S. Malones Fibel gegen Schluss an, würden Menschen arbeiten, die gut ausgebildet sind, technik- und computerbezogene Fähigkeiten ausweisen und den Mut haben, den »Marsch dieser Revolution« auszuführen.[75] Hier klingt bereits der Jargon einer neuen technologiegetriebenen, mit Venturecapital und Erlösungsphantasien ausgestattete New Economy an.[76]

JIT war zwar in Japan ursprünglich auf Basis eines Zettelsystems entwickelt worden, das den Material- und Informationsfluss im Betrieb mit den Lieferanten verschränkte. Es wurde aber just zu dem Zeitpunkt in Europa und den USA adaptiert und modifiziert, als die vernetzten Rechner den Einsatz von EDV zur Unterstützung der Kanban-Steuerung möglich machten.[77] Seit den 1970er Jahren entwickelten spezialisierte IT-Firmen (wie die SAP) erste Enterprise-Resource-Software (ERP), die auch für die Logistiker:innen maßgeschneiderte Applikationen zur Verfügung stellte.[78] Mittels Ressourcenplanungssoftware konnte JIT nun informationstechnisch getrieben in den Unternehmen implementiert und ein ständiges »Replanning« und ein »Tracking der Operationen« vorgenommen werden.[79] Neue Fließmetaphern hielten Einzug in den ERP-Jargon, beispielsweise »Backflushing«. Hinter dem Schlagwort steht eine buchhalterische Innovation, die darin besteht, dass erst nach der Fertigstellung die Entnahme von Material oder Komponenten verbucht wird.

In der EDV-gestützten Steuerung von Materialflüssen liegen auch die Ursprünge einer weiteren Managementstrategie und neuer Zauberwörter: Supply-Chain-Management (SCM), das sich in den 1980er Jahren etablierte und die Logistik bis in die Gegenwart auszeichnet, und Lean Production, einem Gegenbegriff zu Verschwendung, der ebenfalls in der Hybridisierung japanischer Managementkonzepte in den USA zu verorten ist und auch der Schöpfung des Begriffs Lean Enterprise zugrunde lag.[80]

SCM setzt bei den gesamten Lieferketten und der Integration aller Funktionen an und beinhaltet die Entwicklung von integrativen Steuerungssystemen, welche die Zulieferer, das Bestellwesen, die Produktion, das Marketing, die Distribution, die Kund:innen und den Endkonsum umfassen.[81] Funktionen, die bislang als Angelegenheit der Produktions- oder Logistikabteilung galten, wurden nun zur strategischen Chefsache erklärt. Die nach dem Mauerfall in den 1990er Jahren sich intensivierende Rede von der Globalisierung des Wettbewerbs und dem Denken in großen Zusammenhängen erfasste nun den Managementdiskurs.

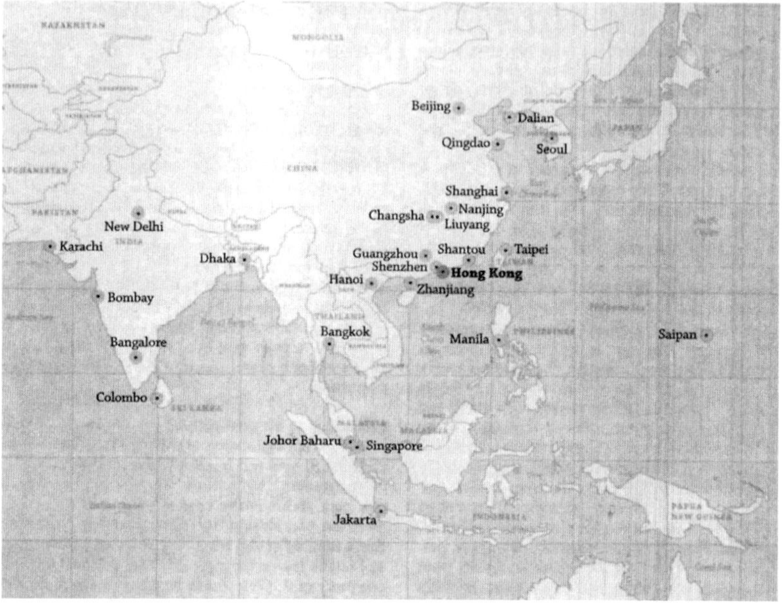

Bild 43: Das Netz der Zulieferbetriebe der Handelsfirma Li & Fung aus Hongkong, 1998.

Zudem blickte man nun nicht mehr bloß nach Japan, sondern zuerst zu den neuen Tigerstaaten im Osten wie Hongkong, Singapur, Südkorea oder Taiwan und später von Bangladesch nach Sri Lanka und schließlich nach Madagaskar, Ägypten, Tunesien und Marokko.[82]

Diese Trends manifestieren sich sehr anschaulich in dem Interview, das Joan Magretta mit Victor Fung, dem Vorsitzenden der Handelsfirma Li & Fung, in der *Harvard Business Review* führte.[83] Das in Hongkong ansässige Handelshaus Li & Fung figuriert als Dreh- und Angelpunkt einer grenzenlosen Produktion. Li & Fung ist eine Fabrik ohne eigene Fabrikhallen und ohne eigene Arbeiter:innen. Von der Zentrale in Hongkong aus werden im Auftrag von europäischen Großkunden Rohmaterial und Halbfabrikate bestellt und zwischen verschiedenen Zuliefererfirmen in den Tigerstaaten verschoben. In diesen Auslagerungsprozessen wird der gesamte Produktionsprozess auf mehrere Länder verteilt. Ein immer feinmaschigeres Netz von Subkontraktoren ist involviert. So entstehen immer längere Lieferketten. Zentral ist dabei die Vorstellung von *value adding*, die sich nicht auf ein einzelnes verkauftes Produkt, sondern auf Wertschöpfungsketten bezieht. Durch diese Betrachtungsweise (und unter der Voraussetzung günstiger Energiepreise) wird es als ökonomisch effizient betrachtet, halb leere Container in der Welt herumzuschicken: »Shippers always want to fill a container to capacity. If you tell a manufacturer, ›Don't fill up the container‹, he'll think you're crazy. And if all you care about is the cost of shipping, there's no question you should fill the containers. But if you think instead of the whole value chain as a system, and you're trying to lower the total cost and not just one piece of it, then it may be smarter not to fill the containers.«[84]

Globalisierung und Computerisierung bedingen sich in den 1990er Jahren gegenseitig. Ohne ein weltumspannendes firmeneigenes Informationssystem wäre Supply-Chain-Management nicht denk- und operationalisierbar geworden. Die vielen Telefonate, Faxnachrichten und Sitzungen vor Ort wichen auch bei Li & Fung einem standardisierten, voll computerisierten Operationssystem, das damit beschäftigt ist, Bestellungen und Lieferungen weltweit zu verfolgen und zu steuern.

Dass das Organisationskonzept der immer schlankeren Logistikketten Risiken birgt, wurde vom *Economist* bereits 2006 in einem Schwerpunktheft zum Thema Logistik konstatiert.[85] Die Bibel der liberalen Wirtschaftspublizistik warnte, dass die *supply chains* äußerst fragil geworden seien. Ereignisse wie ein Taifun in Taiwan, ein Tsunami in Asien, ein Hurrikan in New Orleans oder ein Hafenarbeiter:innenstreik in Los Angeles hätten die Fragilität eines auf die Spitze getriebenen SCM und die Risiken der Auslagerung von Produktionsprozessen offengelegt. Berühmt geworden war der Fall des schwedischen Telekommunikationsunternehmens Ericsson, der es bereits in die Logistiklehrbücher geschafft hatte. Anders als sein finnischer Konkurrent Nokia hatte es Ericsson nach dem Brand in einer Produktionsfirma von Chips in Albuquerque (New Mexico) im Jahr 2000 nämlich nicht geschafft, schnell auf alternative Zulieferer umzusteigen, und musste deshalb die Produktion von Mobiltelefonen einstellen. Logistiker:innen seien inzwischen zu weit gegangen mit der Implementierung von schlanken Lieferketten: »Being too lean and mean is a dangerous thing.« Die Grenzen der Globalisierung, so das Verdikt des *Economist*, würden künftig durch das Management von Supply-Chain-Risiken definiert.

Das Lager rückte seit den Anfängen der Handelswissenschaften im ausgehenden 19. Jahrhundert und insbesondere bei der Entwicklung des amerikanischen Scientific Managements ins Zentrum der Aufmerksamkeit. Es avancierte zum epistemischen Objekt und wurde zum Hebel der Effizienzsteigerung und letztlich des Hybridisierungsprozesses zwischen den USA, Japan und Europa sowie zum Vehikel einer neuen informationsgesteuerten und länderübergreifendenden Verkettung von Produktion und Distribution. Am vorläufigen Ende der Versuche, das Lager zu vermessen, zu bewerten und zu reduzieren, stand die Auslagerung der Produktion an ein immer engmaschigeres Netz von Subkontraktoren.

Die Ethnologin Anna Tsing ist in ihren kulturanthropologischen Studien der Frage nachgegangen, was eigentlich am Ende von *supply chains* geschieht.[86] Sie hat sich nicht mit Automobilzulieferern oder Textilproduzenten, sondern mit dem Sammeln und dem Vertrieb der Matsutake beschäftigt, einem besonders in der japanischen Küche hochgeschätzten Wildpilz, der vornehmlich auf den Ruinen von vormaligen Bauholzplantagen wachsen soll. Die Managementliteratur ist gut bestückt mit beseelten Ursprungsgeschichten von logistischen Innovationen, mit Erzählungen über Effizienzsteigerungen und der Entdeckung von immer neuen Nischen auf Weltmärkten. Wenn die Grenzen der Globalisierung im 21. Jahrhundert von Supply-Chain-Risiken definiert werden, wäre es für Logistikforscher:innen vielleicht lohnenswert, ihre Studien genau da zu beginnen, wo Lieferketten abgebrochen, Produktionen eingestellt, umgestellt oder abermals ausgelagert werden: Räume, die einst als Hubs fungierten. Orte, an denen sich einst Subkontraktoren ansiedelten. Und Unternehmen, die plötzlich als unproduktiv gelten.

Kanban zur Selbstoptimierung

Die Soziolog:innen Luc Boltanski und Ève Chiapello, die den Wandel im Managementdiskurs untersucht haben, erkannten schon 1999, dass in den als vernetzt und virtuell konzipierten Unternehmen der Selbstkontrolle und der Selbstmotivation der Mitarbeiter:innen eine zentrale Rolle zukommt.[87] Zum Zeitpunkt, als sich Logistiker:innen vermehrt den Risiken von SCM zuwandten, diffundierte die Kanban weiter in den Alltag und feierte als Medium der Beratung Renaissance in Optimierungs- und Teambildungsprozessen.

Als das Start-up-Projekt »R« im Frühling 2017 in einem ehemaligen Hotel im Rotlicht- und Ausgehviertel Zürichs ein Crowdfunding zur Entwicklung des digitalen Magazins *Republik* lancierte, sandten Mitarbeiterinnen und Mitarbeiter Videobotschaften aus dem zur Redaktion umfunktionierten ehemaligen Stundenhotel. Man blickte auf Wände, die mit Papier und Post-it-Zetteln vollgepflastert waren.[88]

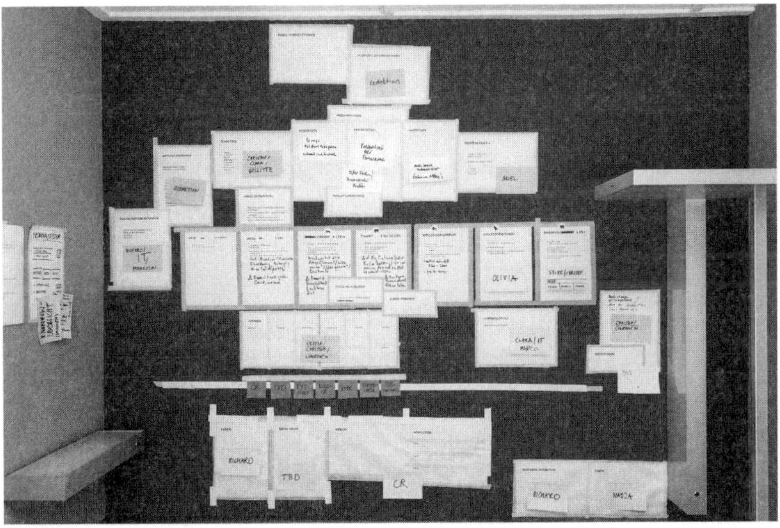

Bild 44: Post-it-Kanban-Zettel für die Projektplanung des Medien-Start-ups *Republik*, 2017.

Die Post-its der amerikanischen Firma 3M leisten seit den 1980er Jahren als Buchlesezeichen, als Erinnerungshilfen und als Anweisungen (z. B. am richtigen Ort eine Unterschrift zu platzieren) ihren Dienst – seit 2019 auch digital als Post-it®-App.[89] Das Charakteristikum der papierenen Post-it-Zettel ist ihre Flexibilität und die Eigenschaft, als Schreiboberfläche benutzbar zu sein. Eine hauchdünne Klebmasse macht das schonende Aufkleben, Entfernen und abermalige Wiederanbringen der Zettel selbst auf fragilem Papier möglich. Der Organisationsberaterin (sie nennt sich Kollaborationscoach), die auch dem Medien-Start-up *Republik* auf die Beine half, dienen die Post-it-Zettel als Aufhänger und Arbeitsmittel für Vorträge, Abendkurse und Beratungsmandate über selbstorganisiertes Arbeiten und das Erlernen von Teamwork.[90] Sie verspricht auf ihrer Webseite eine Steigerung der Leistungsfähigkeit, eine Erhöhung der Konzentration und mehr Spaß beim Arbeiten.

Die Innovations-, Kommunikations- und Kollaborationsberaterin empfiehlt den Gebrauch der Post-it-Zettel, um anstehende Arbeiten zu visualisieren und deren Status auf einer einfachen Tabelle mit den Spalten »To Do«, »Doing«, »Done«, »Later« auf Papier oder einem Dashboard zu markieren. Das Ziel: Die synchrone Erledigung von Aufgaben, auch bekannt als Multitasking, soll durch diachrone Abläufe ersetzt werden. Die Kund:innen: neben Start-ups eine illustre Liste aus der Welt der Verwaltung, Wirtschaft, Stiftungen und NGOs. Der Name der effizienzsteigernden Arbeitsmethode: Kanban. Die Beraterin verlinkt auf ihrem YouTube-Kanal auch Videos zu einem Crashkurs in Kanban für Teams.[91]

Aus dem bei Toyota entwickelten JIT-System ist eine persönliche »To-do-Liste im Querformat«[92] entstanden – eine Selbsttechnik zur Erziehung des Wirklichkeitssinns und zur Redimensionierung des Möglichkeitssinns. Konkret sollen wenige abgeschlossene Teilarbeiten gegenüber vielen angefangenen Projekten präferiert werden.

Wenn zu Beginn des 21. Jahrhunderts eine Rationalisierungsmethode aus der japanischen Automobilindustrie mit der Bürotechnik der Post-it-Zettel vereint wird und unter dem Begriff Kanban als Medium der Beratung und der Selbsttechnik Einzug in Optimierungs- und Teambildungsprozesse findet, sind signifikante Verschiebungsprozesse zu beachten. Zum einen sind die in den 1950er Jahren entwickelten Medien des JIT, die Kanban-Karten, in den Anwendungsbereichen der Industrie und der Logistik seit den 1980er Jahren durch vernetzte Rechnersysteme ersetzt und in sogenannten Supply-Chain-Management-Systemen weiterentwickelt worden. Bei der Anwendung der Post-it-Kanban-Zettel zu Beginn des 21. Jahrhunderts für die individuelle Arbeitsorganisation und die Teambildung handelt es sich also um eine bewusste Hinwendung zu einem alten Medium in einer hochgradig digitalisierten Arbeitswelt. Der Rückgriff auf die Konzepte von Kanban (wie Effizienzsteigerung, Teamorientierung, Verschwendungsminimierung, Pünktlichkeit) erweist sich vielleicht deshalb als so anschlussfähig in der New Economy, weil diese Konzepte auf Tradition und Erfahrungswissen verweisen. Die Wissensbestände von Kanban sind dabei (wie Ayurveda) »Pidgin-Knowledge«, entstanden aus Kontakten zwischen den amerikanischen, japanischen und europäischen Managementlehren.[93] Das Konzept von Just in Time hat sich in der Geschichte der Organisationstheorien von der japanischen Automobilindustrie bis zur New Economy als äußerst bewegungs- und anpassungsfähig sowie als hochgradig flexibel erwiesen. Es ist genauso flexibel wie die Post-it-Zettel, die uns dabei helfen sollen, selbstorganisiert, wenn nötig in Teamarbeit, noch *genau* rechtzeitig unsere Aufgaben zu erledigen. Kanban fühlt sich (vielleicht wie Yoga oder Ayurveda) ausreichend exotisch, selbstbestimmt und durch Tradition erprobt an, um sich durch die Arbeitswelten des 21. Jahrhunderts manövrieren zu lassen. Kanban ist nun zum perfekten Medium der sich permanent perfektionierenden und flexibilisierenden Menschen geworden. Sie lernen mit Post-it-Kanban-Zetteln, dies hat Richard Sennett 1998 bereits scharfsinnig erkannt, mit der einzigen Ressource, die ihnen frei zur Verfügung steht, effizient umzugehen: der Ressource Zeit.[94]

6. Am Ende der Lieferketten: **Zum Schluss**

Bild 45: Werbung von Goldman Sachs im Magazin *The New Yorker*, 2010.

Warenlager hatten im 20. Jahrhundert schon ein paarmal den Status von Symbolbildern erlangt. Für Le Corbusier waren die amerikanischen Getreideelevatoren in den 1920er Jahren Sinnbilder der Moderne. Er erblickte in ihnen Zeichen für den von ihm herbeigesehnten Untergang der europäischen Architekturtradition.[1] Die Schweizer Agentur GGK griff zu Beginn der 1970er Jahre zum Sujet des Lagerhauses, um für IBM zu werben.[2] Bloß noch für den Operator (wie die Informatiker:innen damals noch genannt wurden) werde es im rechnergesteuerten Warenlager Arbeit geben, lautete die Botschaft. Dass aber eine Investmentbank Anfang des 21. Jahrhunderts mit einem Warenlager für sich werben würde, war dann doch eher verblüffend. Goldman Sachs entschied sich zwei Jahre nach der Finanzkrise im November 2010 im Magazin *The New Yorker* für das Bildmotiv des Warenlagers.

In der Kampagne von Karl Gerstner für IBM stand das Warenlager für das Potenzial grenzenloser Automatisierung. Kein:e Arbeiter:in war in diesem Warenlager noch zu sehen. Selbst der:die Operator:in im Steuerzentrum war nicht präsent. Bloß ein Bleistift auf dem aufgeschlagenen Manual, ein Radiergummi und die Schalter des Rechners scheinen anzudeuten, dass ein Mensch die Programme geschrieben hat und bei auftauchenden Problemen eingreifen würde.

Anders als die menschenlose Anordnung in der Kampagne für IBM rückte die Werbung von Goldman Sachs Menschen ins Zentrum. Die Bildkomposition ist zweigeteilt. Rechts bewegt ein Arbeiter in einem Warenlager von Hand einen beladenen Palettenschieber zwischen den Regalen. Links sitzt eine Frau vor einem Computer und lächelt in die Kamera. Ein beigefarbener Post-it-Zettel und Aktenordner deuten an, dass in diesem Büro nicht papierlos gearbeitet wird. Weniger Technik geht bei einem Warenlager im 21. Jahrhundert eigentlich fast nicht.

Goldman Sachs hatte 2010 einigen Grund, um das Bild der Investmentbank in der Öffentlichkeit etwas zurechtzurücken. Denn auch Goldman Sachs war in die Subprime-Krise involviert gewesen. Nach der Finanzkrise von 2007/2008, die in die Insolvenz der Investmentbank Lehman Brothers im September 2008 mündete, positionierte sich Goldman Sachs neu. Die Bank verschob Büros von der Metropole New York nach Wilmington (Delaware), in den Bundesstaat New Jersey und insbesondere nach Salt Lake City (Utah).[3] Mit dieser als Nearshoring bezeichneten Auslagerung von Arbeitsplätzen in Regionen wie Utah, wo günstigere und technikversierte Arbeitnehmer:innen zur Verfügung stehen, veränderte sich die Geographie des Finanzsektors. Die neue Regionalisierungsstrategie zielte auf eine beweglichere Netzwerkstruktur. Zwar blieben der Hauptsitz und die Leitungsfunktionen von Goldman Sachs weiterhin in New York. Doch an der Fassade des 2009 neu eingeweihten Headquarters in einem Wolkenkratzer an der Westside Manhattans war kein Firmenlogo angebracht.[4] Wie Paul Goldberger im Mai 2010 in *The New Yorker* schrieb, fehlten das Logo oder der Name von Goldman Sachs nicht bloß an der Fassade, sondern auch in der Lobby oder auf den Uniformen des Sicherheitspersonals. Das Gebäude, so Goldberger, sei wohl entworfen worden, um nach der Subprime-Krise aus den Augen der Öffentlichkeit zu verschwinden.

Umso verständlicher wird das Inserat im *New Yorker* ein halbes Jahr nach der Einweihung des anonymen Wolkenkratzers. Goldman Sachs adressierte im Text des Inserats gezielt die Regionen. Die Investmentbank versprach Unternehmen Unterstützung bei der Entwicklung einer nationalen Strategie. Den Arbeitnehmer:innen wurden Tausende von neuen Jobs als Lagerspezialist:innen, Lagerleiter:innen und Manager:innen in Aussicht gestellt. Mit der Wahl des Motivs des Lagers griff Goldman Sachs auf eine alte Bedeutung des Warenlagers als Ansammlung von Waren zurück. Schon im 17. Jahrhundert, dem Zeitalter des Kolonialismus, bauten die Handelshäuser in Amsterdam riesige Lager für die Waren aus den Kolonien, die sie in Europa verkauften. Und während der Industrialisierung berichtete Friedrich Engels von den Warenlagern, die sich in den neuen Textilindustriestädten Englands, wie z. B. Manchester, ausgebreitet hatten. (→ Das Warenlager) Die großen Lagerhäuser symbolisierten den akkumulierten Reichtum als Folge der europäischen Expansion und Industrialisierung. Der Finanzdienstleister Goldman Sachs bediente sich 2010 genau bei dieser Symbolik. Das Warenlager steht für die in der Realwirtschaft produzierten Waren. Und auch zur Betonung der lokalen Verankerung des Unternehmens eignet sich das Motiv des Warenlagers vorzüglich. Anders als spekulative Werte in der Finanzwirtschaft stehen Warenlager für eine lokale Präsenz von Waren und Rohstoffen. An ihnen kann auch das alte Versprechen des Industriezeitalters (»Progress is Everyone's Business«) festgemacht werden.

Es gibt kein Ende der Lagerhäuser

Nach dem Niedergang der Textilindustrie in den 1970er Jahren ist das Zentrum Manchesters mit seinen verbliebenen Lagerhäusern, die sich seit dem Ende des 18. Jahrhunderts im Stadtzentrum und an den Kanälen ausgebreitet hatten, Stadtentwicklungszone und Kulturerbe geworden.[5] Die alten Lagerhäuser in der Innenstadt wurden zu Büros, Hotels und Wohnungen umgebaut. Auch die Lagerhausbauten von Robert Maillart aus dem frühen 20. Jahrhundert in Zürich (das Lagerhaus Giesshübel und das Freilager) mutierten zu Beginn des 21. Jahrhunderts zu Lofts. Während Robert Maillart und seine Bauherr:innen an der Entwicklung von optimalen Raumausnutzungstechniken zur Stapelung von Waren interessiert waren, stehen nun die einst mit Waren gefüllten, großen und offenen Räume und die Industrieästhetik im Zentrum der Vermarktungsstrategie für die Lofts.

Die Lagerhäuser, die zwischen dem 19. Jahrhundert und dem Zweiten Weltkrieg gebaut wurden, waren von Architekt:innen und Bauingenieur:innen geplant worden. Wegen der rasant steigenden Raumanforderungen infolge der Massenproduktion mussten sie aufgestockt und um Anbauten erweitert werden.[6] Auch nach dem Zweiten Weltkrieg war es primär ökonomisches Kalkül, das zu einer fundamentalen Transformation der Lager führte. Angesichts steigender Grundstückspreise in den Städten wurden die Lager in vormalige Landwirtschaftszonen mit Anschluss an Eisenbahnlinien (und wenig später auch an die Autobahnen) ausgelagert. Die neuen Verteilzentren und Hochraumlager, die seit den 1950er Jahren geplant wurden, standen nun nicht mehr unter der Obhut von Architekt:innen, sondern von Betriebsingenieur:innen. Die Metapher des Materialflusses leitete von nun an die Lagerplanung. Durch die Verwendung von Paletten standen jetzt nicht mehr Waren, sondern immer höher stapelbare Ladeeinheiten im Fokus der Betriebsrationalisierung. Die Integration von Flurfördertechnik und EDV in die neuen Hochraumlager transformierte das Lager in eine Maschine. Das automatisierte Lagerhaus mutierte zu einem automatisierten Regalsystem.

Von der Tendenz zur Auslagerung aus den knappen und teuren Räumen in den Städten sind inzwischen nicht mehr bloß Rohstoffe, Halbfertigprodukte oder Waren betroffen, sondern auch Objekte, die sich lange der kaufmännischen Logik entzogen haben. Selbst Bücher in Bibliotheken sind inzwischen von der Auslagerung an den Stadtrand oder auf die verkehrstechnisch gut erschlossenen Landschaften betroffen. Der Hinweis »stored off-site«, welcher der gehetzten Wissenschaftlerin auf retournierten papierenen Bestellzetteln und mittels des elektronischen Bestellsystems mitgeteilt wird, verheißt nichts Gutes. Gemeint ist dann nämlich, dass das Buch nicht vor Ort verfügbar ist. Dass es erst in einigen Tagen oder gar Wochen angeliefert werden kann. Oder dass lediglich limitierte Scans zur Verfügung gestellt werden. In der Schweiz besorgt die Speicherbibliothek AG für den Verein Kooperative Speicherbibliothek Schweiz die Lagerung von Bibliotheksbüchern auf dem Land. Auf der Webseite wird demonstriert, wie Bücher in schwindelerregendem Tempo aus dem automatischen Hochregallager herausge-

Bild 46: Manhattan Mini Storage, New York City, Mai 2010.

fischt werden.[7] Die Speicherbibliothek wird als Lösung angepriesen, um Bücher »schonend zu bewirtschaften und aufzubewahren«. Aufschlussreich ist die Reihenfolge der Nennung, welche die Bewirtschaftung vor die Lagerung stellt. Mit dem Bücherspeicher auf dem Land entgehen die Bücher dem Schicksal, digitalisiert und anschließend vernichtet zu werden. Doch Warenlager sind bis heute nicht aus den Städten verschwunden. Das hat verschiedene Gründe. Gewisse Dinge müssen nah auf Lager gehalten werden.

Als ich im Mai 2010 durch Manhattan schlenderte (jedenfalls kam mir mein Schritttempo angesichts der Geschwindigkeit, mit der sich New Yorker:innen zu Fuß auf den Gehsteigen bewegen, so vor), sind mir die an den Hauswänden angebrachten Werbetafeln von Manhattan Mini Storage aufgefallen. »Storing at your parents' means having to visit«, stand da auf einem fast fensterlosen Lagerhaus. Die Pointe des Slogans beruht darauf, dass er Vorteile von Markttransaktionen gegenüber

Familien hervorhebt. Wirklich ausgezogen ist man erst, wenn man den gesamten Hausrat mitgenommen hat. Ein Restlager am alten Ort beinhaltet immer eine Rückkehrklausel und auch soziale Verpflichtungen.

Das Phänomen des Selfstorage entstand in den 1960er Jahren in den USA. Die industrielle Massenproduktion und der logistisch gesteuerte Materialfluss führen bei den Konsumenten am Ende der Lieferketten zu neuen Lagerhaltungsproblemen. Martina Nußbaumer und Peter Stuiber, die 2019 in einer Ausstellung in Wien und einem Begleitkatalog dem nachgegangen sind, berichten, dass die Mietlager zur Selbsteinlagerung in den 1980er Jahren Westeuropa und in den späten 1990er Jahren auch den deutschsprachigen Raum erreicht hätten.[8] Sie seien eine Folge der wachsenden Zahl an Dingen, die sich in den Haushalten ansammeln würden, und der wachsenden Mobilität ihrer Bewohner:innen. Da die Mietlager eher klein und dezentral organisiert sind, können sie flexibel und ohne soziale Verpflichtungen genutzt werden. Glaubt man den Angaben auf der Webseite der FEDESSA (der 2004 gegründeten Federation of European Self Storage Associations), handelt es sich bei den Mietlagern für Selbsteinlagerung um einen boomenden Markt, der auch Investor:innen anzuziehen vermag.[9] Die Betreiber:innen setzen auf Wachstum, nicht zuletzt auch vor dem Hintergrund des Hinweises, dass 64 % der Europäer:innen noch nie von Selfstorage gehört hätten. Es könnte sich aber mit dem Phänomen der Entrümpelung von Privathaushalten bereits auch schon ein Gegentrend am Horizont abzeichnen, der sich während des Lockdowns akzentuierte. Die Entsorgungsstellen wurden nämlich im März 2020 überrannt von Menschen, die ihre Wohnung entrümpelten.[10] Entrümpelungscoaches preisen auf Social Media ihre Dienste an. Ob es sich bei dem Phänomen der Entrümpelung jedoch bloß um einen Abbau von privaten Überkapazitäten handelt oder um einen Abbau des permanenten Hausrats werden Kulturwissenschafler:innen und Soziolog:innen vielleicht künftig genauer sagen können.

Seit der Rationalisierungsbewegung der 1920er Jahre wurde das Lager periodisch in Managementlehren als ein Kostenfaktor verstanden,

den es möglichst zu eliminieren galt. Hinter diesen Vorstellungen stand auch ein von Ingenieur:innen rezipiertes marktwissenschaftliches Paradigma, das besagt, dass der Verbrauch – in der Theorie – die Produktion regle. Nur weil der Markt so träge sei, so der Ingenieur und Logistikberater Carl Röper 1963, müssten Lager die Differenzen ausgleichen.[11] Dieses Lagerhaltungsparadigma des 20. Jahrhunderts basierte auf dem Rückgriff auf vergleichbar günstige Energieressourcen. Steigende Energiepreise (etwa durch eine Besteuerung von Energie) könnten dieses Paradigma aber in Frage stellen. Doch auch wenn just in time produziert und geliefert wird und sich ein Teil des Lagers immer auf dem Transportweg befindet, bleibt das Warenlager der Dreh- und Angelpunkt der Logistik. In einer Kolumne des *Economist* im Herbst 2022 ist von einem regelrechten Lagerhausboom die Rede.[12] Es sei beispielsweise der seit der Pandemie steigende E-Commerce, welcher den Bedarf an Lagerraum vergrößert habe, da die Versandpakete individuell und nicht auf Paletten verschifft würden. Ob hohe Investitionen in Lagerhausbauten Überkapazitäten und eine *warehouse bubble* geschaffen hätten, die bald platzen könnte, darüber ist sich die Berichterstattung in der *Financial Times* und im *Economist* im Herbst 2022 noch nicht einig.[13]

Was fließt da eigentlich?

Am Anfang standen die Flussdiagramme. In den von geschäftstüchtigen Betriebsrationalisier:innen wie Frank und Lillian Gilbreth oder Allan H. Mogensen in der Zwischenkriegszeit entwickelten Schablonen zur Prozessoptimierung von Arbeit figurierten die Lager als geometrisches Zeichen. (→ Das Warenlager) Ein mit einfachen Linien gezeichnetes Dreieck symbolisierte ein dauerhaftes Lager. Mit doppelten Linien wurden temporäre Lager angezeigt.[14] Mit der Eliminierung von geometrischen Zeichen wurde die Reduktion von menschlicher Arbeit mittels Dingen (wie Paletten) und Maschinen (wie Gabelstapler) imaginiert. Die Metapher des »Flow« bot der Materialflussindustrie ein durch Nationalökonom:innen seit der Aufklärung kulturell bestens verankertes Sinnbild, an dem die Ingenieurwissenschaften ihre Tätigkeiten der Verflüssigung von Produktions-, Lagerungs- und Transportprozessen ausrichteten.

Doch was floss da eigentlich, wenn von »Flow« die Rede war? Im Zentrum der logistischen Rationalisierungsbemühungen stehen bis heute die Lager, in denen die Waren, zumindest temporär, stillstehen. Obwohl die Lager immer aufwendiger technisiert wurden, obwohl der Verbleib der Waren im Lager mit Rückgriff auf mathematische Modellierungen nach den Parametern der Effizienz verkürzt wurde, sind sie eigentlich immer größer geworden. Dass im Zuge des Globalisierungsdiskurses seit den 1990er Jahren nun die Container zum meistgewählten Motiv nicht nur zur Darstellung der Logistik, sondern auch der Weltwirtschaft avancierten, entsprach in diesem Sinn dem alten Credo, dass die Waren besser mobil als auf Lager gehalten werden sollten.

Dennoch hat sich der Materialflussdiskurs in den 1990er Jahren verändert. »Flow« wurde nun nicht bloß zum Schlagwort im Globalisierungsdiskurs, sondern auch zur Leitmetapher jener Wissenschaften, die sich mit der Erforschung der Geschichte und Gegenwart der Globalisierung beschäftigten. Beim Blättern durch die globalhistorischen Bücherregale stellt sich da gelegentlich der Eindruck ein, dass die Sprache des Untersuchungsgegenstandes (Globalisierung) direkt in die Metanarrative (Globalgeschichte) einfloss. Die Vorstellung des Flusses und die Metaphern der Verflüssigung gingen auch mit der Vorstellung einer Eliminierung von realen Orten einher. Wie Stuart Alexander Rockefeller argumentiert hat, lässt sich auch in kulturanthropologischen Studien, die Globalisierungsprozesse untersuchen, ein verbreiteter Gebrauch von Fließmetaphern feststellen.[15]

Ausgehend von der Beobachtung, dass im Kontext des Globalisierungsdiskurses in den 1990er Jahren Logistik und Logistikfirmen (mitsamt den Containerschiffen) prominent in der Wirtschaftsberichterstattung auftauchten, bin ich ins 19. Jahrhundert zurückgekehrt –

zu einem Zeitpunkt, als noch niemand von Logistik sprach. Ich habe ihre Entstehung zurückverfolgt, beispielsweise anhand der Praktiken der Spediteur:innen, die als Intermediäre zwischen Fabrikant:innen, Händler:innen, Transportunternehmen und Konsument:innen agierten. (→ Die Verpackung) In den Warenlagern bin ich auf die Visionen der Ingenieurwissenschaften gestoßen, die an der Konstruktion von Lagerhäusern, der Fabrikation von Wissen und der Entstehung von materiellen Kulturen beteiligt waren, welche in den Städten und den Landschaften bald immer deutlicher sichtbar wurden. Die in den logistischen Praktiken seit den 1920er Jahren prominent ins Zentrum gerückte Metapher des Materialflusses schloss direkt an der Idee des Ford'schen Fließbands an, das über die Fabriken hinaus auf die Lager und den Transport übertragen wurde.

Dem ingenieurwissenschaftlichen Gebrauch der Fluss- und Materialflussmetapher ist bis heute eine Naturalisierungstendenz inhärent, die auch dazu dient, komplexe soziotechnische und soziökonomische Prozesse mit dem Status von Zwangsläufigkeit und Eigenlogik zu versehen. In den Materialflussmetaphern spiegelt sich eine Sicht von oben. Sie spiegeln eine Perspektive, die vorgibt, Überblick über unübersichtliche Situationen in einer durch Massenproduktion geprägten Welt zu verleihen. Die logistischen Praktiken bieten sich seit dem 19. Jahrhundert als koordinierende, vermittelnde und überbrückende Instanz an, welche die mit der Mechanisierung von Produktion und Transport entstandenen Probleme der räumlichen Bewältigung und des zeitlichen Abgleichs von Rohstoffen und Waren übernimmt.

Diesem synchronisierenden und ordnenden Blick von oben bin ich mit einer an der Akteur-Netzwerk-Theorie (ANT) geschulten Follow-the-Movement-Heuristik begegnet, welche in konkreten Räumen ansetzt und einige der an der Entstehung von logistischen Praktiken beteiligten Akteur:innen, Dinge, Techniken, Wissensbestände und Zeichen in ihren sozialen Umgebungen untersucht. Am Beispiel der Frachtbriefe, der Verpackungen, der Paletten, der Gabelstapler oder dem Just-in-Time-Prinzip konnten die politischen und gesellschaftlichen

Ursachen und Folgen von Logistik analysiert werden. Die Europalette stellte nicht nur ein Mittel der Rationalisierung von Unternehmen und Transportgesellschaften dar, sondern sie schuf auch politische Räume. Die Klammern oder Pfeile auf Verpackungen dienten nicht bloß einer Rationalisierung des Blicks im Dienste einer Beschleunigung, sondern stellten auch Techniken der Kontrolle und der Disziplinierung der Packer:innen und Transportarbeiter:innen zur Verfügung. Und die Warenlager (insbesondere die Getreideelevatoren) standen auch Pate für Kapitalismuskritik und Modernisierungsphantasien. Obwohl Logistik nie als Teil der politischen Sphäre verstanden wurde, haben wir gesehen, wie viel Politik in einer Tetrapackung steckt. Langsam sollte uns allen gedämmert haben, dass wir längst als letztes Glied der Lieferketten mitten in den logistischen Praktiken feststecken und an ihnen beteiligt sind.

Materialfluss, nach dem Stillstand

Die Logistikunternehmen sind ihrer Rolle als Koordinierungsinstanzen in der erschütterten Weltwirtschaft seit März 2020 wiederum nachgekommen. Der Lockdown, die Lieferengpässe, der Boom des E-Commerce und der Krieg mitten in Europa erwiesen sich als Eldorado für die Logistikbranche. Die Umsätze und Aktiengewinne von Logistikkonzernen wie K+N sind ein Ausdruck davon. Wir Homeoffice-Angestellten konnten mit pandemischem Sicherheitsabstand vom Fenster aus beobachten, wie die Logistikarbeiter:innen die Woche für Woche immer größer werdenden Paketberge zu uns nach Hause spedierten.

Während ich dieses Buch geschrieben habe, hat sich die Logistik verändert. Weil plötzlich massenweise Lastwagenfahrer:innen fehlen, Ersatzteile aus Asien nicht angeliefert werden und auch das Papier, auf dem dieses Buch gedruckt ist, knapp und teuer zu werden droht, werden die Materialflusskonzepte zur Zeit einer Überarbeitung unterworfen. Dass die Reserven und Flexibilitäten seit den 1990er Jahren wegrationalisiert wurden, macht sich nun bis ans Ende der Lieferketten bemerkbar. Bereits die Werbung von Goldman Sachs von 2020 kann rückblickend als Zeichen gelesen werden, dass sich die Wahrnehmung von Lagern verschoben hat.

Inzwischen wurden die Lagerhaltungslehren in Revision geschickt. Selbst die entsprechenden Artikel in der Wirtschaftsberichterstattung lesen sich eher wie eine Sonntagspredigt als ein Rationalisierungsseminar. Statt von Offshoring liest man nun von Nearshoring oder Reshoring. Vielleicht sind Puffer doch mehr als bloße Überkapazität? Vielleicht könnte in der Logistik noch mehr stecken als Effizienz? Die logistischen Infrastrukturen könnten jedenfalls wieder näher an den Lebensradius der Konsument:innen heranrücken.

Zwischen 2005 und 2007 stellte der amerikanische Filmemacher James Benning seine Kamera an verschiedenen Orten in den USA unbeweglich neben die Railroad Tracks. Er filmte Landschaften und die Güterzüge, die sie durchschneiden. *RR* für *Railroad* zeigt Züge, die horizontal und vertikal durch das Bild fließen.[16] Manchmal von rechts, manchmal von links in ihrer ganzen Länge. Das kann schon mal elf Minuten dauern. Benning stand still, um den Warenfluss einzufangen. Er reiste aufs Land, um Güterzüge auf Film zu bannen. Die Zuschauer:innen erfahren die Länge der Züge an der Länge der Filmzeit. Eine Szene ist ein Güterzug. Sie erahnen die Mengen von Rohstoffen und Waren, die von A nach B transportiert werden, ohne sie zu sehen.

Erst nachdem er zwei Jahre neben den Bahngleisen gestanden und den Wagen zugeschaut hatte, sei ihm bewusst geworden, dass die Eisenbahnen Teil der Infrastruktur des Kapitalismus seien. Wir sollten uns mehr Zeit nehmen, um die Logistik in die Nähe unserer Erfahrungen zu rücken. Hinter JIT und Reshoring stecken 200 Jahre Geschichte. Wir sollten nicht auf den nächsten Stillstand warten, um uns Gedanken zu machen, ob wir sie nicht in eine Politik vor Ort zurückführen sollten.

Dank

Ich bin an der Nord-Süd-Eisenbahnlinie aufgewachsen. Als Kinder durchstöberten wir die steilen und steinernen Hänge bei den Gleisen und entdeckten Pflanzen von weit her, die mit den Eisenbahnzügen ihren Weg in unser Dorf in den Voralpen gefunden hatten. Dass ich den lokalen Verwurzelungen des globalen Materialflusses mit den Werkzeugen der Historikerin dann viele Jahre später nachgehen konnte, verdanke ich hilfsbereiten Menschen, großzügigen Institutionen und vielen, vielen glücklichen Zufällen, ohne die eine Geschichtsschreibung, die sich an den Rändern der Verschriftlichung aufhält, sich mit anonymen Dingen beschäftigt, mit Zweckbauten, mit funktionalen Zeichen, mit untergeordneter Arbeit und ihrer Mechanisierung und Automatisierung, nicht zu machen ist.

Alexander Roesler hat es möglich gemacht, dass das Buch wieder bei S. Fischer erscheinen konnte. Er hat auf dessen Erscheinen gedrängt und ein paarmal die Deadline geduldig und verständnisvoll verschoben. Nina Mentrup hat dem Text durch ihr Korrektorat den letzten Feinschliff gegeben, und Luca Homburg hat das Manuskript dann auf der letzten Meile umsichtig betreut.

Gedankt sei auch dem Schweizerischen Nationalfonds, der dieses Projekt großzügig gefördert hat, und dem Historischen Seminar der Universität Basel, dem IKKM in Weimar, dem Historischen Seminar der Universität Zürich und dem Collegium Helveticum in Zürich – für Forschungszeit, Schreibexile und Kollegialität. Ohne die Archivar:innen und Bibliothekar:innen, welche mir bei der Suche nach Dokumenten behilflich waren, auch wenn es in den Katalogen keine Hinweise auf diese gab, und den Logistiker:innen, welche mir Einblicke in die Prozesse des Materialflusses und seiner Grenzen ermöglicht haben, wäre dieses Vorhaben wohl früher oder später gestrandet.

Dank gebührt auch Roman K. Abt, Norman Frenzel und Stefan Sandmeier, die mit mir zusammen in Basel das Wagnis auf sich genommen haben, sich mit jenen Nicht-Orten zu beschäftigen, die von der Geschichtsschreibung bislang eher gemieden wurden. Unsere lokale Kartographierung ist in eine gemeinsame Webseite gemündet (www.material-flow.ch), die von Julia Ambroschütz und Jeannine Herrmann gestaltet worden ist.

Katja Girschik, Alexander Klose, Dara Orenstein, Jörg Potthast, Gabriele Schabacher, Hans-Ulrich Schiedt und Laurent Stalder teilen mit mir schon lange ein Interesse an der Welt der Spedition, der Warenlager, der Logistik und der Infrastrukturen. Jan-Otmar Hesse, Werner Plumpe und Laura Rischbieter erinnerten mich früh daran, dass Logistik auch eine wirtschaftshistorische Dimension hat. Ich danke ihnen für Einladungen, Gedankenaustausch und Inspiration.

Am Historischen Seminar in Basel fand ich eine temporäre Bleibe im Rahmen meiner SNF-Förderprofessur. Caroline Arni, Almut Höfert, Martin Lengwiler, Josef Mooser, Benjamin Schenk und Regina Wecker bin ich dankbar dafür, dass sie sich auf den Treppen zwischen den Etagen, im Lift und im Intercity-Zug nach Zürich auf jene Gespräche einließen, welche Inseln eines intellektuellen Lebens aufblitzen ließen.

Vinzenz Hediger, Ute Holl, Florian Hoof, Markus Krajewski, Maria Muhle, Claus Pias, Alexandra Schneider, Erhard Schüttpelz, Bernhard Siegert und Barbara Wittmann haben mir immer wieder Türen und Fenster zur Medienwissenschaft geöffnet, jenem wilden Haufen, der in den letzten zwei Jahrzehnten so viele spannende Denker:innen anzuziehen vermochte. Möge dieser inzwischen auch akademisch disziplinierte Haufen weiterhin gedeihen.

Es sind oft die kleinen Aufmunterungen, die lange Forschungsprojekte am Leben halten: Michel Chion schenkte mir nach einem Vortrag über profane Warenlager das beglückendste Kompliment. Wir sollten uns in der Geschichtswissenschaft viel mehr auf solch inspirierende Menschen einlassen.

Am Historischen Seminar an der Universität Zürich konnte ich dieses Buch schließlich in komfortabler Lage an die Ziellinie bringen. In einem offenen Umfeld, das durch den Kanton Zürich großzügig ausgestattet ist, entstehen Freiräume wie das Zentrum Geschichte des Wissens oder das Collegium Helveticum, die dazu beitragen, dass Buchprojekte nicht einfach Projekte bleiben, sondern irgendwann in der Buchhandlung landen. Gleb Albert, Anna Baumann, Nada Boškovska, Elisabeth Bronfen, Wendelin Brühwiler, Lotta Danz, Martin Dusinberre, Kijan Malte Espahangizi, Roman Fässler, Jenny Furter, Jonas Gloor, Svenja Goltermann, Valentin Groebner, David Gugerli, Michael Hagner, Andreas Kilcher, Anne Kolb, Gesine Krüger, Matthieu Leimgruber, Francisca Loetz, Philipp Sarasin, Karin Schraner, Andrea Schweizer, Leandra Sommaruga, Max Stadler, Seraina Steinmann, Martina Stercken, Mischa Suter, Jakob Tanner, Simon Teuscher, Michiel van Gulpen und Claudia Zey danke ich für Botengänge, Hinweise, Kollegialität, Mittagessen und Freundschaft.

Schließlich danke ich auch jenen, die mich am Berg, am Lake Michigan, an der Limmat, am Tiber, in den Tropen, nahe der Wüste, am Esstisch, an Bartheken, im Kinosaal und am Jassteppich begleitet haben.

Erste Versuche zu einer Logistikgeschichte sind in der *traverse*, der *Werkstatt Geschichte*, in *Nach Feierabend*, der *Zeitschrift für Medien- und Kulturforschung* und in den mit viel Offenheit herausgegebenen Büchern von Kolleg:innen erschienen. Ihre Kommentare sind auch ins vorliegende Buch eingeflossen.

Gewidmet ist das Buch allen namenlosen blinden Passagieren, die auf den Transportmitteln der mechanisierten und globalisierten Welt aufsetzen und ihr Schicksal in der Hoffnung auf eine Zukunft in die Obhut dunkler und stickiger Güterwaggons, Container und Frachträume legen. Und besonders im Gedenken an all jene, die nie am Ziel ihrer Reise ankommen.

Anmerkungen

1. Stillstand inmitten des Materialflusses: Zur Einleitung

1 Birger, Nicolai, Zuwanderer überschätzen ihre Chancen in Europa, in: *Die Welt* (30. 03. 2016), https://www.welt.de/wirtschaft/article153793842/Zuwanderer-ueberschaetzen-ihre-Chancen-in-Europa.html [Zugriff: 31. 08. 2022].

2 Ebd.

3 Nelles, Dieter, *Widerstand und internationale Solidarität. Die Internationale Transportarbeiter-Föderation (ITF) im Widerstand gegen den Nationalsozialismus*, Essen 2001.

4 Die Macht ist Logistik. Blockieren wir alles?! Einladung zur Diskussionsveranstaltung am 29. 06. 2017, https://www.umsganze.org/termin/die-macht-ist-logistik-blockieren-wir-alles/ [Zugriff: 31. 08. 2022].

5 Unsichtbares Komitee, *An unsere Freunde*, Hamburg 2015 [Paris 2012], S. 54.

6 Neilson, Brett, Five theses on understanding logistics as power, in: *Scandinavian Journal of Social Theory* 3/13 (2012), S. 322–339.

7 Zur Geschichte des Suezkanals vgl. Huber, Valeska, *Channeling Mobilities. Migration and Globalisation in the Suez Canal Region and Beyond, 1896–1914*, Cambridge, N. Y. 2013; Khalili, Laleh, *Sinews of War and Trade. Shipping and Capitalism in the Arabian Peninsula*, London 2020.

8 Zur Geschichte dieser für die Logistikgeschichte wichtigen Wirtschaftsdokumentationen exemplarisch zum Hamburgischen Welt-Wirtschafts-Archiv: Heesen, Anke te, *Der Zeitungsausschnitt. Ein Papierobjekt der Moderne*, Frankfurt am Main 2006, S. 224–266. Zu öffentlich zugänglichen Dokumentationen von Kühne + Nagel vgl. z. B. Hamburgisches Welt-Wirtschafts-Archiv (HWWA) – Firmen / Institutionen-Mappen, Kühne + Nagel 1950–2005. Schweizerisches Wirtschaftsarchiv SWA Kühne + Nagel International AG (Transportunternehmen) – Bremen / Pfäffikon. Dokumentensammlung, 1965 ff.

9 Hebeisen, Beat, Kühne + Nagel will es wissen, in: *Finanz und Wirtschaft* 31 (20. 04. 1994), S. 15.

10 UB Zürich, Betriebswissenschaft, Kühne + Nagel International AG – Schindellegi. Presseartikel Firmeninformationen: e 952, Credit Suisse Investment Research, Urs Kunz, Kühne + Nagel 1994.

11 Vgl. z. B.: Speck, Kurt, Klaus-Michael Kühne. Ein Kosmopolit in der Urschweiz, in: *Schweizerische Handelszeitung* 29 (19. 07. 1992), S. 7.

12 Kühne + Nagel, Geschäftsbericht, Schindellegi 2015, S. 14–27, https://home.kuehne-nagel.com/documents/20124/112826/Annual_Report_2015_-_German.pdf/cefe2130-508d-4daf-73f3-bae41c496a42?t=1587649116348#page=1&zoom=auto,-77,842 [Zugriff: 31. 08. 2022].

13 Ranking der 300 reichsten Menschen in der Schweiz, in: *Bilanz* 24 (27. 11. 2015), S. 14, 200.

14 Vgl. Kühne + Nagel, Geschäftsbericht, Schindellegi 2015, https://home.kuehne-nagel.com/documents/20124/112826/Annual_Report_2015_-_German.pdf/cefe2130-508d-4daf-73f3-bae41c496a42?t=1587649116348#page=1&zoom=auto,-77,842 [Zugriff: 31. 08. 2022].

15 Vgl. die ersten beiden Artikel in der *taz*: Bleyl, Henning, Verwertung ohne »Relevanz«, in: *taz–Die Tageszeitung* (06. 02. 2015), https://taz.de/KuehneNagel-mauert/!5021323/ [Zugriff: 31. 08. 2022]; Bleyl, Henning, Lasten der Vergangenheit, in: *taz–Die Tageszeitung* (31. 03. 2015), https://taz.de/NS-Erbe-einer-Transportfirma/!5014561/ [Zugriff: 31. 08. 2022]; Ziel, Jan, Erinnerung bekommt einen Ort, in: *taz–Die Tageszeitung* (01. 01. 2022), https://taz.de/Bremer-Arisierungs-Mahnmal-wird-gebaut/!5829472/ [Zugriff: 31. 08. 2022].

16 Kühne + Nagel, Bekenntnis zur Geschichte (15. 03. 2015), https://newsroom.kuehne-nagel.com/kuhne--nagel--bekenntnis-zu-seiner-geschichte/ [Zugriff: 31. 08. 2022].

17 Vgl. z. B.: Stücken, Christian, Theile, Charlotte, 126 Schränke, 32 Uhren, zwei Kinderwägen, in: *Süddeutsche Zeitung* (15. 04. 2015).

18 Die Autorin bedankt sich bei Frank Bajohr für seine Einschätzungen. Vgl. auch: Decken, Ada von der, NS-Geschichte von Kühne + Nagel. Unaufgearbeitete Vergangenheit, in: *Deutschlandfunk* (09. 09. 2020), https://www.deutschlandfunk.de/ns-geschichte-von-kuehne-nagel-unaufgearbeitete-100.html/ [Zugriff: 31. 08. 2022].

19 Kühne + Nagel, Die Welt verbinden. Unternehmensbroschüre, Ausgabe 2022, Schindellegi 2022, S. 28, https://2021-annual-report.kuehne-nagel.com/fileadmin/user_upload/KN_Uploads/pdf-Download/KN_CB_final_DE.pdf [Zugriff: 31. 08. 2022].

20 Triebe, Benjamin, Die neue Welt der Logistik: Wer das Lieferkettenpuzzle am besten löst, wird fürstlich belohnt – so wie Kühne + Nagel, in: *Neue Zürcher Zeitung* (26. 07. 2022), https://www.nzz.ch/wirtschaft/kuehne-nagel-

krise-der-lieferketten-befluegelt-logistikriesen-ld.1694931?mktcid=smsh&mktcval=Twitter [Zugriff: 31.08.2022].

21 Ranking der 300 reichsten Menschen in der Schweiz, in: *Bilanz* 12 (Dezember 2021), S. 18, 98.

22 Brunner, Otto, Conze, Werner, Koselleck, Reinhart (Hg.), *Geschichtliche Grundbegriffe. Historisches Lexikon zur politisch-sozialen Sprache in Deutschland*, Stuttgart 1972–1997. Seit 2020 läuft am ZFL in Berlin ein Projekt, das eine wissenshistorische Erweiterung vornimmt und auch die angewandten Arbeitswissenschaften miteinschließt: *Das 20. Jahrhundert in Grundbegriffen. Lexikon zur historischen Semantik in Deutschland*, https://www.zfl-berlin.org/projekt/das-20-jahrhundert-in-grundbegriffen.html.

23 Zur Begriffsgeschichte von Logistik vgl. auch: Schabacher, Gabriele, Raum-Zeit-Regime. Logistikgeschichte als Wissenszirkulation zwischen Medien, Verkehr und Ökonomie, in: *Archiv für Mediengeschichte* 8 (2008), S. 135–148.

24 Thorpe, George C., *Pure Logistics. The Science of War Preparation,* Kansas City 1917. Für biographische Information zu George C. Thorpe vgl. die Einleitung von Stanely L. Falk im Reprint durch die National Defense University Press in Washington, D. C. von 1986.

25 Vgl. die deutsche Originalübersetzung: Jomini, Antoine-Henri, *Abriss der Kriegskunst,* Berlin 1881.

26 Vgl. zum Beispiel Ihde, Gösta B., *Logistik. Physische Aspekte der Güterdistribution*, Stuttgart 1972, S. 11.

27 Thorpe, George C., *Pure Logistics*, a. a. O., S. 3.

28 Ebd., S. 65 ff.

29 Ebd., S. 36, 69.

30 Ebd., S. 89.

31 Lockwood, R. L., Practical Integration, in: *Distribution Economy. Commodity Handling and Movement from Line of Production to Point of Sale* 4/1 (1929), S. 8–13, hier S. 9.

32 Zu Oskar Morgenstern vgl. Pircher, Wolfgang, Strategische Voraussicht. Oskar Morgenstern und die Anfänge der Spieltheorie, in: *Trajekte* 22/11 (2011), S. 33–37; Leonard, Robert, The Collapse of Interwar Vienna: Oskar Morgenstern's Community, 1925–50, in: *History of Political Economy* 1/43 (2011), S. 83–130.

33 Morgenstern, Oskar, Logistik und Sozialwissenschaften, in: *Zeitschrift für Sozialökonomie* 7 (1936), S. 1–24.

34 Vgl. den Eintrag auf der Plattform von Merriam-Webster: https://www.merriam-webster.com/dictionary/operation.

35 Morgensterns Vortrag von 1950 wurde 1951 zunächst als RAND Me-

morandum RM–614 publiziert und erschien 1955 in der vom Office of Naval Reserach (ONR) gegründeten neuen Zeitschrift *Naval Research Logistics Quarterly*: Morgenstern, Oskar, Note on the Formulation on the Theory of Logistics, in: *Naval Research Logistics Quarterly* 2 (1955), S. 129–136.

36 Eccles, Henry E., Logistics – What is it?, in: *Naval Research Logistics Quarterly* 1 (1954), S. 5–15.

37 Magee, John F., The Logistics of Distribution, in: *Harvard Business Review* 4/38 (1960), S. 89–101.

38 Ihde, Gösta B., *Logistik. Physische Aspekte der Güterdistribution*, Stuttgart 1972.

39 Ebd., S. 10.

40 Lockwood, R. L., Practical Integration, a. a. O.

41 Für eine Geschichte der Eisenbahn im 19. Jahrhundert sehr aufschlussreich: Röll, Victor (Hg.), *Encyklopädie des gesamten Eisenbahnwesens*, Wien 1892.

42 Vgl. Osterhammel, Jürgen, Petersson, Niels P., *Geschichte der Globalisierung. Dimensionen, Prozesse, Epochen*, München 2003, S. 52–55.

43 Kenwood, A. G., Lougheed, A. L., *The Growth of the International Economy 1820–2000. An Introductory Text*, London, New York 2000, insb. S. 78–92.

44 Thompson, E. P., Time, Work-Discipline, and Industrial Capitalism, in: *Past & Present* 38 (Dec. 1967), S. 56–97, hier S. 61.

45 Vismann, Cornelia, Kulturtechnik und Souveränität, in: *Zeitschrift für Medien- und Kulturforschung* 1 (2010), S. 171–181.

46 Star, Susan Leigh, The Ethnography of Infrastructure, in: *American Behavioral Scientist* 43/3 (1999), S. 377–391.

47 Vgl. Laak, Dirk van, Der Begriff »Infrastruktur« und was er vor seiner Erfindung besagte, in: *Archiv für Begriffsgeschichte* XLI (1999), S. 280–299; Laak, Dirk van, *Alles im Fluss. Die Lebensadern unserer Gesellschaft*, Frankfurt am Main 2018.

48 Star, Susan Leigh, Ruhleder, Karen, Steps Toward an Ecology of Infrastructure: Design and Access for Large Information Spaces, in: *Information Systems Research* 7/1 (1996), S. 111–134, hier S. 113.

49 Paul Edwards, Platforms are Infrastructures on Fire, in: Mullaney, Thomas S. et al. (Hg.), *Your Computer Is on Fire*, Cambridge, Mass. 2021, S. 313–336.

50 Ein exzellentes Beispiel für eine an Pannen ausgerichtete und von STS inspirierte ethnographische Infrastrukturforschung: Potthast, Jörg, *Die Bodenhaftung der Netzwerkgesellschaft. Eine Ethnografie von Pannen an Großflughäfen*, Bielefeld 2007.

51 Schivelbusch, Wolfgang, *Geschichte der Eisenbahnreise. Zur Industrialisierung von Raum und Zeit im 19. Jahrhundert*, Frankfurt am Main 1995 [München, Wien 1977].

52 Giedion, Sigfried, *Mechanization Takes Command. A Contribution to Anonymous History*, New York 1948. Zur Entstehungs- und Rezeptionsgeschichte vgl. auch: Dommann, Monika, Mit dem Fließband zum Fortschritt? »M. T. C.«: Sigfried Giedions visuelle Historiographie der Mechanisierung in den USA, in: *Zeithistorische Forschungen / Studies in Contemporary History* 17/1 (2020), S. 190–200 (Online-Ausgabe).

53 Hilberg, Raul, *Sonderzüge nach Auschwitz*, Mainz 1981 [Amerikanische Erstausgabe: American Sociological Association 1976].

54 Engwert, Andreas, Kill, Susanne, *Sonderzüge in den Tod. Die Deportationen mit der Deutschen Reichsbahn. Eine Dokumentation der Deutschen Bahn AG*, Köln 2009.

55 Bonacich, Edna, Wilson, Jake B., *Getting the goods. Ports, labor, and the logistics revolution*, Ithaca, N. Y. 2008. S. 3–22; Cowen, Deborah, *The Deadly Life of Logistics. Mapping Violence in Global Trade*, Minneapolis, Minn. 2014.

56 Eckel, Jan, »Alles hängt mit allem zusammen.« Zur Historisierung des Globalisierungsdiskurses der 1990er und 2000er Jahre, in: *Historische Zeitschrift* 307/1 (2018), S. 42–78.

57 Levinson, Marc, *The box. How the shipping container made the world smaller and the world economy bigger*, Princeton 2006; Klose, Alexander, *Das Containerprinzip. Wie eine Box unser Denken verändert*, Hamburg 2009; Khalili, Laleh, *Sinews of War and Trade*, a. a. O.

58 Bonacich, Wilson, *Getting the goods*, a. a. O.

59 Rossiter, Ned, *Software, Infrastructure, Labor. A Media Theory of Logistical Nightmares*, New York 2016; Hockenberry, Matthew, Starosielski, Nicole, Zieger, Susan (Hg.), *Assembly Codes. The Logistics of Media*, New York 2021.

60 Vgl. dazu ausführlich: Dommann, Monika, Alles fließt. Soll die Geschichte nomadischer werden?, in: *Geschichte und Gesellschaft* 42 (2016), S. 516–534. Erkenntnistheoretisch von Bedeutung ist insbesondere das von Bruno Latour für die Erforschung der Wissenschaft skizzierte Vorgehen, den Wissenschaftler:innen auf dem Weg durch die Gesellschaft zu folgen. Latour, Bruno, *Science in Action: How to Follow Scientists and Engineers Through Society*, Cambridge, Mass. 1987.

1 Die folgenden Angaben beruhen auf dem Bildbestand in den Royal Philips/ Philips Company Archives und einem ebenfalls dort vorhandenen Artikel aus dem Philips Magazine: ACHT, Eindhoven's outpost, gateway to the world, in: *Philips Magazine* »Announcer« 13/2 (1959), S. 8–14.
2 Venturi, Robert, Brown, Denise Scott, Izenour, Steven, *Learning from Las Vegas*, Cambridge, Mass. 1972.
3 Schivelbusch, *Geschichte der Eisenbahnreise*, a. a. O.
4 Ebd., S. 153.
5 Lager, in: Kruenitz, Johann Georg, *Oeconomische Encyclopädie oder allgemeines System der Staats-, Stadt-, Haus- und Landwirtschaft in alphabetischer Ordnung. Acht und fünfzigster Teil*, Bruenn 1794, S. 709–714.
6 Lager, in: Zedler, Johann Heinrich (Hg.), *Grosses vollständiges Universal-Lexikon aller Wissenschaften und Künste*, Bd. 16, Halle, Leipzig 1737, S. 232–233; Lager, in: *Das Deutsche Wörterbuch von Jakob und Wilhelm Grimm*, Bd. 12, Leipzig 1885, Spalten 63–68; Lager, in: Redaktion von Rothschilds Taschenbuch für Kaufleute (Hg.), *Otto Spamer's Illustrirtes Handels-Lexikon. Praktisches Hülfs- und Nachschlagebuch über alle Gegenstände und Verhältnisse des Handels und Weltverkehrs*, Vol. 3, Leipzig 1879, S. 425–427; Lagerhäuser, in: Röll, Victor (Hg.), *Encyklopädie des gesamten Eisenbahnwesens*, Bd. 5, Wien 1893, S. 2216–2217.
7 Stapel, in: Zedler, Johann Heinrich (Hg.), *Grosses vollständiges Universal-Lexikon aller Wissenschaften und Künste*, Bd. 39, Halle, Leipzig 1744, S. 1192–1194; Stapel, in: *Das Deutsche Wörterbuch von Jakob und Wilhelm Grimm*, Bd. 17, Leipzig 1919, S. 845–856.
8 Stapel, in: Zedler, *Universal-Lexikon*, a. a. O., S. 1192; Stapel, in: Sprandel, Rolf, *Brepolis Medieval Encyclopaedias – Lexikon des Mittelalters Online*, Bd. 8, cols 59–60, Stuttgart [1977]–1999.
9 Schumpeter, Joseph Alois, *Konjunkturzyklen. Eine theoretische, historische und statistische Analyse des kapitalistischen Prozesses* (1939), Bde. 1+2, Göttingen 1961, hier: Bd. 1, S. 20.
10 Ebd., Bd. 1, S. 20, 23.
11 Keynes, John Maynard, Row, J. W. F., Memorandum. Stocks of Staple Commodities. Issued by Arrangement with the London and Cambridge Economic Service, London 1923–1929.
12 Keynes, John Maynard, Row, J. W. F., Memorandum. Stocks of Staple Commodities. Issued by Arrangement with the London and Cambridge Economic Service 1 (April 1923), S. 2.
13 Keynes, John Maynard, *Vom Gelde* [A Treatise on Money, 1930], München,

Leipzig 1932, S. 403–415; Keynes, John Maynard, *The General Theory of Employment, Interest and Money*, London 1936.

14 Driel, Hugo van, *Four Centuries of Warehousing. Pakhoed: The Origins and History 1616–1967*, Rotterdam 1992.

15 Lagerhäuser (und Lagerscheine – Warrants), in: Elster, Ludwig, Weber, Adolf, Wieser, Friedrich, *Handwörterbuch der Staatswissenschaften*, Vol. 6, Jena 1925, S. 123–134.

16 Güterschuppen, in: Röll, *Encyklopädie des gesamten Eisenbahnwesens*, a. a. O., S. 1898–1903.

17 Ebd., S. 1899.

18 Ebd., S. 1900.

19 Schivelbusch, *Geschichte der Eisenbahnreise*, a. a. O., insb. S. 152–157.

20 Güterschuppen, in: Röll, *Encyklopädie des gesamten Eisenbahnwesens*, a. a. O., S. 1900.

21 Engels, Friedrich, *Die Lager der arbeitenden Klasse in England. Nach eigener Anschauung und authentischen Quellen*, Leipzig 1848 [1845], S. 36.

22 Ebd., S. 28.

23 Ebd., S. 63.

24 Marx, Karl, *Das Kapital*, Bd. 1, Kritik der politischen Ökonomie (1867), http://www.mlwerke.de/me/me23/me23_000.htm [Zugriff: 08. 10. 2022].

25 Bell, Daniel, *The Coming of Post-Industrial Society. A Venture in Social Forecasting*, New York 1973.

26 Foucault, Michel, Die Wahrheit und die juristischen Formen, in: ders. (Hg.), *Schriften in vier Bänden. Dits et Ecrits*, Bd. 2, Frankfurt am Main 2002, S. 669–792, hier S. 746–748. Der Text basiert auf Vorträgen an der katholischen Universität in Rio de Janeiro im Jahr 1973.

27 Ebd., S. 747. Zur Entwicklung des Zivilrechts aus dem Geiste des Eigentums vgl. Habermas, Rebekka, *Diebe vor Gericht. Die Entstehung der modernen Rechtsordnung im 19. Jahrhundert*, Frankfurt am Main, New York 2008.

28 Marx, Erwin, Sicherung gegen Einbruch, in: Durm, Josef et al. (Hg.), *Handbuch der Architektur*, Vol. 3, Bd. 6: Die Hochbau-Constructionen, Darmstadt 1884. Zu den Sicherheitsschlössern: S. 12–15, zu den Alarmanlagen: S. 29–31.

29 Die folgenden Angaben beruhen auf: Lagerhäuser, in: Röll, *Encyklopädie des gesamten Eisenbahnwesens*, a. a. O., S. 2216–2217; Salzmann, Heinrich, *Industrielle und gewerbliche Bauten (Speicher, Lagerhäuser und Fabriken)*, Bd. II: Speicher und Lagerhäuser, Leipzig 1911.

30 Lagerhäuser, in: Röll, *Encyklopädie des gesamten Eisenbahnwesens*, a. a. O., S. 2216.

31 Salzmann, *Industrielle und gewerbliche Bauten*, a. a. O., S. 50.

32 Ebd., S. 29.

33 Vgl. Gesellschaft für Ingenieurbaukunst (Hg.), *Robert Maillart. Beton – Virtuose*, Zürich 1996; Maillart, Robert, Armierte Betonbauten, in: *Schweizerischer Bau- und Ingenieurkalender*. III. Abt., Ingenieurswesen 22 (1901), S. 108.

34 Vgl. Mark, Robert, Chiu, James K., Abel, John F., Stress Analysis of Historical Structures: Maillart's Warehouse at Chiasso, in: *Technology and Culture* 15/1 (1974), S. 49–63.

35 ETH-Bibliothek, Hochschularchiv, Biographica (Biogr) Robert Maillart, 1909–5. Maillart, Robert, *Eine schweizerische Ausführungsform der unterzuglosen Decke – Pilzdecke*, [Zürich] 1926, S. 3.

36 Ebd.

37 ETH-Bibliothek, Hochschularchiv, Biographica (Biogr) Robert Maillart, 1909–5. Hauptpatent: Maillart & Cie, Zürich. Konstruktion zur Raumabdeckung, in: Schweizerische Eidgenossenschaft. Eidgenössisches Amt für Geistiges Eigentum, Nr. 46928, 20. Januar 1909; ETH-Bibliothek, Hochschularchiv, Biographica (Biogr) Robert Maillart, 1909–5, Maillart, Robert, Eine schweizerische Ausführungsform der unterzuglosen Decke – Pilzdecke, [Zürich] 1926, S. 3.

38 Zum hier verwendeten Konzept der Assoziation vgl. Latour, Bruno, *Science in Action*, a. a. O., S. 136–141.

39 Basel WWZ / SWA, Magazin. Sign.: Verkehr A 98: Zürcher Lagerhaus AG (Lagerhausgesellschaft) ETH Hs RM 1910–3 Lagerhaus in Zürich Giesshübel.

40 Zürcher Lagerhaus AG, in: *Basler Nachrichten* 91 (25. 02. 1913).

41 Chur (1911), St. Petersburg (1912), Altdorf (Eidgenössisches Getreidelager, 1912), Zürich (Konsumverein, 1912), Broc (Cailler, 1913), Riga (1913/14), Charkow (1916/17), Chiasso (Magazini Generali, 1924), Zürich-Albisrieden (Freilagergesellschaft, 1924), Vernier (Benzine et Pétrole SA, 1931) und Romanshorn (1935).

42 Rauber, Urs, *Schweizer Industrie in Russland. Ein Beitrag zur Geschichte der industriellen Emigration, des Kapitalexportes und des Handels der Schweiz mit dem Zarenreich (1760–1917)*, Zürich 1985, S. 164–166.

43 Maillart, *Eine schweizerische Ausführungsform der unterzuglosen Decke – Pilzdecke*, a. a. O., S. 6.

44 Hatlapa, Willi, Internationale Ausstellung Paris 1937 für Kunst und Technik im Leben der Gegenwart, in: *Beton und Eisen* 36/19 (05. 10. 1937), S. 305–308.

45 Kleinlogel, A., Robert Maillart, in: *Beton und Eisen* 39/13 (1940), S. 182.

46 Mushroom-Slab Construction, in: *The Concrete Way. Incorporating the Roadmaker* 7/1 (1934).

47 Giedion, *Mechanization Takes Command*, a. a. O.

48 ETH-Bibliothek, Hochschularchiv, Biographica (Biogr) Robert Maillart, Vierzig Jahre mit Eisenbeton, in: *NZZ* (06. 11. 1935).

49 Vgl. ETH-Bibliothek, Hochschularchiv, Biographica (Biogr) Robert Maillart, Gedächtnisausstellung Robert Maillart in New York, in: *Volksrecht* 50/177 (31. 07. 1947); sowie die Dokumentation auf der Webseite des MoMA: Robert Maillart, Engineer, https://www.moma.org/calendar/exhibitions/3212 [Zugriff: 08. 10. 2022].

50 Für eine Geschichte der Freilager in den USA vgl. Orenstein, Dara, *Out of Stock. The Warehouse in the History of Capitalism*, Chicago 2019.

51 Mauch, Felix, Speicher in der Stadt. Logistische Landschaften der Ersten Globalisierung, in: *Technikgeschichte* 88/2 (2021), S. 145 – 174.

52 WWZ / SWA Verkehr A 78, Basler Freilager – Zollfreilager Lagerhausgesellschaft.

53 ETH-Bibliothek, Hochschularchiv, Biographica (Biogr) Robert Maillart, 1924/26 – 1 Freilager Zürich Albisrieden; Maillart, Robert, Nochmals die Trägerlose Pilzdecke, in: *Das Werk* 14 (1927), S. XXII.

54 Vgl. Sonndorfer, Rudolf, *Die Technik des Welthandels. Ein Handbuch der internationalen Handelskunde*, Wien, Leipzig 1900, S. 4 – 5; Bayerdoerffer, A., *Das Lagerhaus- und Warrantsystem*, Jena 1878.

55 Richter, Emil, *Öffentliche Lagerhäuser und Warrant-Agiotage in ihrem Einfluss auf Produktion und Handel*, Minden 1888, S. 6.

56 Cronon, William, *Nature's metropolis. Chicago and the Great West*, New York, London 1992.

57 Engel, Alexander, *Risikoökonomie. Eine Geschichte des Börsenterminhandels*, Frankfurt am Main 2021, hier S. 103 – 107.

58 Norris, Frank, *The pit. A story of Chicago*, New York 1903.

59 Griffith, D. W., *A Corner in Wheat*, USA 1909, 14 Min.; vgl. dazu: Färber, Helmuth, *A Corner in Wheat von D. W. Griffith, 1909. Eine Kritik*, München, Paris 1992; Olsson, Jan, Trading Places: Griffith, Patten and Agricultural Modernity, in: *Film History* 17/1 (2005), S. 39 – 65; Fusco, Katherine, Taking Naturalism to the Moving Picture Show: Frank Norris, D. W. Griffith, and Naturalist Editing, in: *Adaptation* 3/2 (2010), S. 155 – 178.

60 Vgl. programmatisch für den Zeitgeist hierzu die Wahlkampfrede von Theodore Roosevelt: Who is a Progressive? An Address at Louisville, Kentucky April 3, in: *Outlook* (13. 04. 1912).

61 Brecht, Bertolt, Jae Fleischhacker in Chikago, in: Hecht, Werner, Knopf, Jan, Mittenzwei, Werner, Müller, Klaus-Detlef (Hg.), *Werke. Große kom-*

mentierte Berliner und Frankfurter Ausgabe, Bd. 10, Stücke 10: Stückfragmente und Stückprojekte, Berlin, Frankfurt am Main 1997, S. 271–318, S. 1070–1084.

62 Ebd. S. 1074.

63 Vgl. Charney, Melvin, The Grain Elevators Revisited, in: *Architectural Design* 37/7 (1967), S. 328–334.

64 *Die Kunst in Industrie und Handel, Jahrbuch des Deutschen Werkbundes* 2 (1913), Jena 1913. Die Bilderserie mit Fotografien von nordamerikanischen Getreideelevatoren findet sich zwischen S. 16 und S. 17.

65 Le Corbusier, *Vers une architecture. Nouvelle édition revue et augmentée*, Paris 1925 [1923], S. 11–20.

66 Giedion, *Mechanization Takes Command*, a. a. O.

67 Zur Geschichte der Federal Surplus Relief Corporation (FSRC) vgl. Poppendieck, Janet, *Breadlines knee-deep in wheat. Food assistance in the Great Depression*, Berkeley, Los Angeles, London 2014 [New Brunswick, N. J. 1986].

68 Vgl. dazu die vom Yale Digital Humanities Lab Team entwickelte Bilddatenbank Photogrammar: https://photogrammar.org/.

69 Buhle, Max, *Massentransport. Ein Hand- und Lehrbuch über Förder- und Lagermittel für Sammelgut*, Stuttgart 1908, S. V; vgl. auch Zimmer, George Frederick, *Mechanical Handling of Materials*, New York 1905.

70 Buhle, *Massentransport*, a. a. O., S. 2–12.

71 Buhle, Max, *Technische Hülfsmittel zur Beförderung und Lagerung von Sammelkörpern (Massengütern)*, II. Teil, Berlin 1904, S. IV.

72 Braun, Rudolf, Der »gelehrige« Körper als wirtschaftlich-industrieller Wachstumsfaktor, in: *Jahrbuch des Wissenschaftskollegs zu Berlin 1989/90* (1991), S. 201–226; Rabinbach, Anson, *The Human Motor. Energy, Fatigue, and the Origins of Modernity*, Berkeley, CA 1992.

73 Zimmer, George Frederick, *The Mechanical Handling & Storing of Material. A Treatise on the Automatic and Semi-Automatic Handling and Storing of Commercial Products*, Bd. 1, London 1932, S. 3–9.

74 Ebd., S. 4.

75 Vgl. dazu: Gamper, Michael, *Masse lesen, Masse schreiben. Eine Diskurs- und Imaginationsgeschichte der Menschenmenge 1765–1930*, München 2007.

76 Kracauer, Siegfried, Das Ornament der Masse (1927), in: ders. (Hg.), *Das Ornament der Masse*, Frankfurt am Main 1977, S. 50–63.

77 Ebd., S. 54.

78 Lockwood, Practical Integration, a. a. O., S. 8–13.

79 Millet, John D., *The Army Service Forces. The Organization and Role of the Army Service Forces*, Washington, D. C. 1954.

80 Vgl. z. B.: Control Manual. Work Simplification (Materials Handling), Army Services Manual M703–4, Washington, D. C. 1943, S. 3–25.

81 Siehe bspw. die Graphiken des Navy Department, Bureau of Supplies and Accounts in: *Flow* (Januar 1946), S. 23. Verwendet in: Hegner, Franz, Die Standardisierung der Palettierung auf internationaler Grundlage, in: *Arbeitsablauf und Materialfluss im Betrieb. Vorträge der gemeinsamen Tagung des betriebswissenschaftlichen Instituts an der ETH Zürich und der Vereinigung Schweizerischer Betriebsingenieure VSBI vom 29./30. September 1955*, Zürich 1954, S. 86.

82 Vgl. zum Beispiel Gilbreth, Frank B., *Motion Study. A Method for Increasing the Efficiency of the Workman*, London 1911; ders., *Primer of Scientific Management*, New York 1912.

83 Hoof, Florian, Engel der Effizienz. Eine Mediengeschichte der Unternehmensberatung, Konstanz 2015, S. 151–358.

84 Mogensen, Allan H., *Common Sense Applied to Motion and Time Study*, New York 1932, S. 25, zu den *process charts* S. 25–40.

85 Zu den Flowcharts in der EDV und der Netzwerkanalyse vgl. Gugerli, David, Das Monster und die Schablone. Zur Logistik von Daten um 1950, in: *Traverse* 16/3 (2009), S. 66–75.

86 Mogensen, *Common Sense*, a. a. O., S. 25.

87 Ebd., S. 30, 35.

88 Control Manual, a. a. O.

89 Vgl. American Management Association (Hg.), Modern Shipping and Materials Handling. With a Paper on Adhesive Specifications. Air Cargo, Palletized Loads, Rule 41, New York 1946.

90 Bislang liegen kaum historische Studien zur Geschichte der Lagerarchitektur in der Nachkriegszeit vor. Eine der ersten Versuche aus der Praxis eines Logistikers: Drury, Jolyon, Distribution & Storage Centers, in: *Architectural Design* XLIV/1 (1974), S. 30–37.

91 United States Army Service Forces, Manual M 402, Depot Operations: Storage. Headquarters Army Services Forces, 23 October 1943, Washington, D. C. 1943, Introduction.

92 Federal Supply Service, General Services Administration. Warehouse Operations Handbook, Washington, D. C. 1954, S. 5.

93 Krippendorff, Herbert, *Wirtschaftlich Lagern. Lagern im Fertigungsfluß*, Braunschweig 1952, S. 37–38.

94 Royal Philips / Philips Company Archives, a. a. O., ACHT, S. 8–13.

95 Das Quellenmaterial der nachfolgenden Ausführungen stammt aus dem Coop Zentralarchiv in Basel und dem gta Archiv an der ETH Zürich, wo sich der Büro- und Privatnachlass von Heinz Isler befindet.

96 Coop Zentralarchiv, Coop Zentrum Wangen, Zu den Eröffnungsfeiern des Coop-Gebrauchsgüterzentrums Wangen bei Olten am 17. und 21. Mai 1962. Beilage zum Schweiz. Konsum-Verein, Nr. 20, 18. Mai 1962.

97 gta Archiv, ETH Zürich, Büro- und Privatnachlass von Heinz Isler, Broschüre Wangen (1962).

98 Foucault, Michel, *Überwachen und Strafen. Die Geburt des Gefängnisses*, Frankfurt am Main 1991 [Paris 1975], S. 251–292; Deleuze, Gilles, Postscript on the Societies of Control, in: *October* 59 (Winter 1992), S. 3–7.

99 Coop Zentralarchiv, Coop Zentrum Wangen, Zu den Eröffnungsfeiern, a. a. O.

100 Von der feministischen Techniksoziologin Cynthia Cockburn stammt eine der seltenen Studien, die sich auf Basis von Forschung in Versandhauslagern in Großbritannien in den 1980er Jahren mit den geschlechtsspezifischen Auswirkungen der Automatisierung von Lagern beschäftigt haben: Cockburn, Cynthia, *Die Herrschaftsmaschine. Geschlechterverhältnisse und technisches Know-how*, Berlin 1988, S. 84–115 [Boston 1988].

101 Vgl. dazu: Krippendorff, Herbert (Hg.), *Das automatisierte Lager. Tagung vom 7. Juni 1966 im Haus der Technik Essen*, Essen 1966; Röper, Carl, *Voraussetzungen für die Güterbewegung und -steuerung im Hinblick auf automatische Zentrallager*, Düsseldorf 1966.

102 Vallbracht, W., Entwicklungsrichtungen in der neuzeitlichen Lagertechnik, in: Krippendorff, *Das automatisierte Lager*, a. a. O.; Röper, *Voraussetzungen für die Güterbewegung*, a. a. O., S. 5–14, hier S. 6–7.

103 Lager – Gestelle – Bedienung, in: *Verpackung + Transport: Schweizerische Fachzeitschrift für Verpackung / Transport / Lagerhaltung / Güterumschlag* 5 (1965), S. 143–156.

104 Drury, Jolyon, Distribution & Storage Centers, a. a. O., S. 30–37, hier S. 35.

105 Vgl. Coop Zentralarchiv, Coop Zentrum Wangen, u. a. Knapp, Urs P., Coop Schweiz plant Hochregallager nicht so hoch wie zuerst geplant, in: *Oltener Tagblatt*, 13. Juli 1982.

3. *Vom Transportstandard zur wilden Infrastruktur: Die Europalette*

1 Vgl. dazu: Patel, Kiran Klaus, *Projekt Europa. Eine kritische Geschichte*, München 2018.

2 Vgl. Giedion, *Mechanization Takes Command*, a. a. O., insb. S. 121–127.

3 Lockwood, R. L., Practical Integration, a. a. O., S. 8–13.

4 Werbung für Stuebing Cowan Lift Trucks, in: *Distribution Economy. Commodity Handling and Movement from Line of Production to Point of Sale*, December (1929), S. 71.

5 Hänchen, Richard, Der Werkstättentransport, in: *Der Betrieb* 2/25 (1920), S. 385–394.

6 Ebd., S. 394.

7 Lockwood, R. L., Standardized Equipment, in: *Distribution Economy. Commodity Handling and Movement from Line of Production to Point of Sale* 1, May (1929), S. 9–13; Lockwood, R. L., New Era in Skid Shipping, in: *Materials Handling and Distribution*, December (1929), S. 19–21.

8 Vgl. Lockwood, R. L., The Development of Skid Shipping, in: *Materials Handling and Distribution*, April (1931), S. 28–31.

9 Loef, Jacob, Entwicklung und Anwendung des Gabelstaplers, in: *Fördern und Heben* 2 (1952), S. 10–12.

10 United States Army Service Forces, Manual M 402, Depot Operations: Storage. Headquarters Army Services Forces, 23 October 1943, Washington, D. C. 1943; United States Army Service Forces, Manual M 402–1, Depot Operations: Storage and Handling of Hazardous Commodities. Headquarters Army Service Forces, 10 December 1943, Washington, D. C. 1943, S. 77.

11 United States Army Service Forces, Manual M 402–2 Depot Operations: Storage, Handling, and Packing of Engineer Supplies. Headquarters Army Service Forces, 22 February 1944, Washington, D. C. 1944, S. 8.

12 Vgl. neben dem oben genannten Manual auch: United States Army Service Forces, Manual M 403, Station Supply Procedure. Procedure for the Requisition, Purchase, Receipt, Issue, and Shipment of Material (Except for Subsistence). Headquarters Army Service Forces, 1 September 1943, Washington, D. C. 1943; United States Army Service Forces, Manual M 703–4, Work Simplification (Materials Handling), Headquarters Army Service Forces, 30 October 1943. Washington, D. C. 1943; United States Army Service Forces, Manual, M 402–3, Depot Operations. Storage and Issue of Ordonance General Supplies. Headquarters Army Service Forces, 21 August 1944, Washington, D. C. 1944; United States Army Service Forces, Army Service Forces Manual M 401, War Department, Shipping Document. Procedure for Use of War Department Shipping Document at Depots, Arsenals, Loading Plants, Ports of Embarkation and Holding and Reconsignment Points. Headquarters Army Service Forces, 25 January 1944, Washington, D. C. 1944.

13 Knorr-Cetina, Karin, Laborstudien. Der kultursoziologische Ansatz in der Wissenschaftsforschung, in: Martinsen, Renate (Hg.), *Das Auge der Wissenschaft. Zur Emergenz von Realität*, Baden-Baden 1995, S. 101–135.

14 Hausen, Karin, Wirtschaften mit der Geschlechterordnung, in: dies. (Hg.), *Geschlechterhierarchie und Arbeitsteilung: zur Geschichte ungleicher Erwerbschancen von Männern und Frauen*, Göttingen 1993, S. 40–67.

15 Vgl. United States Army Service Forces, Manual M 402–2 Depot Opera-

tions: Storage, Handling, and Packing of Engineer Supplies. Headquarters Army Service Forces, 22 February 1944, Washington, D. C. 1944, S. 44.

16 The Quartermaster School, Materials Handling. A. S. F. Depot Course, Camp Lee, VA [1944], Conference Bulletin No. 5, S. 10.

17 *Flow* (January 1946), S. 1.

18 Vgl. University of Illinois, Engineering Experiment Station, Papers Presented at the First Short Course on Industrial Packaging and Materials Handling. Held at Chicago October 4, 5, 6, and 7, 1948. Conducted by the Department of Mechanical Engineering and the Extension Division of the University. Sponsored in Cooperation with the Society of Industrial Handling Packaging and Materials Handling Engineers, University of Illinois, Urbana 1948, S. 109.

19 United States Army Service Forces, Manual M 402, Depot Operations: Storage. Headquarters Army Services Forces, 23 October 1943, Washington, D. C. 1943; United States Army Service Forces, Manual M 402–1, Depot Operations: Storage and Handling of Hazardous Commodities. Headquarters Army Service Forces, 10 December 1943, Washington, D. C. 1943, S. 77.

20 United States Army Service Forces, Manual M 703–4 Control Manual. Work Simplification (Materials Handling), Headquarter, Army Service Forces, 30 October 1943, Washington, D. C. 1943.

21 Vgl. Hoof, *Engel der Effizienz*, a. a. O.

22 Taylor, Frederick Winslow, *The principles of scientific management*, New York 1911.

23 Organisation for European Economic Co-operation (OEEC), Materials handling equipment and methods in the U. S. A. [Report of a group of European Experts], Paris 1953, S. 124.

24 *Flow* (October 1945), S. 12.

25 Ebd., Cover.

26 Chandler, Alfred D., *The Visible Hand. The Managerial Revolution in American Business*, Cambridge, Mass. 1977.

27 *Flow* (October 1945), S. 13.

28 Ebd., S. 40.

29 National Bureau of Standards United States, Simplified practice recommendation R228–47 for pallets for the handling of groceries and packaged merchandise, Washington, D. C. 1947.

30 Barker, Curtis H., Modern Materials Handling Techniques, in: *American Management Association, Modern Shipping and Materials Handling. With a Paper on Adhesive Specifications. Air Cargo, Palletized Loads*, Rule 41, New York 1946, S. 13–19.

31 Organisation for European Economic Co-operation (OEEC), Materials handling equipment and methods in the U. S. A. [Report of a group of European Experts], Paris 1953, S. 112.

32 It Hits the Spot, in: *Flow* (April 1946), S. 19–21. Vgl. University of Illinois, Engineering Experiment Station, Papers Presented at the First Short Course on Industrial Packaging and Materials Handling. Held at Chicago October 4, 5, 6, and 7, 1948. Conducted by the Department of Mechanical Engineering and the Extension Division of the University. Sponsored in Cooperation with the Society of Industrial Handling Packaging and Materials Handling Engineers, University of Illinois, Urbana 1948.

33 *Zeitschrift des Internationalen Eisenbahnverbandes* XXXI, 6 (1950), S. 271.

34 Ebd., S. 271. Vgl. auch Hegner, Franz, Die Standardisierung der Palettierung auf internationaler Grundlage, in: Arbeitsablauf und Materialfluss im Betrieb. Vorträge der gemeinsamen Tagung des betriebswissenschaftlichen Instituts an der ETH Zürich und der Vereinigung Schweizerischer Betriebsingenieure VSBI vom 29./30. September 1955, Zürich 1954, S. 75–86. Die Bedeutung der Standard-Pallets für die Bahnen, in: *SBB-Nachrichtenblatt* 28 (1951), S. 24–28, hier S. 26.

35 Seifried, Viktor, Bericht über einen Leistungs- und Kostenvergleich von Gabelstaplern, in: *Fördern und Heben* 3 (1953), S. 331–336, hier S. 336.

36 Organisation for European Economic Co-operation (OEEC), Materials handling equipment and methods in the U. S. A. [Report of a group of European Experts], Paris 1953, hier S. 8.

37 Hegner, Franz, Die Arbeitsweise in den Güterschuppen beim Einsatz von Pallets, in: *SBB-Nachrichtenblatt* 4 (1951), S. 56–58.

38 Schweizerische Nationalbibliothek, Bern: V Ausl 1856, Internationale Container-Ausstellung. Zürich 1951, Dossier. Internationale Container-Ausstellung 1951 in Zürich-Tiefenbrunnen, 14.–23. April 1951, in: *SBB-Nachrichtenblatt* 28/4 (1951), S. 65–66.

39 Die Bedeutung der Standard-Pallets für die Bahnen, in: *SBB-Nachrichtenblatt* 28 (1951), S. 24–28.

40 SBB Historic, SBB18_017_01 und SBB18_018_01, Protokolle des Verwaltungsrates. Sitzung vom 20. Januar 1953, S. 445.

41 Wundram, Oskar, Palettisierung, in: *Fördern und Heben* 4/10 (1954), S. 717.

42 Hegner, Franz, Eindrücke vom amerikanischen »Produktivitätswunder«, in: *Die Unternehmung* 7 (1953), S. 107–111, hier S. 111.

43 Zur Systemkonkurrenz Schiene/Straße vgl. SBB Historic: Eq 1055, Internationaler Eisenbahnverband: Bericht der Studiengruppe zur Prüfung der »Zukunftsaussichten des Eisenbahngüterverkehrs« (1955), insb. S. 13–15, hier S. 13.

44 SBB Historic: SBB18_017_01 und SBB18_018_01, Protokolle des Verwaltungsrates. Sitzung vom 20. Januar 1953, S. 448.

45 Ebd., S. 446.

46 Wildhaber, O., Die Kundenpalette im Güterdienst, in: *SBB–Nachrichtenblatt* 30/10 (1953), S. 154–157.

47 Gespräch mit Franz Hegner: Stöckli, Walter, Fritschi, Hugo, Neues von der Entwicklung der Palletierung, in: *TARA* 5 (1954), S. 5–10.

48 Leuenberger, Paul, Die Standardpalettierung in der schweizerischen Wirtschaft und ihr Zusammenhang mit dem Ferntransport, in: *TARA* 6/69 (1955), S. 17, 23.

49 Ebd., S. 23. Zum Arbeitsfrieden: Degen, Bernard, Arbeitsfrieden, in: *Historisches Lexikon der Schweiz* (HLS), Version vom 06. 05. 2010, online: https://hls-dhs-dss.ch/de/articles/016535/2010-05-06/ [Zugriff: 01. 08. 2021].

50 Leuenberger, Paul, Rationalisierung des Stückgüterumschlages bei den SBB, in: *SBB-Nachrichtenblatt* 33 (1956), S. 164–166.

51 Eisenbahn- und Personalprobleme, in: *Der Eisenbahner* 5 (13. 03. 1954), S. 1.

52 Neuzeitlicher Güterumschlag, in: *Der Eisenbahner* 11 (13. 03. 1953), S. 5.

53 Zur Geschichte des Betriebswissenschaftlichen Institutes der ETH vgl. Jaun, Rudolf, *Management und Arbeiterschaft. Verwissenschaftlichung, Amerikanisierung und Rationalisierung der Arbeitsverhältnisse in der Schweiz, 1873–1959*, Zürich 1986, S. 112–123; Gugerli, David, Kupper, Patrick, Speich, Daniel, *Die Zukunftsmaschine. Konjunkturen der ETH Zürich 1855–2005*, Zürich 2005, S. 186–190; sowie die Festschrift: Vogel, Walter et al. (Hg.), Zwanzig Jahre Betriebswissenschaftliches Institut an der Eidgenössischen Technischen Hochschule Zürich, 1929–1949. Festgabe zum siebzigsten Geburtstag von René de Vallière am 23. März 1950, Zürich 1950.

54 Arbeitsablauf und Materialfluss im Betrieb. Vorträge der gemeinsamen Tagung des betriebswissenschaftlichen Instituts an der ETH Zürich und der Vereinigung Schweizerischer Betriebsingenieure VSBI vom 29./30. September 1955, Zürich 1954.

55 Schmidt, Eberhard, Die Bedeutung des Flussprinzipes in der rationellen Produktion, in: Zwanzig Jahre Betriebswissenschaftliches Institut, a. a. O., S. 76–79.

56 Ebd.

57 Smith, Adam, *Der Wohlstand der Nationen. Eine Untersuchung seiner Natur und seiner Ursachen*, München 2005 [London 1789 (5. Auflage)], v. a. S. 231–233.

58 Schmidt, Eberhard, Die Bedeutung von Arbeitsfluss und Materialfluss für Betrieb und Wirtschaft, in: *Industrielle Organisation* 23/1 (1954), S. 29.

59 Der Verband der US-Umschlagsmittelfabrikanten hatte 1959 eine Liste ver-

öffentlicht, die auch in den Mitteilungen der SSRF abgedruckt wurde: Vgl. Schweizerische Studiengesellschaft für Rationellen Güterumschlag (SSRG), *SSRG Mitteilungen* 1 (1960), S. 5–9.

60 Cinémathèque Suisse (Penthaz), 1998–0598–0101, *Die SBB Standard Palette,* 16 mm, s/w, Lichtton, 24 Min.

61 Hoof, *Engel der Effizienz,* a. a. O.

62 Vgl. Schweizerische Studiengesellschaft für Rationellen Güterumschlag (SSRG), Jahresbericht 1 (1955). Die SSRG nennt sich seit 1984 Schweizerische Gesellschaft für Logistik.

63 Neues von der Entwicklung der Palletierung, in: *TARA* 5/57 (1954), S. 5–10. *TARA*, die Zeitschrift der Schweizerischen Verpackungsbranche, berichtete seit 1953 regelmäßig ausführlich über die Palettierung.

64 Leuenberger, Paul, Verpackung und Standard-Palettierung, in: ebd., S. 17; Schweizerische Studiengesellschaft für Rationellen Güterumschlag (SSRG), *SSRG Mitteilungen* (August 1959), S. 12.

65 Ebd., (August 1958), S. 4.

66 Ebd., 3 (1963), S. 6.

67 Hegner, Franz, Die Aufgaben der Schweizerischen Studiengesellschaft für rationellen Güterumschlag, in: *NZZ*, Nr. 293 (1. 02. 1956).

68 Schweizerische Studiengesellschaft für Rationellen Güterumschlag (SSRG), *SSRG Mitteilungen* 3 (1963), S. 10.

69 Tarifierung von Paletten in der DB, in: *Internationale Transport Zeitschrift* 3 (1953), S. 2636.

70 Still, Tom, Deutscher Palettenpool gegründet, in: *DIN-Mitteilungen. Herausgegeben vom Deutschen Normenausschuss (DNA) 39*, 1960, S. 222–223; Röper, Carl, *Palettenpool. Organisation und wirtschaftliche Bedeutung,* Düsseldorf 1960.

71 Schweizerische Studiengesellschaft für Rationellen Güterumschlag (SSRG), *SSRG Mitteilungen* 1 (1961), S. 16.

72 Ebd., 2 (1961).

73 Die Vereinigung europäischer Hersteller von Hebewerkzeugen und Fördermittel (Fédération Européenne de la manutention) wurde 1953 gegründet. Die European Packing Federation wurde ebenfalls 1953 in Paris gegründet. Die 1919 gegründete Internationale Handelskammer (ICC) beschäftigt sich 1953 mit der Thematik eines internationalen Palettenpools.

74 SBB-Archiv Eq 1055, Internationaler Eisenbahnverband: Bericht der Studiengruppe zur Prüfung der »Zukunftsaussichten des Eisenbahngüterverkehrs«, 1955, insb. S. 13–15, hier S. 13.

75 Schweizerische Studiengesellschaft für Rationellen Güterumschlag (SSRG), *SSRG Mitteilungen* 1 (1961), S. 16–17.

76 Ebd., (August 1958), S. 3–4.
77 Ebd., 2 (1960), S. 11–12.
78 Ebd., 1 (1961), S. 16–17.
79 Misa, Thomas J., Schot, Johan, Inventing Europe. Technology and the Hidden Integration of Europe, in: *History and Technology* 21/1 (2005), S. 1–20, hier S. 3.
80 Hürlimann, W., Paletten und Behälter in der UdSSR, in: *TARA* 6 (1954), S. 12–14.
81 BArch DM 1/2758 Ministerium für Verkehrswesen Siebenjahrplan und Rekonstruktionsprogramm für den Hauptdienstzweig Betriebs- und Verkehrsdienst 1959–1965, hier S. 32.
82 Schweizerische Studiengesellschaft für Rationellen Güterumschlag (SSRG), *SSRG Mitteilungen* 1 (1964), S. 36 und 3 (1964), S. 15.
83 Zur Wirtschaftsgeschichte der DDR vgl. Steiner, André, *Von Plan zu Plan. Eine Wirtschaftsgeschichte der DDR*, München 2004.
84 BArch DM 1/2758 Ministerium für Verkehrswesen, a. a. O., hier S. 3.
85 Ebd., hier S. 206–208.
86 Ebd., hier S. 45.
87 Ebd.
88 Ebd., hier S. 33.
89 Ebd., hier S. 65.
90 BArch DM 1/11581 Ministerium für Verkehrswesen, Politische Verwaltung, Hinweise für die Polit-Abteilungen und Parteiorganisationen zur Arbeit mit dem Plan »Neue Technik«.
91 Vgl. Autorenkollektiv unter der Leitung von Vetter, Horst, *Palettenverkehr, sein Weg und Ziel*, Berlin 1964, hier S. 29.
92 BArch DM/1/11571 Ministerium für Verkehrswesen, Tagung der Arbeitsgruppe für den Ausgleich von Palettenschulden des Europäischen Palettenpools vom 3.–5. Sept. 1969, in: Schwäbisch Hall, Bericht über die Beratung der Arbeitsgruppe zur Festlegung der Bedingungen für den Ausgleich von Palettenschulden, Berlin (17. 9. 1969).
93 BArch DM1/11587 Ministerium für Verkehrswesen, 14. Jahrestagung des EPP vom 28.–29. Okt. 1975 in Paris, Bericht über die Teilnahme.
94 BArch DM 1/11581 Ministerium für Verkehrswesen, Abteilung für internationale Angelegenheiten im eigenen Hause I-II-2:28. März 1967, Betr. Europäisches Palettenpool.
95 SBB Archiv GD_RM_1999/001_019_02, Kommission für Umschlagmittel, Protokoll 1/1958 der Sitzung vom 22. April in Olten (Bahnhof).
96 Schweizerische Studiengesellschaft für Rationellen Güterumschlag (SSRG), *SSRG Mitteilungen* 4 (1963), S. 12.

97 SBB Archiv KDII_DIV_2004/024_015_03: Paletten im Tauschverfahren: Organisation und Überwachung; Vereinbarungen im europäischen Palettenpool 1961–1972.

98 Neue Umschlagsmethoden im Basler Rheinhafen, in: *Internationale Transport Zeitschrift* 3 (1953), S. 1656–1657.

99 R. F., Vom Topp gesehen, in: ebd., S. 2348–2350.

100 Cordes, Herbert, *Die Rationalisierung der innerbetrieblichen Stückgütertransporte durch Palettisierung und ihre Auswirkung auf die Wirtschaftlichkeit des Lastwagentransportes*, Dissertation Juristische Fakultät Universität Freiburg (Schweiz), Schwenningen am Neckar 1963.

101 Vgl. ebd., insb. S. 135–172; Schweizerische Studiengesellschaft für Rationellen Güterumschlag (SSRG), *SSRG Mitteilungen* 1 (1961), S. 16–17.

102 Ebd., S. 17.

103 Meyercordt, Walter, *Paletten-Fibel. Ein Handbuch für Jedermann in der betrieblichen Praxis*, Heidelberg 1967, S. 28.

104 Zur Geschichte der Container vgl.: Levinson, Marc, *The box*, a. a. O.; Klose, Alexander, *Das Containerprinzip*, a. a. O.

105 Schweizerische Studiengesellschaft für Rationellen Güterumschlag (SSRG), *SSRG Mitteilungen* 1 (1970), S. 15–24; Meyercordt, *Paletten-Fibel*, a. a. O., S. 16–18.

106 Vgl. die Angaben auf der Webseite von EPAL: https://www.epal-pallets.org/eu-de/das-erfolgssystem/ueber-epal.

107 Vgl. die Webseite von EPAL Suisse: https://epal.ch/de/169/epal-suisse/.

108 Regenass, Romeo, Für Paletten will niemand zahlen, in: *Tagesanzeiger* (29. 08. 2007), S. 25, https://www.presseportal.ch/de/pm/100001880/100538655.

109 Webseite von GS1 Switzerland, Europalettentausch: https://europalettentausch.gs1.ch/de/home.

110 Diereg, Carsten, Nicolai, Birger, Jeder dritte LKW könnte bald stehen – darum droht uns ein Palettenproblem, in: *Die Welt* (02. 02. 2021), https://www.welt.de/wirtschaft/article225447993/Paletten-Problem-durch-Brexit-Jeder-dritte-Lkw-koennte-bald-stehen.html [Zugriff: 15. 09. 2022].

111 Corona-Krise wirkt sich weiterhin auf Paletten- und Verpackungspreise aus, in: *pack aktuell* (04. 03. 2021), https://www.packaktuell.ch/newspool/corona-krise-wirkt-sich-weiterhin-auf-paletten-und-verpackungspreise-aus/ [Zugriff: 15. 09. 2022].

112 Schlobach, Hans-Joachim, Europalette – 60 Jahre Jubiläum durch Corona fast vermasselt, in: *Blogistic* (02. 07. 2021), https://blogistic.net/europalette-60-jahre-jubilaeum-durch-corona-fast-vermasselt/ [Zugriff: 15. 09. 2022].

113 Hersteller warnen vor Palettenmangel, in: *Der Spiegel* (06. 04. 2022), https://

www.spiegel.de/wirtschaft/unternehmen/paletten-naegel-werden-knapp-hersteller-warnen-vor-produktionsstopp-a-80d2a871–9239–4a90–8f39-af8a7cd5e3ff [Zugriff: 15.09.2022].

114 EPAL Pressemitteilung vom 17. Februar 2021, Sichere Transporte von Corona-Impfstoffen auf EPAL-Europaletten (https://epal.ch/de/72/epal/news/50/sichere-transporte-von-corona-impfstoffen-auf-epal-europaletten/ [Zugriff: 15.09.2022].

115 Diereg, Nicolai, Jeder dritte LKW, a. a. O., https://www.welt.de/wirtschaft/article225447993/Paletten-Problem-durch-Brexit-Jeder-dritte-Lkw-koennte-bald-stehen.html [Zugriff: 15.09.2022]; Lehmann, Sandra, Paletten. EPAL Ladungsträger auch nach dem Brexit einsetzbar, in: *Logistik Heute* (3.11.2020), https://logistik-heute.de/news/paletten-epal-ladungstraeger-auch-nach-dem-brexit-einsetzbar-32000.html [Zugriff: 15.09.2022].

116 Latour, Bruno, *Der Berliner Schlüssel. Erkundungen eines Liebhabers der Wissenschaften*, Berlin 1996.

4. Vom Frachtzeichen zum Haken: Die Verpackung

1 Die folgenden Angaben beruhen auf: Museum für Gestaltung Zürich, Konvolut: Piktogramme [Piktogramme zum Thema Transport], Konzept: Hans-Rudolf Lutz. eMuseum, Museum für Gestaltung Zürich, Piktogramme zum Thema Transport, Beschreibung, https://www.emuseum.ch/objects/133293/piktogramme-zum-thema-transport, [Zugriff: 12.10.2022]; Lutz, Hans-Rudolf, Die Verpackung der Verpackung der Verpackung, in: *Typografische Monatsblätter*, in: *Schweizer Grafische Mitteilungen* 102/2 (1983) [Keine Seitennummerierung]; Lutz, Hans-Rudolf, Barmettler, Rudolf, Keller, Walter, *Die Hieroglyphen von heute. Grafik auf Verpackungen für den Transport*, Zürich 1990. Vgl. Coop Zentralarchiv, Coop Zentrum Wangen, u. a. Knapp, Urs P., Coop Schweiz plant Hochregallager nicht so hoch wie zuerst geplant, in: *Oltener Tagblatt*, 13. Juli 1982. Die Autorin dankt auch Tania Prill und Rudolf Barmettler für ihre Unterstützung bei den Recherchen.

2 Lutz, Barmettler, Keller, *Hieroglyphen*, a. a. O., S. 4.

3 Ebd.

4 Lutz, Die Verpackung, a. a. O.

5 Kazan, Elia, *On the Waterfront*, USA 1954, 108 Min.

6 Tanner, Alain, *Les hommes du port*, Schweiz, Frankreich 1995, 64 Min.

7 Beniger, James R., *The control revolution. Technological and economic origins of the information society*, Cambridge, Mass. 1986.

8 Ebd., S. 433–434.

9 Vgl. Schweizerisches Wirtschaftsarchiv SWA: HS 17 Sammlung diverser Frachtbriefe, Zollpapiere, Transportscheine und Speditionsbücher (1727–1857). PA 635 J, Sammlung historischer Dokumente, angelegt durch Marcel Langel. Vo L I 5b Speditionsgewerbe: Frachtbriefe, Dokumentensammlung, 1820–1989. Vgl. auch: Schaub, Hans, Geschichtliches vom Eisenbahn-Frachtbrief und seinen Vorläufern, in: *SBB-Nachrichtenblatt* 25/4, 25/5 (1948), S. 59–61 und S. 75–76.

10 Kittler, Friedrich A., *Aufschreibesysteme 1800/1900*, München 1995.

11 Solche Zugänge sind bislang von Michael Hutter über die Form der frühen Münzen, von Valentin Groebner für die Identifikationspapiere von Personen im europäischen Mittelalter und von Bernhard Siegert über Passagierlisten im Personentransport nach Übersee in der frühen Neuzeit herausgearbeitet worden: Hutter, Michael, Die frühe Form der Münze, in: Baecker, Dirk (Hg.), *Probleme der Form*, Frankfurt am Main 1993, S. 159–180; Groebner, Valentin, *Der Schein der Person. Steckbrief, Ausweis und Kontrolle im Europa des Mittelalters*, München 2004; Siegert, Bernhard, *Passagiere und Papiere. Schreibakte auf der Schwelle zwischen Spanien und Amerika*, Zürich 2006.

12 Zur Geschichte des Baseler Speditionsgewerbes vgl. Eggli, Walter, *Das Basler Speditionsgewerbe*, Aarau 1942.

13 Fracht, Frachtbrief, in: Verein praktischer Kaufleute (Hg.), *Allgemeines Handels-Lexikon oder Encyclopädie der gesammten Handelswissenschaften für Kaufleute und Fabrikanten*, Leipzig 1857, S. 486–890, hier S. 489.

14 Münter, Johann Carl Ernst, *Das Frachtfahrer-Recht*, Hannover 1810 [1801], S. 101.

15 Hutter, Die frühe Form der Münze, a. a. O., S. 161.

16 Fracht, Frachtbrief, in: Verein praktischer Kaufleute, *Handels-Lexikon*, a. a. O., hier S. 488.

17 Eggli, *Basler Speditionsgewerbe*, a. a. O.

18 Speditores, in: Zedler, Johann Heinrich (Hg.), *Grosses vollständiges Universal-Lexikon aller Wissenschaften und Künste*, Bd. 38, Halle, Leipzig 1743, S. 1391–1393.

19 Ebd.

20 Fracht, Frachtbrief, in: Verein praktischer Kaufleute, *Handels-Lexikon*, a. a. O., hier S. 488.

21 Coase, Ronald Harry, The Problem of Social Cost, in: *Journal of Law and Economics* 3 (October 1960), S. 1–44, hier S. 15.

22 Spediteur, in: Verein praktischer Kaufleute, *Handels-Lexikon*, a. a. O., hier S. 581.

23 Schweizerisches Wirtschaftsarchiv SWA, HS 17 Z: Speditionsbuch der Firma Ewig, Johann Georg Vater und Sohn. Gastwirte Zum Schnabel. Rindermarkt, Basel. Gerbergasse. Speditionsbuch von 1. 2. 1834 bis 2. Mai 1852.

24 Harprecht, Christoph, *Das Recht der Fuhr-Leute*, Leipzig 1718 [1706].

25 Münter, Johann Carl Ernst, Das Frachtfahrer-Recht, Hannover 1810 [1801], S. 2.

26 *Code de Commerce*, Paris 1807.

27 Ebd.

28 Allgemeines Handels-Gesetzbuch nebst den Einführungsgesetzen sämtlicher deutscher Einzelstaaten und vollständigem alphabetischen Register, Münster 1865, § 91, 92; Fracht, in: Rothschilds Taschenbuch für Kaufleute (Hg.), *Otto Spamer's Illustrirtes Handels-Lexikon*, Leipzig 1878, S. 516–526, hier S. 517.

29 Vgl. Eger, Georg, Das Verhältnis des Frachtführers zum Absender und zum Empfänger nach Artikel 402 und 405 des Handelsgesetzbuches, o. O., o. J., S. 2.

30 Ebd., S. 4.

31 Zur Tabelle vgl. Krajewski, Markus, In Formation. Aufstieg und Fall der Tabelle als Paradigma der Datenverarbeitung, in: *Zürcher Jahrbuch für Wissensgeschichte* 3 (2007), S. 37–55.

32 Chandler, Alfred D., *The Visible Hand. The Managerial Revolution in American Business*, Cambridge, Mass. 1977.

33 Die folgenden Angaben beruhen auf: Meili, Friedrich, Internationale Eisenbahnverträge und speciell die Berner Convention über das internationale Eisenbahn-Frachtrecht, Hamburg 1887; Fracht, in: Röll, *Encyklopädie des gesamten Eisenbahnwesens*, a. a. O., S. 1616–1666.

34 Ebd., S. 518–519.

35 Vismann, Kulturtechnik und Souveränität, a. a. O.

36 Vec, Miloš, Kurze Geschichte des Technikrechts, in: Schulte, Martin (Hg.), *Handbuch des Technikrechts*, Berlin et al. 2003, S. 3–60.

37 Canguilhem, Georges, *Das Normale und das Pathologische*, München 1974.

38 Berz, Peter, Der deutsche Normenausschuss. Zur Theorie und Geschichte einer technischen Institution, in: Adam, Armin, Stingelin, Martin (Hg.), *Übertragung und Gesetz. Gründungsmythen, Kriegstheater und Unterwerfungstechniken von Institutionen*, Berlin 1995, S. 221–236.

39 Weicken, Carl, *Die Wirtschaftlichkeit der Verpackung*, Berlin 1929, S. 16.

40 Weicken, *Wirtschaftlichkeit*, a. a. O.

41 Ausschuss Verpackungswesen beim AWF, Zweckmäßige Verpackung aus Pappe, Berlin 1928.

42 Weicken, *Wirtschaftlichkeit*, a. a. O., S. 12.

43 Ebd., S. 66.

44 Werbung für Steel Strapping Equipment von Stanley, in: *Flow* (September 1949), S. 10.

45 Weicken, *Wirtschaftlichkeit*, a. a. O., S. 25.

46 Ebd.

47 Schütz, L., Wie und womit signiert man die Versandgüter, in: *Die Verpackung. Zeitschrift für Herstellung, Vertrieb und Verbrauch von Verpackungsmaterialien, -apparaten, und -maschinen* 6/8 (1931), S. 122–125.

48 Ebd., S. 123–124.

49 Gerhard, P. L., Markings on Packages, in: *Distribution Economy. Commodity Handling and Movement from Line of Production to Point of Sale* 1/7 (1929), S. 9–12.

50 Vgl. Vec, Miloš, *Recht und Normierung in der Industriellen Revolution. Neue Strukturen in der Normsetzung in Völkerrecht, staatlicher Gesetzgebung und gesellschaftlicher Selbstnormierung*, Frankfurt am Main 2006.

51 Berz, Der deutsche Normenausschuss, a. a. O., hier S. 232.

52 Simon, Edmund, *Kleines Packer-Magazin*, Berlin 1952, S. 69.

53 Gampe, W., Normung der Zeichen für die Markierung nicht gefährlicher Güter, in: *DIN-Mitteilungen. Herausgegeben vom Deutschen Normenausschuss (DNA)* 40/5 (1961), S. 257.

54 Bestimmungen und Empfehlungen für die Markierung, Kennzeichnung und Verpackung von Exportgütern, Berlin 1961, S. 9.

55 Vgl. dazu auch: Dommann, Monika, Die Klimakiste. X–Y, in: Koch, Franziska, Kurjaković, Daniel, Pfäffli, Lea (Hg.), *The Air Will Not Deny You. Zürich im Zeichen einer anderen Globalität*, Zürich 2016, S. 76–78.

56 Vgl. Seton, https://www.seton.com/tip-n-tell-indicator-labels-20103.html [Zugriff: 11. 10. 2022].

57 Vgl. z. B. Spot See, https://spotsee.io/tilt [Zugriff: 11. 10. 2022]; ShockWatch https://www.shockwatch.com.au/product-category/impact-tilt/tilt-indicators/ [Zugriff: 11. 10. 2022].

58 Zu RFID vgl. Eick, Volker, RFID, in: Arch+ 41, 191/192 (2009), S. 87–88.

59 Vgl. z. B. Polyäthylen [Spezialheft], in: *TARA* 5/50 (1953), S. 1–24; Kunststoff [Spezialheft], in: *TARA* 6/63 (1954), S. 1–32.

60 Zur Geschichte der Kunststoffe vgl. Westermann, Andrea, *Plastik und politische Kultur in Westdeutschland*, Zürich 2007.

61 Tetra Pak 1952–1977, Värnamo 1977.

62 Vgl. Naumann, K. F., Tetraederbeutel und Wabenbehälter, in: *TARA* 3/27 (1951), S. 3.

63 Vgl. dazu die Informationen auf der Unternehmenswebseite von Tetra Pak: https://www.tetrapak.com/de/sustainability/planet/environmental-impact/

a-value-chain-approach/sustainability-measuring-and-reporting/envir-performance-data [Zugriff: 11. 10. 2022].

64 Leuenberger, Paul, Verpackung und Standard-Palettierung, in: *TARA* 5/57 (1954), S. 13–17.

65 Pallet Loaders – A Special Report, in: *Modern Materials Handling. The Voice of the Industry*, October (1956), S. 105–120.

66 Coop Zentralarchiv, Coop Zentrum Wangen, Leu, Walter, Die erweiterte Non-Food-Zentrale von Coop in der Schweiz, in: *Fördertechnik* 10 (1986), S. 62–67.

67 Vgl. Abschied vom Frachtbrief, in: *Schweizerische Handelszeitung*, Nr. 8 (23. 02. 1989).

68 Vgl. z. B. im Deutschen Handelsgesetzbuch, Viertes Buch, Vierter Abschnitt, https://www.gesetze-im-internet.de/hgb/BJNR002190897.html [Zugriff: 11. 10. 2022].

5. Von den Kanban-Karten zu den Lieferketten: Just in Time

1 Development and Deployment of the Toyota Production System, in: 75 Years of Toyota, Part 2: Entering the Automotive Business, Chapter 1: Mass Production and Continual Development of New Models, https://www.toyota-global.com/company/history_of_toyota/75years/text/entering_the_automotive_business/chapter1/section4/item4.html [Zugriff: 31. 08. 2022].

2 Die Unternehmenscoach Nadja Schnetzler bietet Kanban-Kurse an: https://word-and-deed.org/kanban.

3 Bell, Daniel, *The coming of post-industrial society. A venture in social forecasting*, New York 1973.

4 Penndorf, Balduin, *Geschichte der Buchhaltung in Deutschland*, Leipzig 1913, S. 56–67.

5 Pacioli, Luca, *Abhandlung über die Buchhaltung 1494*, nach dem italienischen Original von 1494 ins Deutsche übersetzt und mit einer Einleitung über die italienische Buchhaltung im 14. Jahrhundert und Paciolis Leben und Werk versehen von Balduin Penndorf, Stuttgart 1933, S. 90.

6 Inventur, in: Zedler, Johann Heinrich, *Grosses vollständiges Universallexikon aller Wissenschaften und Künste*, Bd. 14, Halle, Leipzig 1739, S. 795.

7 Pacioli, *Buchhaltung*, a. a. O., S. 92.

8 Ebd., S. 90.

9 *Code de Commerce*, Paris 1807, S. 355.

10 Kruenitz, Johann Georg, *Oeconomische Encyclopädie, oder allgemeines System der Staats-, Stadt-, Haus- und Landwirtschaft in alphabetischer Ordnung.*

Acht und fünfigster Teil, Bruenn 1794, S. 726–731; Faesch, Johann Heinrich, *Theoretische Anleitung und Beschreibung über allgemeine Grundsaetze der doppelten Buchhaltung*, Zürich 1806, S. 15–16. Spediteure nennen dieses Buch »Speditionsbuch«.

11 Kruenitz, *Encyclopädie*, a. a. O.; Faesch, *Theoretische Anleitung*, a. a. O., S. 726.

12 Meyer, Johann Rudolf de Joseph, *Theoretische Einleitung in die praktische Wechsel- und Waarenhandlung*, Hanau 1782, S. 483.

13 Ebd., S. 452.

14 Vgl. hierzu Franz, Heike, Betriebswirte in Deutschland 1900–1930: »Bürger« oder »Professionals«?, in: Tenfelde, Klaus, Wehler, Hans-Ulrich (Hg.), *Wege zur Geschichte des Bürgertums. Vierzehn Beiträge*, Göttingen 1994, S. 249–272. Eines der ersten handelswissenschaftlichen Lehrbücher erschien 1897: Schär, Johann Friedrich, *Handelskorrespondenz und Handelsbetriebslehre in Verbindung mit der Wechsel- und Schecklehre*, Berlin 1919 [1897].

15 Vgl. Grull, Werner, *Die Inventur. Aufnahmetechnik, Bewertung, Kontrolle. Für Fabrik- und Warenhandelsbetriebe*, Berlin 1911, insb. S. 1–8.

16 Zakim, Michael, *Accounting for Capitalism. The World the Clerk Made*, Chicago 2018.

17 Lager, in: Rothschild's Taschenbuch für Kaufleute (Hg.), *Otto Spamer's Illustrirtes Handels-Lexikon. Praktisches Hülfs- und Nachschlagebuch über alle Gegenstände und Verhältnisse des Handels und Weltverkehrs*, Bd. 3, Leipzig 1879, S. 425–427, hier S. 425.

18 Grull, *Inventur*, a. a. O., S. 156.

19 Ebd., S. 166. Zum Techniktransfer der Karten von der Bibliothek ins Büro vgl. Krajewski, Markus, *Zettelwirtschaft. Die Geburt der Kartei aus dem Geiste der Bibliothek*, Berlin 2002, S. 145–162.

20 Plumpe, Werner, *Wirtschaftskrisen. Geschichte und Gegenwart*, München 2010, S. 71–81.

21 Aus der Menge der Literatur zwischen 1921 und 1925 vgl. Sazenhofen, Carl von, *Die moderne Lagerbuchführung nach Taylor*, Leipzig 1921; Cartmell, Madison, *Stores and Materials Control. Including Procurement by Manufacture and by Purchase*, New York 1922; Farquhar, Henry H., *Factory Storeskeeping. The Control and Storage of Materials*, New York, London 1922; Barber, Joseph H., *Economic Control of Inventory*, New York 1925; Kilduff, Frederic W., *Inventory Practice and Material Control*, New York, London 1925; Owen, H. S., How to Maintain Proper Inventory Control. A Simple Method for Keeping Inventory Investment at a Practical Minimum, in: *Industrial Management, The Engineering Magazine* LXIX, 2 (1925), S. 83–85.

22 Cartmell, *Stores and Materials Control*, a. a. O., S. 7.

23 Farquhar, *Factory Storeskeeping*, a. a. O., S. 106 – 107.

24 Vgl. Klose, Alexander, Potthast, Jörg (Hg.), Container / Containment. Die systemischen Grenzen der Globalisierung, in: *Tumult. Schriften zur Verkehrswissenschaft* 38 (2012), S. 8 – 12, 50 – 62.

25 Clark, Fred E., An Analysis of the Causes of Hand-to-Mouth Buying, in: *Harvard Business Review* 6/4 (1928); Lyon, Leverett Samuel, *The Small Order Problem and How it is Being Met*, New York 1928; Tosdal, Harry R., Hand-to-Mouth Buying, in: *Harvard Business Review* 11/3 (1933), S. 299 – 306.

26 Vgl. Koselleck, Reinhart (Hg.), *Studien zum Beginn der modernen Welt*, Stuttgart 1977; ders., Einleitung, in: Brunner, Otto, Conze, Werner, Koselleck, Reinhart (Hg.), *Geschichtliche Grundbegriffe*, Bd. 1, Stuttgart 1979, S. XIII–XXVII.

27 Clark, *Analysis*, a. a. O., S. 394 – 400.

28 Hierzu: Gumbrecht, Hans Ulrich, Modern, Modernität, Moderne, in: Brunner, Otto, Conze, Werner, Koselleck, Reinhart (Hg.), *Geschichtliche Grundbegriffe*, Bd. 4, Stuttgart 1978, S. 93 – 131.

29 Clark, *Analysis*, a. a. O., S. 395.

30 Wilson, R. H., A Scientific Routine for Stock Control, in: *Harvard Business Review* 13 (1934), S. 116 – 128.

31 Whitin, Thomson M., *The Theory of Inventory Management*, Princeton, New Jersey 1953.

32 Ludwig, Heinz, *Systematische Wirtschaft. Amerikanische Methoden – deutsche Verhältnisse*, Berlin 1928, S. 12.

33 Theoretisch hierzu: Callon, Michel (Hg.), *The Laws of the Markets*, Oxford, Malden 1998; MacKenzie, Donald, Muniesa, Fabian, Siu, Lucia (Hg.), *Do Economists Make Markets? On the Performativity of Economics*, Princeton 2007.

34 Kline, Ronald R., Cybernetics. Management Science, and Technology Policy, in: *Technology and Culture* 47/3 (2006), S. 513 – 535.

35 Magee, John F., Guides to Inventory Policy. III. Anticipating Future Needs, in: *Harvard Business Review* 34/3 (1956), S. 57 – 70.

36 Ebd., hier S. 69.

37 Ebd.

38 Tsing, Anna, Supply Chains and the Human Condition, in: *Rethinking Marxism. A Journal of Economics, Culture & Society* 21/2 (2009), S. 148 – 176; dies., What Is Emerging? Supply Chains and the Remaking of Asia, in: *The Professional Geographer* 2/68 (2016), S. 330 – 337.

39 Metzler, Mark, The Arc of Industrialization, in: Hein, Laura (Hg.), *The Cambridge History of Japan, Vol. III: The Modern Japanese Nation and Empire*, Cambridge (im Erscheinen).

40 Toyoda, Eiji, *Toyota. Fifty Years in Motion. An Autobiography*, Tokyo 1987, S. 57–58.

41 Zur Unternehmensgeschichte Japans vgl. Abe, Etsuo, The Development of Modern Business in Japan, in: *The Business History Review* 71/2 (1997), S. 299–308.

42 Toyoda, *Toyota*, a. a. O., S. 57–59.

43 Ebd., S. 112–115.

44 Ōno, Taiichi, *Toyota production system. Beyond large-scale production*, Cambridge, Mass., Norwalk, Conn. 1988 [Tokyo 1978], S. 10–15.

45 Toyoda, *Toyota*, a. a. O., S. 124–130.

46 Ōno, Taiichi, Mito, Setsuo, *Just-in-Time for Today and Tomorrow*, Cambridge, Mass., Norwalk, Conn. 1988 [Tokyo 1986], S. 22–23.

47 Ōno, *Toyota production system*, a. a. O., S. 42–44.

48 Ōno, Mito, *Just-in-Time*, a. a. O., S. 23–25.

49 Ebd., S. 18.

50 Ōno, *Toyota production system*, a. a. O., S. 26.

51 Ebd., S. 33–36.

52 Ōno, Mito, *Just-in-Time*, a. a. O., S. 22 – 23.

53 Ebd., S. 7.

54 Ebd., S. 25.

55 Ōno, *Toyota production system*, a. a. O.; Ōno, Mito, *Just-in-Time*, a. a. O.

56 Ebd., S. 23.

57 Sugimori, Y. et al., Toyota production system and Kanban system. Materialization of just-in-time and respect-for-human system, in: *The International Journal of Production Research* 15/6 (1977), S. 553–564.

58 Ebd., S. 564.

59 Ebd., S. 553.

60 Dohse, Knuth, Jürgens, Ulrich, Malsch, Thomas, Vom »Fordismus« zum »Toyotismus«? Die Organisation der industriellen Arbeit in der japanischen Automobilindustrie, in: *Leviathan* 12/4 (1984), S. 448–477. Vgl. auch Lecher, Wolfgang, Deregulierung der Arbeitsbeziehungen Gesellschaftliche und gewerkschaftliche Entwicklungen in Großbritannien, den USA, Japan und Frankreich, in: *Soziale Welt* 38/2 (1984), S. 148–165, S. 155–159.

61 Dohse, Jürgens, Malsch, Vom »Fordismus«, a. a. O., S. 468–469.

62 Ebd., S. 464–465.

63 Schonberger, Richard, *Japanese Manufacturing Techniques. Nine Hidden Lessons in Simplicity*, New York 1982, S. 1.

64 Vgl. Learn about Kawasaki's manufacturing plants in Lincoln, Nebraska and Maryville, Missouri, https://www.kawasaki.com/en-us/companies/4/kawasaki-motors-manufacturing-corp_-u_s_a_ [Zugriff: 31.08.2022].

65 Schonberger, *Japanese Manufacturing Techniques*, a. a. O., S. 92.
66 Ebd., S. 93.
67 Kleinschmidt, Christian, *Der produktive Blick. Wahrnehmung amerikanischer und japanischer Management- und Produktionsmethoden durch deutsche Unternehmer 1950–1985*, Berlin 2002.
68 Arnolds, Hans, *Versorgungs- und Vorratswirtschaft. Logistische und dispositive Aspekte*, Wiesbaden 1992, S. 35.
69 Ebd., S. 29.
70 Drucker, Peter F., The Emerging Theory of Manufacturing in: *Harvard Business Review* 68/3 (1990), S. 94–102.
71 Ebd., S. 98.
72 Ebd., S. 99.
73 Ebd., S. 100.
74 Davidow, William H., Malone, Michael S., *Das virtuelle Unternehmen. Der Kunde als Co-Produzent*, aus dem Englischen v. Hasso Rost, Frankfurt am Main, New York 1993 [New York 1992], S. 140.
75 Ebd., S. 230.
76 Vgl. dazu auch: Dommann, Monika, Baumann, Anna, Schindler, Anne-Christine (Hg.), *Was ist neu an der New Economy? Eine Spurensuche*, Zürich 2021 (= Æther 04), https://aether.ethz.ch/ausgabe/new-economy/ [Zugriff: 31.08.2022].
77 Wildemann, Horst, *Flexible Werkstattsteuerung durch Integration von KANBAN-Prinzipien*, München 1984.
78 Campbell-Kelly, Martin, *From Airline Reservations to Sonic the Hedgehog. A History of the Software Industry*, Cambridge, Mass. 2003.
79 Goddard, Walter E., *Just-in-Time. Surviving by Breaking Tradition, Essex Junction*, VT 1986, S. 159–164.
80 Womack, James P., Jones, Daniel T., From Lean Production to the Lean Enterprise, in: *Harvard Business Review* 72/2 (1994), S. 93–103.
81 Oliver, R. Keith, Webber, Michael D., Supply Chain Management: Logistics Catches up with Strategy, in: Christopher, M. (Hg.), *Logistics. The Strategic Issues*, London 1992, S. 63–75 [Nachdruck, erstmals 1982 erschienen].
82 Zum Globalisierungsdiskurs, insb. in Deutschland vgl. Eckel, Jan, »Alles hängt mit allem zusammen«. Zur Historisierung des Globalisierungsdiskurses der 1990er und 2000er Jahre, in: *Historische Zeitschrift* 307/1 (2018), S. 42–78.
83 Magretta, Joan, Fast, Global, and Entrepreneurial: Supply Chain Management, Hong Kong Style. An interview with Victor Fung, in: *Harvard Business Review* 76/5 (1998), S. 102–114.
84 Ebd., S. 108.

85 When the chain breaks, in: *The Economist* (17.06.2006), https://www.economist.com/special-report/2006/06/17/when-the-chain-breaks [Zugriff: 16.09.2020].

86 Tsing, Anna, Supply Chains and the Human Condition, a.a.O.; dies., What Is Emerging?, a.a.O.

87 Boltanski, Luc, Chiapello, Ève, *Der neue Geist des Kapitalismus*, Konstanz 2006 [Paris 1999], S. 108–146.

88 Vgl. die Project-R-Webseite, https://project-r.construction/newsletter/2017-12-05-countdown [Zugriff: 31.08.2022].

89 History Timeline of Post-it Notes, https://www.post-it.com/3M/en_US/post-it/contact-us/about-us/ [Zugriff: 31.08.2022].

90 Word and Deed Webseite, https://word-and-deed.org/ [Zugriff: 31.08.2022].

91 Einführung in Kanban, https://www.youtube.com/watch?v=h0LD9gvvknw [Zugriff: 31.08.2022]. Vgl. auch *Thrive – The Official Blog of Personal Kanban*, https://www.personalkanban.com/pk/ [Zugriff: 31.08.2022].

92 Vgl. auch Krogerus, Mikael, Tschäppeler, Roman, Wie Sie lernen, sich wie ein Japaner zu organisieren, in: *Das Magazin* 8 (23.02.2019), S. 6.

93 Fischer-Tiné, Harald, *Pidgin-Knowledge. Wissen und Kolonialismus*, Zürich, Berlin 2013.

94 Sennett, Richard, *Der flexible Mensch. Die Kultur des neuen Kapitalismus*, Berlin 1998 [New York 1998].

6. *Am Ende der Lieferketten: Zum Schluss*

1 Le Corbusier, a.a.O.

2 Grafiksammlung, Museum für Gestaltung Zürich, ZHdK, Werbung von GGK für IBM, 1971.

3 Die nachfolgenden Informationen beziehen sich auf: Urban, Michael A., Pažitka, Vladímir, Ioannou, Stefanos, Wójcik, Dariusz, The Financial Geography of Resilience: A Case Study of Goldman Sachs, in: *Annals of the American Association of Geographers* 112/6 (2022), S. 1593–1613.

4 Goldberger, Paul, Shadow Building. The house that Goldman built, in: *The New Yorker* (10.05.2010), https://www.newyorker.com/magazine/2010/05/17/shadow-building [Zugriff: 16.10.2022].

5 Taylor, Simon, Cooper, Malcolm, Barnwell, P.S., *Manchester: The warehouse legacy. An introduction and guide*, London 2002, https://historicengland.org.uk/images-books/publications/manchester-warehouse-legacy/ [Zugriff: 16.10.2022].

6 Vgl. Röper, Carl, *Lagergestaltung und Lagerhäuser*, Düsseldorf 1963.

7 Vgl. die Speicherbibliothek AG: https://www.speicherbibliothek.ch/ [Zugriff: 16.10.2022].

8 Nußbaumer, Martina, Stuiber, Peter, Pichler, Klaus, *Wo Dinge wohnen. Das Phänomen Selfstorage*, Zürich 2019.

9 Federation of European Self Storage Associations, https://www.fedessa.org/ [Zugriff: 16.10.2022].

10 Keller, Sebastian, Zeit zum Entrümpeln: Die Entsorgungsstellen im Thurgau werden überrannt, in: *Luzerner Zeitung* (26.03.2020), https://www.luzernerzeitung.ch/ostschweiz/frauenfeld/zeit-zum-entruempeln-die-entsorgungsstellen-im-thurgau-werden-ueberrannt-appell-des-amtes-fuer-umwelt-coronapatienten-sollen-den-abfall-nicht-mehr-trennen-ld.1207911 [Zugriff: 16.10.2022].

11 Röper, *Lagergestaltung*, a.a.O., S. 9.

12 Schumpeter Column, Is the warehouse business recession-proof?, in: *The Economist* (22.09.2022), https://www.economist.com/business/2022/09/22/is-the-warehouse-business-recession-proof [Zugriff: 16.10.2022].

13 Vgl. z.B. Hammond, George, The end of the warehouse bubble, in: *Financial Times* (7.08.2022), https://www.ft.com/content/266b8867-e4b6–4fbe-a4b5-a332a0c13cec [Zugriff: 15.10.2022].

14 Mogensen, Allan H., *Common sense*, a.a.O., S. 29.

15 Rockefeller, Stuart Alexander, Flow, in: *Current Anthropology* 52/4 (2011), S. 557–578.

16 Benning, James, *RR*, USA 2007, 77 Min.; vgl. auch das Beiheft mit Auszügen zu einem Werkstattgespräch mit James Benning im Österreichischen Filmmuseum im November 2007: Österreichisches Filmmuseum (Hg.), *Casting a glance/RR* (DVD und Beiheft), München 2012.

Archive, Bibliographie und Filmographie

Archive

Cinémathèque Suisse, Penthaz
1998-0598-0101, Herbert E. Meyer, Die SBB Standard Palette, Produktion: Filmproduktion Charles Zbinden, 16 mm, s/w, Lichtton, 274 m, 24 Min. [1951-1956].

Coop Zentralarchiv, Basel
Coop Zentrum Wangen

Deutsches Bundesarchiv, Lichtenfelde
DM 1/2758 Ministerium für Verkehrswesen
DM 1/11571 Ministerium für Verkehrswesen
DM 1/11573 Ministerium für Verkehrswesen
DM 1/11574 Ministerium für Verkehrswesen
DM 1/11581 Ministerium für Verkehrswesen
DM 1/11582 Ministerium für Verkehrswesen
DM 1/11583 Ministerium für Verkehrswesen
DM 1/11584 Ministerium für Verkehrswesen
DM 1/11586 Ministerium für Verkehrswesen
DM 1/11587 Ministerium für Verkehrswesen
DM 1/39526 Ministerium für Verkehrswesen

ETH Bibliothek, Bildarchiv
Hs_1085-1908-5-37 // Fotograf: Unbekannt
Hs_1085-1908-5-345 // Fotograf: Unbekannt
Hs_1085-1909-5-04 // Fotograf: Unbekannt
Hs_1085-1909-5-546 // Fotograf: Unbekannt
Hs_1085-1909-5-547-A // Fotograf: Unbekannt

Hs_1085-1909-5-549 // Fotograf: Unbekannt
Hs_1085-1910-3-359 // Fotograf: Unbekannt
Hs_1085-1910-3-366 // Fotograf: Unbekannt
Hs_1085-1910-3-367 // Fotograf: Unbekannt
Hs_1085-1910-3-Broschüre
Hs RM 1910-3 Lagerhaus in Zürich Giesshübel
Hs_1085-1911-4-1 // Fotograf: Unbekannt
Hs_1085-1911-4-2/ // Fotograf: Unbekannt
Hs_1085-1912-1-45 // Fotograf: Unbekannt
Hs_1085-1912-1-545 // Fotograf: Unbekannt
Hs_1085-1912-1-546 // Fotograf: Unbekannt
Hs_1085-1912-8-528 // Fotograf: Unbekannt
Hs_1085-1924/25-1_Foto_1 // Fotograf: Unbekannt
Hs_1085-1924/25-1_Foto_3 // Fotograf: Unbekannt
Hs_1085-1924/25-1_Foto_4 // Fotograf: Unbekannt
Hs_1085-1924/25-1_Foto_5 // Fotograf: Unbekannt
Hs_1085-1924/26-1_Foto_1 // Fotograf: Unbekannt
Hs_1085-1924/26-1_Foto_2 // Fotograf: Unbekannt

ETH-Bibliothek, Hochschularchiv

Biographica (Biogr) Robert Maillart

gta Archiv, ETH Zürich

Büro- und Privatnachlass Heinz Isler

Museum für Gestaltung Zürich

Konvolut: Piktogramme [Piktogramme zum Thema Transport], Konzept: Hans-Rudolf Lutz.

Royal Philips / Philips Company Archives, Eindhoven, NL

ACHT, Eindhovens, outpost, gateway to the world, in: Philips magazine ›Announcer‹ 13/2 (1959).

RK2771-15, Expeditie, opening Expeditiecentrum Acht door Minister Witte, 10-1958, 33, 728. 1.

Schweizerische Nationalbibliothek, Bern

V Ausl 1856, Internationale Container-Ausstellung. Zürich 1951, Dossier. Internationale Container-Ausstellung 1951 in Zürich-Tiefenbrunnen, 14.-23. April 1951.

Archiv GGK, GS-GGK IBM Schachtel 258, Inserat Lagerhaus, 1971.

SBB Historic, Windisch

SBB-Archiv Eq 1055, Internationaler Eisenbahnverband: Bericht der Studiengruppe zur Prüfung der »Zukunftsaussichten des Eisenbahngüterverkehrs«, 1955.

SBB Archiv KDII_DIV_2004/024_015_03: Paletten im Tauschverfahren: Organisation und Überwachung; Vereinbarungen im europäischen Palettenpool 1961–1972.

SBB-Archiv: SBB18_017_01 und SBB18_018_01, Protokolle des Verwaltungsrates. Sitzung vom 20. Januar 1953, S. 445–449.

SBB-Archiv GD_RM_1999/001_019_02, Kommission für Umschlagmittel, Protokoll 1/1958 der Sitzung vom 22. April in Olten (Bahnhof).

Schweizerisches Wirtschaftsarchiv SWA, Basel

HS 17 Sammlung diverser Frachtbriefe, Zollpapiere, Transportscheine und Speditionsbücher (1727–1857).

PA 635 J, Sammlung historischer Dokumente, angelegt durch Marcel Langel.

Vo L I 5b Speditionsgewerbe: Frachtbriefe, Dokumentensammlung, 1820–1989.

Verkehr A 78: Basler Freilager – Zollfreilager Lagerhausgesellschaft.

Verkehr A 79 Basler Lagerhaus- und Speditionsgesellschafts AG, Statuten Broschüren.

Verkehr A 98: Zürcher Lagerhaus AG (Lagerhausgesellschaft).

Institute 575, Schweizerische Studiengesellschaft für Rationellen Güterumschlag (SSRG), Jahresberichte, 1955–1984.

Verkehr A 140, Kühne + Nagel International AG (Transportunternehmen) – Bremen / Pfäffikon. Dokumentensammlung, 1965 ff.

Kühne + Nagel International AG (Transportunternehmen) – Bremen / Pfäffikon. Dokumentensammlung, Elektronische Zeitungsausschnitte, 2013 ff.

UB Zürich, Betriebswissenschaft

Kühne + Nagel International AG – Schindellegi. Presseartikel Firmeninformationen, 1992 ff.

Hamburgisches Welt-Wirtschafts-Archiv (HWWA)

Firmen / Institutionen-Mappen, Kühne + Nagel 1950–2005.

Bibliographie und Filmographie

75 Years of Toyota, Part 2: Entering the Automotive Business, Chapter 1: Mass Production and Continual Development of New Models, Item 4: Development and Deployment of the Toyota Production System, https://www.toyota-global.com/company/history_of_toyota/75years/text/entering_the_automotive_business/chapter1/section4/item4.html [Zugriff: 31.08.2022].

Abe, Etsuo, The Development of Modern Business in Japan, in: The Business History Review 71/2 (1997), S. 299–308.

Abschied vom Frachtbrief, in: Schweizerische Handelszeitung 8 (23.02. 1989).

Allgemeines Handels-Gesetzbuch nebst den Einführungsgesetzen sämtlicher deutscher Einzelstaaten und vollständigem alphabetischen Register, Münster 1865.

American Management Association (Hg.), Modern Shipping and Materials Handling. With a Paper on Adhesive Specifications. Air Cargo, Palletized Loads, Rule 41, New York 1946.

Arbeitsablauf und Materialfluss im Betrieb. Vorträge der gemeinsamen Tagung des betriebswissenschaftlichen Instituts an der ETH Zürich und der Vereinigung Schweizerischer Betriebsingenieure VSBI vom 29./30. September 1955, Zürich 1954.

Arnolds, Hans, Versorgungs- und Vorratswirtschaft. Logistische und dispositive Aspekte, Wiesbaden 1992.

Ausschuss Verpackungswesen beim AWF, Zweckmäßige Verpackung aus Pappe, Berlin 1928.

Barber, Joseph H., Economic Control of Inventory, New York 1925.

Barker, Curtis H., Modern Materials Handling Techniques, in: American Management Association, Modern Shipping and Materials Handling. With a Paper on Adhesive Specifications. Air Cargo, Palletized Loads, Rule 41, New York 1946, S. 13–19.

Bayerdoerffer, A., Das Lagerhaus- und Warrantsystem, Jena 1878.

Bell, Daniel, The coming of post-industrial society. A venture in social forecasting, New York 1973.

Beniger, James R., The control revolution. Technological and economic origins of the information society, Cambridge, Mass. 1986.

Benning, James, RR, USA 2007, 77 Minuten.

Berz, Peter, Der deutsche Normenausschuss. Zur Theorie und Geschichte einer technischen Institution, in: Adam, Armin, Stingelin, Martin (Hg.), Übertragung und Gesetz. Gründungsmythen, Kriegstheater und Unterwerfungstechniken von Institutionen, Berlin 1995, S. 221–236.

Bestimmungen und Empfehlungen für die Markierung, Kennzeichnung und Verpackung von Exportgütern, Berlin 1961.

Birger, Nicolai, Zuwanderer überschätzen ihre Chancen in Europa, in: Die Welt (30.03.2016), https://www.welt.de/wirtschaft/article153793842/Zuwanderer-ueberschaetzen-ihre-Chancen-in-Europa.html [Zugriff: 31.08.2022].

Bleyl, Henning, Verwertung ohne »Relevanz«, in: taz – Die Tageszeitung (06.02.2015), https://taz.de/KuehneNagel-mauert/!5021323/ [Zugriff: 31.08.2022].

Bleyl, Henning, Lasten der Vergangenheit, in: taz–Die Tageszeitung (31.03.2015), https://taz.de/NS-Erbe-einer-Transportfirma/!5014561/ [Zugriff: 31.08.2022].

Boltanski, Luc, Chiapello, Ève, Der neue Geist des Kapitalismus, Konstanz 2006 [Paris 1999].

Bonacich, Edna, Wilson, Jake B., Getting the goods. Ports, labor, and the logistics revolution, Ithaca, N.Y. 2008.

Braun, Rudolf, Der »gelehrige« Körper als wirtschaftlich-industrieller Wachstumsfaktor, in: Jahrbuch des Wissenschaftskollegs zu Berlin 1989/90 (1991), S. 201–226.

Brecht, Bertolt, Jae Fleischhacker in Chikago, in: Hecht, Werner, Knopf, Jan, Mittenzwei, Werner, Müller, Klaus-Detlef (Hg.), Werke. Große kommentierte Berliner und Frankfurter Ausgabe, Band 10. Stücke 10. Stückfragmente und Stückprojekte, Berlin, Frankfurt am Main 1997.

Brunner, Otto, Conze, Werner, Koselleck, Reinhart (Hg.), Geschichtliche Grundbegriffe. Historisches Lexikon zur politisch-sozialen Sprache in Deutschland, Stuttgart 1972–1997.

Buhle, Max, Technische Hülfsmittel zur Beförderung und Lagerung von Sammelkörpern (Massengütern), II. Teil, Berlin 1904.

Buhle, Max, Massentransport. Ein Hand- und Lehrbuch über Förder- und Lagermittel für Sammelgut, Stuttgart 1908.

Callon, Michel (Hg.), The Laws of the Markets, Oxford / Malden 1998.

Campbell-Kelly, Martin, From Airline Reservations to Sonic the Hedgehog. A History of the Software Industry, Cambridge, Mass. 2003.

Canguilhem, Georges, Das Normale und das Pathologische, München 1974.

Cartmell, Madison, Stores and Materials Control. Including Procurement by Manufacture and by Purchase, New York 1922.

Chandler, Alfred D., The Visible Hand. The Managerial Revolution in American Business, Cambridge, Mass. 1977.

Charney, Melvin, The Grain Elevators Revisited, in: Architectural Design 37/7 (1967), S. 328–334.

Clark, Fred E., An Analysis of the Causes of Hand-to-Mouth Buying, in: Harvard Business Review 6/4 (1928).

Coase, Ronald Harry, The Problem of Social Cost, in: Journal of Law and Economics 3 (October 1960), S. 1–44.

Cockburn, Cynthia, Die Herrschaftsmaschine. Geschlechterverhältnisse und technisches Know-how, Berlin 1988 [Boston 1988].

Code de Commerce, Paris 1807.

Cordes, Herbert, Die Rationalisierung der innerbetrieblichen Stückgütertransporte durch Palettisierung und ihre Auswirkung auf die Wirtschaftlichkeit des Lastwagentransportes, Dissertation Juristische Fakultät Universität Freiburg (Schweiz), Schwenningen am Neckar 1963.

Corona-Krise wirkt sich weiterhin auf Paletten- und Verpackungspreise aus, in: pack aktuell (04.03.2021), https://www.packaktuell.ch/newspool/corona-krise-wirkt-sich-weiterhin-auf-paletten-und-verpackungspreise-aus/ [Zugriff: 15.09.2022].

Cowen, Deborah, The Deadly Life of Logistics. Mapping Violence in Global Trade, Minneapolis, Minn. 2014.

Cronon, William, Nature's metropolis. Chicago and the Great West, New York, London 1992.

Das 20. Jahrhundert in Grundbegriffen. Lexikon zur historischen Semantik in Deutschland, https://www.zfl-berlin.org/projekt/das-20-jahrhundert-in-grundbegriffen.html [Zugriff: 31.08.2022].

Davidow, William H., Malone, Michael S., Das virtuelle Unternehmen. Der Kunde als Co-Produzent, aus dem Engl. v. Hasso Rost, Frankfurt am Main, New York 1993 [New York 1992].

Decken, Ada von der, NS-Geschichte von Kühne + Nagel. Unaufgearbeitete Vergangenheit, in: Deutschlandfunk (9.09.2020), https://www.deutschlandfunk.de/ns-geschichte-von-kuehne-nagel-unaufgearbeitete-100.html/ [Zugriff: 31.08.2022].

Degen, Bernard, Arbeitsfrieden, in: Historisches Lexikon der Schweiz (HLS) (6.05.2010), https://hls-dhs-dss.ch/de/articles/016535/2010-05-06 [Zugriff: 01.08.2021].

Deleuze, Gilles, Postscript on the Societies of Control, in: October 59 (Winter 1992), S. 3–7.

Deutsches Handelsgesetzbuch, Viertes Buch, Vierter Abschnitt, https://www.gesetze-im-internet.de/hgb/BJNR002190897.html [Zugriff: 11.10.2022].

Development and Deployment of the Toyota Production System, in: 75 Years of Toyota, Part 2: Entering the Automotive Business, Chapter 1: Mass Production and Continual Development of New Models, https://www.toyota-global.com/company/history_of_toyota/75years/text/entering_the_automotive_business/chapter1/section4/item4.html [Zugriff: 31.08.2022].

Die Kunst in Industrie und Handel, Jahrbuch des Deutschen Werkbundes 2 (1913), Jena 1913.

Die Macht ist Logistik. Blockieren wir alles?! Einladung zur Diskussionsveranstaltung am 29.06.2017, https://www.umsganze.org/termin/die-macht-ist-logistik-blockieren-wir-alles/ [Zugriff: 31.08.2022].

Diereg, Carsten, Nicolai, Birger, Jeder dritte LKW könnte bald stehen – darum droht uns ein Palettenproblem, in: Die Welt (2.02.2021), https://www.welt.de/wirtschaft/article225447993/Paletten-Problem-durch-Brexit-Jeder-dritte-Lkw-koennte-bald-stehen.html [Zugriff: 15.09.2022].

Dohse, Knuth, Jürgens, Ulrich, Malsch, Thomas, Vom »Fordismus« zum »Toyotismus«? Die Organisation der industriellen Arbeit in der japanischen Automobilindustrie, in: Leviathan 12/4 (1984), S. 448–477.

Dommann, Monika, Alles fließt. Soll die Geschichte nomadischer werden?, in: Geschichte und Gesellschaft 42 (2016), S. 516–534.

Dommann, Monika, Die Klimakiste. X–Y, in: Koch, Franziska, Kurjaković, Daniel, Pfäffli, Lea (Hg.), The Air Will Not Deny You. Zürich im Zeichen einer anderen Globalität, Zürich 2016, S. 76–78.

Dommann, Monika, Mit dem Fließband zum Fortschritt? »M. T. C.«: Sigfried Giedions visuelle Historiographie der Mechanisierung in den USA, in: Zeithistorische Forschungen / Studies in Contemporary History 7/1 (2020), S. 190–200 (Online-Ausgabe).

Dommann, Monika, Baumann, Anna, Schindler, Anne-Christine (Hg.), Was ist neu an der New Economy? Eine Spurensuche, Zürich 2021 (= Æther 04), https://aether.ethz.ch/ausgabe/new-economy/ [Zugriff: 31.08.2022].

Driel, Hugo van, Four Centuries of Warehousing. Pakhoed: The Origins and History 1616–1967, Rotterdam 1992.

Drucker, Peter F., The Emerging Theory of Manufacturing in: Harvard Business Review 68/3 (1990), S. 94–102.

Drury, Jolyon, Distribution & Storage Centers, in: Architectural Design XLIV/1 (1974), S. 30–37.

Eccles, Henry E., Logistics – What is it?, in: Naval Research Logistics Quarterly 1 (1954), S. 5–15.

Eckel, Jan, »Alles hängt mit allem zusammen«. Zur Historisierung des Globalisierungsdiskurses der 1990er und 2000er Jahre, in: Historische Zeitschrift 307/1 (2018), S. 42–78.

Edwards, Paul N., Platforms are Infrastructures on Fire, in: Mullaney, Thomas S. et al. (Hg.), Your Computer Is on Fire, Cambridge, Mass. 2021, S. 313–336.

Eger, Georg, Das Verhältnis des Frachtführers zum Absender und zum Empfänger nach Artikel 402 und 405 des Handelsgesetzbuches, o. O., o. J.

Eggli, Walter, Das Basler Speditionsgewerbe, Aarau 1942.

Eick, Volker, RFID, in: Arch+ 41, 191/192 (2009), S. 87–88.

Einführung in Kanban, https://www.youtube.com/watch?v=h0LD9gvvknw [Zugriff: 31.08.2022].

Engel, Alexander, Risikoökonomie. Eine Geschichte des Börsenterminhandels, Frankfurt am Main 2021.

Engels, Friedrich, Die Lager der arbeitenden Klasse in England. Nach eigener Anschauung und authentischen Quellen (1845), Leipzig 1848.

Engwert, Andreas, Kill, Susanne, Sonderzüge in den Tod. Die Deportationen mit der Deutschen Reichsbahn. Eine Dokumentation der Deutschen Bahn AG, Köln 2009.

Färber, Helmuth, A Corner in Wheat von D. W. Griffith, 1909. Eine Kritik, München, Paris 1992.

Faesch, Johann Heinrich, Theoretische Anleitung und Beschreibung über allgemeine Grundsaetze der doppelten Buchhaltung, Zürich 1806.

Falk, Stanely L., Einleitung, in: Thorpe, George C., Pure Logistics. The Science of War Preparation, Kansas City 1917 [Reprint durch die National Defense University Press, Washington, D. C. 1986].

Farquhar, Henry H., Factory Storeskeeping. The Control and Storage of Materials, New York, London 1922.

Federal Supply Service, General Services Administration. Warehouse Operations Handbook, Washington, D. C. 1954.

Fischer-Tiné, Harald, Pidgin-Knowledge. Wissen und Kolonialismus, Zürich, Berlin 2013.

Foucault, Michel, Überwachen und Strafen. Die Geburt des Gefängnisses, Frankfurt am Main 1991 [Paris 1975].

Foucault, Michel, Die Wahrheit und die juristischen Formen, in: ders. (Hg.), Schriften in vier Bänden. Dits et Ecrits, Bd. 2, Frankfurt am Main 2002, S. 669–792.

Fracht, in: Röll, Victor (Hg.), Encyklopädie des gesamten Eisenbahnwesens, Wien 1892, S. 518–519.

Fracht, in: Rothschild's Taschenbuch für Kaufleute (Hg.), Otto Spamer's Illustrirtes Handels-Lexikon, Leipzig 1878, S. 516–526.

Fracht, Frachtbrief, in: Verein praktischer Kaufleute (Hg.), Allgemeines Handels-Lexikon oder Encyclopädie der gesammten Handelswissenschaften für Kaufleute und Fabrikanten, Leipzig 1857, S. 486–890.

Franz, Heike, Betriebswirte in Deutschland 1900–1930: »Bürger« oder »Professionals«?, in: Tenfelde, Klaus, Wehler, Hans-Ulrich (Hg.), Wege zur Geschichte des Bürgertums. Vierzehn Beiträge, Göttingen 1994, S. 249–272.

Fusco, Katherine, Taking Naturalism to the Moving Picture Show: Frank Norris, D. W. Griffith, and Naturalist Editing, in: Adaptation 3/2 (2010), S. 155–178.

Gampe, W., Normung der Zeichen für die Markierung nicht gefährlicher Güter, in: DIN-Mitteilungen 40/5 (1961), S. 257, hrsg. vom Deutschen Normenausschuss (DNA).

Gamper, Michael, Masse lesen, Masse schreiben. Eine Diskurs- und Imaginationsgeschichte der Menschenmenge 1765–1930, München 2007.
Gerhard, P. L., Markings on Packages, in: Distribution Economy. Commodity Handling and Movement from Line of Production to Point of Sale 1/7 (1929), S. 9–12.
Gesellschaft für Ingenieurbaukunst (Hg.), Robert Maillart. Beton – Virtuose, Zürich 1996.
Giedion, Sigfried, Mechanization Takes Command. A Contribution to Anonymous History, New York 1948.
Gilbreth, Frank B., Motion Study. A Method for Increasing the Efficiency of the Workman, London 1911.
Gilbreth, Frank B., Primer of Scientific Management, New York 1912.
Goddard, Walter E., Just-in-Time. Surviving by Breaking Tradition, Essex Junction, VT 1986.
Goldberger, Paul, Shadow Building. The house that Goldman built, in: The New Yorker (10.05.2010), https://www.newyorker.com/magazine/2010/05/17/shadow-building [Zugriff: 16.10.2022].
Griffith, D. W., A Corner in Wheat (USA, 1909), 14 Min.
Groebner, Valentin, Der Schein der Person. Steckbrief, Ausweis und Kontrolle im Europa des Mittelalters, München 2004.
Grull, Werner, Die Inventur. Aufnahmetechnik, Bewertung, Kontrolle. Für Fabrik- und Warenhandelsbetriebe, Berlin 1911.
Güterschuppen, in: Röll, Victor (Hg.), Encyklopädie des gesamten Eisenbahnwesens, Wien 1893, Bd. 5, S. 1898–1903.
Gugerli, David, Kupper, Patrick, Speich, Daniel, Die Zukunftsmaschine. Konjunkturen der ETH Zürich 1855–2005, Zürich 2005.
Gugerli, David, Das Monster und die Schablone. Zur Logistik von Daten um 1950, in: Traverse 16/3 (2009), S. 66–75.
Gumbrecht, Hans Ulrich, Modern, Modernität, Moderne, in: Brunner, Otto, Conze, Werner, Koselleck, Reinhart (Hg.), Geschichtliche Grundbegriffe, Bd. 4, Stuttgart 1978, S. 93–131.
Habermas, Rebekka, Diebe vor Gericht. Die Entstehung der modernen Rechtsordnung im 19. Jahrhundert, Frankfurt am Main, New York 2008.
Hänchen, Richard, Der Werkstättentransport, in: Der Betrieb 2/25 (1920), S. 385–394.
Hammond, George, The end of the warehouse bubble, in: Financial Times (07.08.2022), https://www.ft.com/content/266b8867-e4b6–4fbe-a4b5-a332a0c13cec [Zugriff: 15.10.2022].
Harprecht, Christoph, Das Recht der Fuhr-Leute, Leipzig 1718 [1706].
Hatlapa, Willi, Internationale Ausstellung Paris 1937 für Kunst und Technik im Leben der Gegenwart, in: Beton und Eisen 36/19 (05.10.1937), S. 305–308.

Hausen, Karin, Wirtschaften mit der Geschlechterordnung, in: dies., Geschlechterhierarchie und Arbeitsteilung zur Geschichte ungleicher Erwerbschancen von Männern und Frauen, Göttingen 1993, S. 40–67.

Hebeisen, Beat, Kühne & Nagel will es wissen, in: Finanz und Wirtschaft 31 (20.04.1994), S. 15.

Heesen, Anke te, Der Zeitungsausschnitt. Ein Papierobjekt der Moderne, Frankfurt am Main 2006.

Hegner, Franz, Die Arbeitsweise in den Güterschuppen beim Einsatz von Pallets, in: SBB-Nachrichtenblatt 4 (1951), S. 56–58.

Hegner, Franz, Eindrücke vom amerikanischen »Produktivitätswunder«, in: Die Unternehmung 7 (1953), S. 107–111.

Hegner, Franz, Gespräch mit Stöckli, Walter, Fritschi, Hugo, Neues von der Entwicklung der Palletierung, in: TARA 5 (1954), S. 5–10.

Hegner, Franz, Die Aufgaben der Schweizerischen Studiengesellschaft für rationellen Güterumschlag, in: NZZ, Nr. 293 (01.02.1956).

Hegner, Franz, Die Standardisierung der Palettierung auf internationaler Grundlage, in: Arbeitsablauf und Materialfluss im Betrieb. Vorträge der gemeinsamen Tagung des betriebswissenschaftlichen Instituts an der ETH Zürich und der Vereinigung Schweizerischer Betriebsingenieure VSBI vom 29./30. September 1955, Zürich 1954, S. 75–86.

Hersteller warnen vor Palettenmangel, in: Der Spiegel (06.04.2022), https://www.spiegel.de/wirtschaft/unternehmen/paletten-naegel-werden-knapp-hersteller-warnen-vor-produktionsstopp-a-80d2a871-9239-4a90-8f39-af8a7cd5e3ff [Zugriff: 15.09.2022].

Hilberg, Raul, Sonderzüge nach Auschwitz, Mainz 1981 [Amerikanische Erstausgabe: American Sociological Association 1976].

History Timeline of Post-it Notes, https://www.post-it.com/3M/en_US/post-it/contact-us/about-us/ [Zugriff: 31.08.2022].

Hockenberry, Matthew, Starosielski, Nicole, Zieger, Susan (Hg.), Assembly Codes. The Logistics of Media, New York 2021.

Hoof, Florian, Engel der Effizienz. Eine Mediengeschichte der Unternehmensberatung, Konstanz 2015.

Huber, Valeska, Channeling Mobilities. Migration and Globalisation in the Suez Canal Region and Beyond, 1896–1914, Cambridge, New York 2013.

Hürlimann, W., Paletten und Behälter in der UdSSR, in: TARA 6 (1954), S. 12–14.

Hutter, Michael, Die frühe Form der Münze, in: Baecker, Dirk (Hg.), Probleme der Form, Frankfurt am Main 1993, S. 159–180.

Ihde, Gösta B., Logistik. Physische Aspekte der Güterdistribution, Stuttgart 1972.

Inventur, in: Zedler, Johann Heinrich, Grosses vollständiges Universallexikon aller Wissenschaften und Künste, Bd. 14, Halle / Leipzig 1739, S. 795.

Jaun, Rudolf, Management und Arbeiterschaft. Verwissenschaftlichung, Amerikanisierung und Rationalisierung der Arbeitsverhältnisse in der Schweiz, 1873–1959, Zürich 1986.

Jomini, Antoine Henri, Abriss der Kriegskunst, Berlin 1881.

Kazan, Elia, On the Waterfront, USA 1954, 108 Min.

Keller, Sebastian, Zeit zum Entrümpeln: Die Entsorgungsstellen im Thurgau werden überrannt, in: Luzerner Zeitung (26. 3. 2020), https://www.luzernerzeitung.ch/ostschweiz/frauenfeld/zeit-zum-entruempeln-die-entsorgungsstellen-im-thurgau-werden-ueberrannt-appell-des-amtes-fuer-umwelt-coronapatienten-sollen-den-abfall-nicht-mehr-trennen-ld.1207911 [Zugriff: 16. 10. 2022].

Kenwood, A. G., Lougheed, A. L., The Growth of the International Economy 1820–2000. An Introductory Text, London, New York 2000.

Keynes, John Maynard, Row, J. W. F., Memorandum. Stocks of Staple Commodities. Issued by Arrangement with the London and Cambridge Economic Service, London 1923–1929.

Khalili, Laleh, Sinews of War and Trade. Shipping and Capitalism in the Arabian Peninsula, London 2020.

Kilduff, Frederic W., Inventory Practice and Material Control, New York, London 1925.

Kittler, Friedrich A., Aufschreibesysteme 1800/1900, München 1995.

Kleinlogel, A., Robert Maillart, in: Beton und Eisen 39/13 (1940), S. 182.

Kleinschmidt, Christian, Der produktive Blick. Wahrnehmung amerikanischer und japanischer Management- und Produktionsmethoden durch deutsche Unternehmer 1950–1985, Berlin 2002.

Kline, Ronald R., Cybernetics. Management Science, and Technology Policy, in: Technology and Culture 47/3 (2006), S. 513–535.

Klose, Alexander, Das Containerprinzip. Wie eine Box unser Denken verändert, Hamburg 2009.

Klose, Alexander, Potthast, Jörg (Hg), Container / Containment. Die systemischen Grenzen der Globalisierung, in: Tumult. Schriften zur Verkehrswissenschaft 38 (2012), S. 8–12, 50–62.

Knapp, Urs P., Coop Schweiz plant Hochregallager nicht so hoch wie zuerst geplant, in: Oltener Tagblatt (13. 07. 1982).

Knorr-Cetina, Karin, Laborstudien. Der kultursoziologische Ansatz in der Wissenschaftsforschung, in: Martinsen, Renate, Das Auge der Wissenschaft. Zur Emergenz von Realität, Baden-Baden 1995, S. 101–135.

Koselleck, Reinhart (Hg.), Studien zum Beginn der modernen Welt, Stuttgart 1977.

Koselleck, Reinhart, Einleitung, in: Brunner, Otto, Conze, Werner, Koselleck,

Reinhart (Hg.), Geschichtliche Grundbegriffe, Bd. 1, Stuttgart 1979, S. XIII–XXVII.

Kracauer, Siegfried, Das Ornament der Masse (1927), in: ders. (Hg.), Das Ornament der Masse, Frankfurt am Main 1977, S. 50–63.

Krajewski, Markus, Zettelwirtschaft. Die Geburt der Kartei aus dem Geiste der Bibliothek, Berlin 2002.

Krajewski, Markus, In Formation. Aufstieg und Fall der Tabelle als Paradigma der Datenverarbeitung, in: Zürcher Jahrbuch für Wissensgeschichte 3 (2007), S. 37–55.

Krippendorff, Herbert, Wirtschaftlich Lagern. Lagern im Fertigungsfluß, Braunschweig 1952.

Krippendorff, Herbert (Hg.), Das automatisierte Lager. Tagung vom 7. Juni 1966 im Haus der Technik Essen, Essen 1966.

Krogerus, Mikael, Tschäppeler, Roman, Wie Sie lernen, sich wie ein Japaner zu organisieren, in: Das Magazin 8 (23.02.2019), S. 6.

Kruenitz, Johann Georg, Oeconomische Encyclopädie, oder allgemeines System der Staats-, Stadt-, Haus- und Landwirtschaft in alphabetischer Ordnung. Acht und fünfzigster Teil, Bruenn 1794.

Kühne + Nagel, Bekenntnis zur Geschichte (15.03.2015), https://newsroom.kuehne-nagel.com/kuhne--nagel--bekenntnis-zu-seiner-geschichte/ [Zugriff: 31.08.2022].

Kühne + Nagel, Geschäftsbericht, Schindellegi 2015, S. 14–27, https://home.kuehne-nagel.com/documents/20124/112826/Annual_Report_2015_-_German.pdf/cefe2130-508d-4daf-73f3-bae41c496a42?t=1587649116348 [Zugriff: 31.08.2022].

Kühne + Nagel, Die Welt verbinden. Unternehmensbroschüre, Ausgabe 2022, Schindellegi 2022, S. 28, https://2021-annual-report.kuehne-nagel.com/fileadmin/user_upload/KN_Uploads/pdf-Download/KN_CB_final_DE.pdf [Zugriff: 31.08.2022].

Kunststoff [Spezialheft], in: TARA 6/63 (1954), S. 1–32.

Laak, Dirk van, Der Begriff »Infrastruktur« und was er vor seiner Erfindung besagte, in: Archiv für Begriffsgeschichte XLI (1999), S. 280–299.

Laak, Dirk van, Alles im Fluss. Die Lebensadern unserer Gesellschaft, Frankfurt am Main 2018.

Lager, in: Das Deutsche Wörterbuch von Jakob und Wilhelm Grimm, 1885, Bd. 12, Spalten 63–68.

Lager, in: Kruenitz, Johann Georg, Oeconomische Encyclopädie oder allgemeines System der Staats-, Stadt-, Haus- und Landwirtschaft in alphabetischer Ordnung. Acht und fünfzigster Teil, Bruenn 1794, S. 709–714.

Lager, in: Redaktion von Rothschilds Taschenbuch für Kaufleute (Hg.), Otto Spamer's Illustrirtes Handels-Lexikon. Praktisches Hülfs- und Nachschlagebuch über alle Gegenstände und Verhältnisse des Handels und Weltverkehrs, Otto Spamer: Leipzig 1879, Bd. 3, 425–427.

Lager, in: Zedler, Johann Heinrich (Hg.), Grosses vollständiges Universal-Lexikon aller Wissenschaften und Künste, Bd. 16, Halle / Leipzig 1737, S. 232–233.

Lager – Gestelle – Bedienung, in: Verpackung + Transport: Schweizerische Fachzeitschrift für Verpackung / Transport / Lagerhaltung / Güterumschlag 5 (1965), S. 143–156.

Lagerhäuser, in: Röll, Victor (Hg.), Encyklopädie des gesamten Eisenbahnwesens, Wien 1893, Bd. 5, S. 2216–2217.

Lagerhäuser (und Lagerscheine – Warrants), in: Elster, Ludwig, Weber, Adolf, Wieser, Friedrich, Handwörterbuch der Staatswissenschaften, Bd. 6, Jena 1925, S. 123–134.

Latour, Bruno, Science in Action: How to Follow Scientists and Engineers Through Society, Cambridge, Mass. 1987.

Latour, Bruno, Der Berliner Schlüssel. Erkundungen eines Liebhabers der Wissenschaften, Berlin 1996.

Learn about Kawasaki's manufacturing plants in Lincoln, Nebraska and Maryville, Missouri, https://www.kawasaki.com/en-us/companies/4/kawasaki-motors-manufacturing-corp_-u_s_a_ [Zugriff: 31. 08. 2022].

Le Corbusier, Vers une architecture. Nouvelle édition revue et augmentée, Paris 1925 [1923].

Lehmann, Sandra, Paletten. EPAL Ladungsträger auch nach dem Brexit einsetzbar, in: Logistik Heute (3. 11. 2020), https://logistik-heute.de/news/paletten-epal-ladungstraeger-auch-nach-dem-brexit-einsetzbar-32000.html [Zugriff: 15. 09. 2022].

Leonard, Robert, The Collapse of Interwar Vienna: Oskar Morgenstern's Community, 1925–50, in: History of Political Economy 1/43 (2011), S. 83–130.

Leu, Walter, Die erweiterte Non-Food-Zentrale von Coop in der Schweiz, in: Fördertechnik 10 (1986), S. 62–67.

Leuenberger, Paul, Verpackung und Standard-Palettierung, in: TARA 5/57 (1954), S. 17.

Leuenberger, Paul, Die Standardpalettierung in der schweizerischen Wirtschaft und ihr Zusammenhang mit dem Ferntransport, in: TARA 6/69 (1955), S. 17, 23.

Leuenberger, Paul, Rationalisierung des Stückgüterumschlages bei den SBB, in: SBB-Nachrichtenblatt 33 (1956), S. 164–166.

Levinson, Marc, The box. How the shipping container made the world smaller and the world economy bigger, Princeton 2006.

Lockwood, R. L., Standardized Equipment, in: Distribution Economy. Commodity Handling and Movement from Line of Production to Point of Sale 1, May (1929), S. 9–13.

Lockwood, R. L., Practical Integration, in: Distribution Economy. Commodity Handling and Movement from Line of Production to Point of Sale 4/1 (1929), S. 8–13.

Lockwood, R. L., New Era in Skid Shipping, in: Materials Handling and Distribution, December (1929), S. 19–21.

Lockwood, R. L., The Development of Skid Shipping, in: Materials Handling and Distribution, April (1931), S. 28–31.

Loef, Jacob, Entwicklung und Anwendung des Gabelstaplers, in: Fördern und Heben, 2 (1952), S. 10–12.

Ludwig, Heinz, Systematische Wirtschaft. Amerikanische Methoden – deutsche Verhältnisse, Berlin 1928.

Lutz, Hans-Rudolf, Die Verpackung der Verpackung der Verpackung, in: Typografische Monatsblätter, in: Schweizer Grafische Mitteilungen 102/2 (1983).

Lutz, Hans-Rudolf, Barmettler, Rudolf, Keller, Walter, Die Hieroglyphen von heute. Grafik auf Verpackungen für den Transport, Zürich 1990.

Lyon, Leverett Samuel, The Small Order Problem and How it is Being Met, New York 1928.

MacKenzie, Donald, Muniesa, Fabian, Siu, Lucia (Hg.), Do Economists Make Markets? On the Performativity of Economics, Princeton 2007.

Magee, John F., Guides to Inventory Policy. III. Anticipating Future Needs, in: Harvard Business Review 34/3 (1956), S. 57–70.

Magee, John F., The Logistics of Distribution, in: Harvard Business Review 4/38 (1960), S. 89–101.

Magretta, Joan, Fast, Global, and Entrepreneurial: Supply Chain Management, Hong Kong Style. An interview with Victor Fung, in: Harvard Business Review 76/5 (1998), S. 102–114.

Maillart, Robert, Armierte Betonbauten, in: Schweizerischer Bau- und Ingenieurkalender. III. Abt., Ingenieurswesen 22 (1901), S. 108.

Maillart, Robert, Nochmals die Trägerlose Pilzdecke, in: Das Werk 14 (1927), S. XXII.

Mark, Robert, Chiu, James K., Abel, John F., Stress Analysis of Historical Structures: Maillart's Warehouse at Chiasso, in: Technology and Culture 15/1 (1974), S. 49–63.

Marx, Erwin, Sicherung gegen Einbruch, in: Durm, Josef et al. (Hg.), Handbuch der Architektur, Vol. 3, Bd. 6: Die Hochbau-Constructionen, Darmstadt 1884.

Marx, Karl, Das Kapital, Bd. 1, Kritik der politischen Ökonomie (1867), http://www.mlwerke.de/me/me23/me23_000.htm [Zugriff: 08. 10. 2022].

Mauch, Felix, Speicher in der Stadt. Logistische Landschaften der Ersten Globalisierung, in: Technikgeschichte 88/2 (2021), S. 145–174.

Meili, Friedrich, Internationale Eisenbahnverträge und speciell die Berner Convention über das internationale Eisenbahn-Frachtrecht, Hamburg 1887.

Metzler, Mark, The Arc of Industrialization, in: Hein, Laura (Hg.), The Cambridge History of Japan, Vol. III: The Modern Japanese Nation and Empire, Cambridge (im Erscheinen).

Meyer, Johann Rudolf de Joseph, Theoretische Einleitung in die praktische Wechsel- und Waarenhandlung, Hanau 1782.

Meyercordt, Walter, Paletten-Fibel. Ein Handbuch für Jedermann in der betrieblichen Praxis, Heidelberg 1967.

Millet, John D., The Army Service Forces. The Organization and Role of the Army Service Forces, Washington, D. C. 1954.

Misa, Thomas J., Schot, Johan, Inventing Europe. Technology and the Hidden Integration of Europe, in: History and Technology 21/1 (2005), S. 1–20.

Mogensen, Allan H., Common Sense Applied to Motion and Time Study, New York 1932.

Morgenstern, Oskar, Logistik und Sozialwissenschaften, in: Zeitschrift für Sozialökonomie 7 (1936), S. 1–24.

Morgenstern, Oskar, Note on the Formulation on the Theory of Logistics, in: Naval Research Logistics Quarterly 2 (1955), S. 129–136.

Münter, Johann Carl Ernst, Das Frachtfahrer-Recht, Hannover 1810 [1801].

Museum of Modern Art, Robert Maillart, Engineer, New York 1947, https://www.moma.org/calendar/exhibitions/3212 [Zugriff: 08. 10. 2022].

Mushroom-Slab Construction, in: The Concrete Way. Incorporating the Roadmaker 7/1 (1934).

Naumann, K. F., Tetraederbeutel und Wabenbehälter, in: TARA 3/27 (1951), S. 3.

Neilson, Brett, Five theses on understanding logistics as power, in: Scandinavian Journal of Social Theory 3/13 (2012), S. 322–339.

Nelles, Dieter, Widerstand und internationale Solidarität. Die Internationale Transportarbeiter-Föderation (ITF) im Widerstand gegen den Nationalsozialismus, Essen 2001.

Neue Umschlagsmethoden im Basler Rheinhafen, in: Internationale Transport Zeitschrift 3 (1953), S. 1656–1657.

Neues von der Entwicklung der Palettierung, in: TARA 5/57 (1954), S. 5–10.

Norris, Frank, The pit. A story of Chicago, New York 1903.

Nußbaumer, Martina, Stuiber, Peter, Pichler, Klaus, Wo Dinge wohnen. Das Phänomen Selfstorage, Zürich 2019.

Österreichisches Filmmuseum (Hg.), Casting a glance/RR (DVD und Beiheft), München 2012.

Ōno, Taiichi, Toyota production system. Beyond large-scale production. Cambridge, Mass., Norwalk, Conn. 1988 [Tokyo 1978].

Ōno, Taiichi, Mito, Setsuo, Just-in-Time for Today and Tomorrow, Cambridge, Mass., Norwalk, Conn. 1988 [Tokyo 1986].

Oliver, R. Keith, Webber, Michael D., Supply Chain Management: Logistics Catches up with Strategy, in: Christopher, M. (Hg.), Logistics. The Strategic Issues, London 1992, S. 63–75 [Nachdruck, erstmals 1982 erschienen].

Olsson, Jan, Trading Places: Griffith, Patten and Agricultural Modernity, in: Film History 17/1 (2005), S. 39–65.

Operation, https://www.merriam-webster.com/dictionary/operation [Zugriff: 31.08.2022].

Orenstein, Dara, Out of Stock. The Warehouse in the History of Capitalism, Chicago 2019.

Osterhammel, Jürgen, Petersson, Niels P., Geschichte der Globalisierung. Dimensionen, Prozesse, Epochen, München 2003.

Owen, H. S., How to Maintain Proper Inventory Control. A Simple Method for Keeping Inventory Investment at a Practical Minimum, in: Industrial Management, The Engineering Magazine LXIX, 2 (1925), S. 83–85.

Pacioli, Luca, Abhandlung über die Buchhaltung 1494. Nach dem italienischen Original von 1494 ins Deutsche übersetzt und mit einer Einleitung über die italienische Buchhaltung im 14. Jahrhundert und Paciolis Leben und Werk versehen von Balduin Penndorf, Stuttgart 1933.

Pallet Loaders – A Special Report, in: Modern Materials Handling. The Voice of the Industry, October (1956), S. 105–120.

Patel, Kiran Klaus, Projekt Europa. Eine kritische Geschichte, München 2018.

Penndorf, Balduin, Geschichte der Buchhaltung in Deutschland, Leipzig 1913.

Pircher, Wolfgang, Strategische Voraussicht. Oskar Morgenstern und die Anfänge der Spieltheorie, in: Trajekte 22/11 (2011), S. 33–37.

Plumpe, Werner, Wirtschaftskrisen. Geschichte und Gegenwart, München 2010.

Polyäthylen [Spezialheft], in: TARA 5/50 (1953), S. 1–24.

Poppendieck, Janet, Breadlines knee-deep in wheat. Food assistance in the Great Depression. Foreword by Marion Nestle, Berkeley, Los Angeles, London 2014 [New Brunswick, N. J. 1986].

Potthast, Jörg, Die Bodenhaftung der Netzwerkgesellschaft. Eine Ethnografie von Pannen an Großflughäfen, Bielefeld 2007.

Project-R-Webseite https://project-r.construction/newsletter/2017–12–05-count down [Zugriff: 31.08.2022].

R. F., Vom Topp gesehen, in: Internationale Transport Zeitschrift 3 (1953), S. 2348–2350.

Rabinbach, Anson, The Human Motor. Energy, Fatigue, and the Origins of Modernity, Berkeley, CA 1992.
Ranking der 300 reichsten Menschen in der Schweiz, in: Bilanz 24 (27.11.2015), S. 14, 200.
Ranking der 300 reichsten Menschen in der Schweiz, in: Bilanz 12 (Dezember 2021), S. 18, 98.
Rauber, Urs, Schweizer Industrie in Russland. Ein Beitrag zur Geschichte der industriellen Emigration, des Kapitalexportes und des Handels der Schweiz mit dem Zarenreich (1760–1917), Zürich 1985.
Regenass, Romeo, Für Paletten will niemand zahlen, in: Tagesanzeiger (29.08.2007), S. 25, https://www.presseportal.ch/de/pm/100001880/100538655 [Zugriff: 15.09.2022].
Richter, Emil, Öffentliche Lagerhäuser und Warrant-Agiotage in ihrem Einfluss auf Produktion und Handel, Minden 1888.
Rockefeller, Stuart Alexander, Flow, in: Current Anthropology 52/4 (2011), S. 557–578.
Röll, Victor (Hg.), Encyklopädie des gesamten Eisenbahnwesens, Wien 1892.
Röper, Carl, Palettenpool. Organisation und wirtschaftliche Bedeutung, Düsseldorf 1960.
Röper, Carl, Lagergestaltung und Lagerhäuser, Düsseldorf 1963.
Röper, Carl, Voraussetzungen für die Güterbewegung und -steuerung im Hinblick auf automatische Zentrallager, Düsseldorf 1966.
Roosevelt, Theodore, Who is a Progressive? An Adresse at Louisville, Kentucky April 3, in: Outlook (13.04.1912).
Rossiter, Ned, Software, Infrastructure, Labor. A Media Theory of Logistical Nightmares, New York 2016.
Salzmann, Heinrich, Industrielle und gewerbliche Bauten (Speicher, Lagerhäuser und Fabriken), Bd. II: Speicher und Lagerhäuser, Leipzig 1911.
Sazenhofen, Carl von, Die moderne Lagerbuchführung nach Taylor, Leipzig 1921.
Schabacher, Gabriele, Raum-Zeit-Regime. Logistikgeschichte als Wissenszirkulation zwischen Medien, Verkehr und Ökonomie, in: Archiv für Mediengeschichte 8 (2008), S. 135–148.
Schär, Johann Friedrich, Handelskorrespondenz und Handelsbetriebslehre in Verbindung mit der Wechsel- und Schecklehre (1897), Berlin 1919.
Schaub, Hans, Geschichtliches vom Eisenbahn-Frachtbrief und seinen Vorläufern, in: SBB-Nachrichtenblatt 25/4, 25/5 (1948), S. 59–61, 75–76.
Schivelbusch, Wolfgang, Geschichte der Eisenbahnreise. Zur Industrialisierung von Raum und Zeit im 19. Jahrhundert, Frankfurt am Main 1995 [München, Wien 1977].
Schlobach, Hans-Joachim, Europalette – 60 Jahre Jubiläum durch Corona fast ver-

masselt, in: Blogistic (02.07.2021), https://blogistic.net/europalette-60-jahre-jubilaeum-durch-corona-fast-vermasselt/ [Zugriff: 15.09.2022].

Schmidt, Eberhard, Die Bedeutung des Flussprinzipes in der rationellen Produktion, in: Zwanzig Jahre Betriebswissenschaftliches Institut an der Eidgenössischen Technischen Hochschule Zürich, 1929–1949. Festgabe zum siebzigsten Geburtstag von René de Vallière am 23. März 1950, Zürich 1950, S. 76–79.

Schmidt, Eberhard, Die Bedeutung von Arbeitsfluss und Materialfluss für Betrieb und Wirtschaft, in: Industrielle Organisation 23/1 (1954), S. 29.

Schonberger, Richard, Japanese Manufacturing Techniques. Nine Hidden Lessons in Simplicity, New York 1982.

Schütz, L., Wie und womit signiert man die Versandgüter, in: Die Verpackung. Zeitschrift für Herstellung, Vertrieb und Verbrauch von Verpackungsmaterialien, -apparaten, und -maschinen 6/8 (1931), S. 122–125.

Schumpeter, Joseph Alois, Konjunkturzyklen. Eine theoretische, historische und statistische Analyse des kapitalistischen Prozesses (1939), Bde. 1+2, Göttingen 1961.

Schumpeter Column, Is the warehouse business recession-proof?, in: The Economist (22.09.2022), https://www.economist.com/business/2022/09/22/is-the-warehouse-business-recession-proof [Zugriff: 16.10.2022].

Schweizerische Studiengesellschaft für Rationellen Güterumschlag (SSRG), Jahresbericht, 1 (1955).

Seifried, Viktor, Bericht über einen Leistungs- und Kostenvergleich von Gabelstaplern, in: Fördern und Heben 3 (1953), S. 331–336.

Sennett, Richard, Der flexible Mensch. Die Kultur des neuen Kapitalismus, Berlin 1998 [New York 1998].

Sichere Transporte von Corona-Impfstoffen auf EPAL-Europaletten, EPAL Pressemitteilung vom 17. Februar 2021, https://epal.ch/de/72/epal/news/50/sichere-transporte-von-corona-impfstoffen-auf-epal-europaletten/ [Zugriff: 15.09.2022].

Siegert, Bernhard, Passagiere und Papiere. Schreibakte auf der Schwelle zwischen Spanien und Amerika, Zürich 2006.

Simon, Edmund, Kleines Packer-Magazin, Berlin 1952.

Smith, Adam, Der Wohlstand der Nationen. Eine Untersuchung seiner Natur und seiner Ursachen, München 2005 [London 1789 (5. Auflage)].

Sonndorfer, Rudolf, Die Technik des Welthandels. Ein Handbuch der internationalen Handelskunde, Wien, Leipzig 1900.

Speck, Kurt, Klaus-Michael Kühne. Ein Kosmopolit in der Urschweiz, in: Schweizerische Handelszeitung 29 (19.07.1992), S. 7.

Spediteur, in: Verein praktischer Kaufleute (Hg.), Allgemeines Handels-Lexikon oder Enzyklopädie der gesammten Handelswissenschaften für Kaufleute und Fabrikanten, Leipzig 1857, S. 580–581.

Speditores, in: Zedler, Johann Heinrich (Hg.), Grosses vollständiges Universal-Lexikon aller Wissenschaften und Künste, Bd. 38, Halle / Leipzig 1743, S. 1391 – 1393.
Sprandel, Rolf, Stapel, in: Brepolis Medieval Encyclopaedias – Lexikon des Mittelalters Online, Bd. 8, cols 59 – 60, Stuttgart [1977] – 1999.
Stapel, in: Das Deutsche Wörterbuch von Jakob und Wilhelm Grimm, 1919, Bd. 17, S. 845 – 856.
Stapel, in: Zedler, Johann Heinrich (Hg.), Grosses vollständiges Universal-Lexikon aller Wissenschaften und Künste, Bd. 39, Halle / Leipzig 1744, S. 1192 – 1194.
Star, Susan Leigh, Ruhleder, Karen, Steps Toward an Ecology of Infrastructure: Design and Access for Large Information Spaces, in: Information Systems Research 7/1 (1996), S. 111 – 134.
Star, Susan Leigh, The Ethnography of Infrastructure, in: American Behavioral Scientist 43/3 (1999), S. 377 – 391.
Steiner, André, Von Plan zu Plan. Eine Wirtschaftsgeschichte der DDR, München 2004.
Still, Tom, Deutscher Palettenpool gegründet, in: DIN-Mitteilungen. Herausgegeben vom Deutschen Normenausschuss (DNA) 39 (1960), S. 222 – 223.
Stücken, Christian, Theile, Charlotte, 126 Schränke, 32 Uhren, zwei Kinderwägen, in: Süddeutsche Zeitung (15. 04. 2015).
Sugimori, Y. et al., Toyota production system and Kanban system. Materialization of just-in-time and respect-for-human system, in: The International Journal of Production Research 15/6 (1977), S. 553 – 564.
Tanner, Alain, Les hommes du port, Schweiz, Frankreich 1995, 64 Minuten.
Tarifierung von Paletten in der DB, in: Internationale Transport Zeitschrift 3 (1953), S. 2636.
Taylor, Frederick Winslow, The principles of scientific management, New York 1911.
Taylor, Simon, Cooper, Malcolm, Barnwell, P. S., Manchester: The warehouse legacy. An introduction and guide, London 2002, https://historicengland.org.uk/images-books/publications/manchester-warehouse-legacy/ [Zugriff: 16. 10. 2022].
Tetra Pak, 1952 – 1977, Värnamo 1977.
Tetra Pak, Unternehmenswebseite, https://www.tetrapak.com/de/sustainability/planet/environmental-impact/a-value-chain-approach/sustainability-measuring-and-reporting/envir-performance-data [Zugriff: 11. 10. 2022].
The Quartermaster School, Materials Handling. A. S. F. Depot Course, Camp Lee, VA [1944].
Thompson, E. P., Time, Work-Discipline, and Industrial Capitalism, in: Past & Present 38 (Dec. 1967), S. 56 – 97.

Thorpe, George C., Pure Logistics. The Science of War Preparation, Kansas City 1917.

Thrive – The Official Blog of Personal Kanban, https://www.personalkanban.com/pk/ [Zugriff: 31.08.2022].

Tosdal, Harry R., Hand-to-Mouth Buying, in: Harvard Business Review 11/3 (1933), S. 299–306.

Toyoda, Eiji, Toyota. Fifty Years in Motion. An Autobiography, Tokio 1987.

Triebe, Benjamin, Die neue Welt der Logistik: Wer das Lieferkettenpuzzle am besten löst, wird fürstlich belohnt – so wie Kühne + Nagel, in: Neue Zürcher Zeitung (26.07.2022), https://www.nzz.ch/wirtschaft/kuehne-nagel-krise-der-lieferketten-befluegelt-logistikriesen-ld.1694931?mktcid=smsh&mktcval=Twitter [Zugriff: 31.08.2022].

Tsing, Anna, Supply Chains and the Human Condition, in: Rethinking Marxism. A Journal of Economics, Culture & Society 21/2 (2009), S. 148–176.

Tsing, Anna, What Is Emerging? Supply Chains and the Remaking of Asia, in: The Professional Geographer 2/68 (2016), S. 330–337.

United States Army Service Forces, Manual M 401, War Department, Shipping Document. Procedure for Use of War Department Shipping Document at Depots, Arsenals, Loading Plants, Ports of Embarkation and Holding and Reconsignment Points. Headquarters Army Service Forces, 25 January 1944, Washington, D. C. 1944.

United States Army Service Forces, Manual M 402, Depot Operations: Storage. Headquarters Army Services Forces, 23 October 1943, Washington, D. C. 1943.

United States Army Service Forces, Manual M 402–1, Depot Operations: Storage and Handling of Hazardous Commodities. Headquarters Army Service Forces, 10 December 1943, Washington, D. C. 1943.

United States Army Service Forces, Manual M 402–2, Depot Operations: Storage, Handling, and Packing of Engineer Supplies. Headquarters Army Service Forces, 22 February 1944, Washington, D. C. 1944.

United States Army Service Forces, Manual, M 402–3, Depot Operations. Storage and Issue of Ordonance General Supplies. Headquarters Army Service Forces, 21 August 1944, Washington, D. C. 1944.

United States Army Service Forces, Manual M 403, Station Supply Procedure. Procedure for the Requisition, Purchase, Receipt, Issue, and Shipment of Material (Except for Subsistence). Headquarters Army Service Forces, 1 September 1943, Washington, D. C. 1943.

United States Army Service Forces, Manual M 703–4, Work Simplification (Materials Handling). Headquarters Army Service Forces, 30 October 1943. Washington, D. C. 1943.

University of Illinois, Engineering Experiment Station, Papers Presented at the

First Short Course on Industrial Packaging and Materials Handling. Held at Chicago October 4, 5, 6, and 7, 1948. Conducted by the Department of Mechanical Engineering and the Extension Division of the University. Sponsored in Cooperation with the Society of Industrial Handling Packaging and Materials Handling Engineers, University of Illinois, Urbana [etc.] 1948.

Unsichtbares Komitee, An unsere Freunde, Hamburg 2015 [Paris 2012].

Urban, Michael A., Pažitka, Vladímir, Ioannou, Stefanos, Wójcik, Dariusz, The Financial Geography of Resilience: A Case Study of Goldman Sachs, in: Annals of the American Association of Geographers 112/6 (2022), S. 1593–1613.

Vallbracht, W., Entwicklungsrichtungen in der neuzeitlichen Lagertechnik, in: Krippendorff, Herbert (Hg.), Das automatisierte Lager. Tagung vom 7. Juni 1966 im Haus der Technik Essen, Essen 1966.

Vec, Miloš, Kurze Geschichte des Technikrechts, in: Schulte, Martin (Hg.), Handbuch des Technikrechts, Berlin et al. 2003, S. 3–60.

Vec, Miloš, Recht und Normierung in der Industriellen Revolution. Neue Strukturen in der Normsetzung in Völkerrecht, staatlicher Gesetzgebung und gesellschaftlicher Selbstnormierung, Frankfurt am Main 2006.

Venturi, Robert, Brown, Denise Scott, Izenour, Steven, Learning from Las Vegas, Cambridge, Mass. 1972.

Vetter, Horst, Palettenverkehr, sein Weg und Ziel, Berlin 1964.

Vismann, Cornelia, Kulturtechnik und Souveränität, in: Zeitschrift für Medien- und Kulturforschung 1 (2010), S. 171–181.

Vogel, Walter et al. (Hg.), Zwanzig Jahre Betriebswissenschaftliches Institut an der Eidgenössischen Technischen Hochschule Zürich, 1929–1949. Festgabe zum siebzigsten Geburtstag von René de Vallière am 23. März 1950, Zürich 1950.

Weicken, Carl, Die Wirtschaftlichkeit der Verpackung, Berlin 1929.

Werbung für Steel Strapping Equipment von Stanley, in: Flow (September 1949), S. 10.

Werbung für Stuebing Cowan Lift Trucks, in: Distribution Economy. Commodity Handling and Movement from Line of Production to Point of Sale, December (1929), S. 71.

Westermann, Andrea, Plastik und politische Kultur in Westdeutschland, Zürich 2007.

When the chain breaks, in: The Economist (17. 06. 2006), https://www.economist.com/special-report/2006/06/17/when-the-chain-breaks [Zugriff: 16. 09. 2020].

Whitin, Thomson M., The Theory of Inventory Management, Princeton, N. J. 1953.

Wildemann, Horst, Flexible Werkstattsteuerung durch Integration von KANBAN-Prinzipien, München 1984.

Wildhaber, O., Die Kundenpalette im Güterdienst, in: SBB–Nachrichtenblatt 30/10 (1953), S. 154–157.

Wilson, R. H., A Scientific Routine for Stock Control, in: Harvard Business Review 13 (1934), S. 116–128.
Womack, James P., Jones, Daniel T., From Lean Production to the Lean Enterprise, in: Harvard Business Review 2/72 (1994), S. 93–103.
Word and Deed Webseite, https://word-and-deed.org/ [Zugriff: 31. 08. 2022].
Wundram, Oskar, Palettisierung, in: Fördern und Heben 4/10 (1954), S. 717.
Yale Digital Humanities Lab, Photogrammar, https://photogrammar.org.
Zakim, Michael, Accounting for Capitalism. The World the Clerk Made, Chicago 2018.
Ziel, Jan, Erinnerung bekommt einen Ort, in: taz–Die Tageszeitung (01. 01. 2022), https://taz.de/Bremer-Arisierungs-Mahnmal-wird-gebaut/!5829472/ [Zugriff: 31. 08. 2022].
Zimmer, George Frederick, Mechanical Handling of Materials, New York 1905.
Zimmer, George Frederick, The Mechanical Handling & Storing of Material. A Treatise on the Automatic and Semi-Automatic Handling and Storing of Commercial Products, London 1932.
Zürcher Lagerhaus AG, in: Basler Nachrichten 91 (25. 02. 1913).

Bildnachweise

1. Stillstand inmitten des Materialflusses: Zur Einleitung

Bild 1:
Das blockierte Containerschiff *Ever Given* am Suezkanal, 29. März 2021.
Bildnachweis: Maxar / Getty.

2. Vom Zentrum der Industriestadt auf den grünen Acker: Das Warenlager

Bild 2:
Einweihung des neuen Export-Sammelzentrums von Philips nahe des niederländischen Dorfes Acht, 1958.
Bildnachweis: Royal Philips / Philips Company Archives
RK2771 - 15, Expeditie, opening Expeditiecentrum Acht door Minister Witte, 10 - 1958, 33, 728. 1.

Bild 3:
Neonleuchtschrift »expeditie buitenland«, Export-Sammelzentrum von Philips, 1962.
Bildnachweis: Royal Philips / Philips Company Archives
Philipps_RK6362 - 6, Expeditie Buitenland, Acht, 1962, 33.

Bild 4:
Platten- und Balkenversuche auf dem Werkplatz der Firma Maillart & Cie in Zürich-Wiedikon, 1908.
Bildnachweis: ETH Bibliothek, Bildarchiv
Hs_1085 - 1908 - 5 - 37.

Bild 5:
Platten- und Balkenversuche auf dem Werkplatz der Firma Maillart & Cie in Zürich-Wiedikon, 1908.
Bildnachweis: ETH Bibliothek, Bildarchiv
Hs_1085-1908-5-345.

Bild 6:
Lagerhaus Giesshübel in Zürich, 1910.
Bildnachweis: ETH Bibliothek, Bildarchiv
Hs_1085-1910-3-360A-A.

Bild 7:
Lagerhaus Giesshübel in Zürich, 1910.
Bildnachweis: ETH Bibliothek, Bildarchiv
Hs_1085-1910-3-363.

Bild 8:
Lagerhaus Giesshübel in Zürich, 1910.
Bildnachweis: ETH Bibliothek, Bildarchiv
Hs_1085-1910-3-366.

Bild 9:
Freilager Albisrieden in Zürich, 1924 bis 1926.
Bildnachweis: ETH Bibliothek, Bildarchiv
Hs_1085-1924/26-1_Foto_2.

Bild 10:
Le Corbusier, *Vers une architecture*, 1923.
Bildnachweis: Le Corbusier, Vers une architecture. Nouvelle édition revue et augmentée, Paris 1925 [1923], S. 11.

Bild 11:
Getreideelevatoren in Dumas (Texas), Juli/August 1936. Fotograf: Arthur Rothstein.
Bildnachweis: Library of Congress, LC-USF34-005254-D.

Bild 12:
Nachschubmanöver im Flussdiagramm, Army Service Forces, Control Manual. Work Simplification (Materials Handling), Washington, D.C. 1943.
Bildnachweis: United States Army Service Forces, Manual M703–4 Control Manual. Work Simplification (Materials Handling), Headquarter, Army Service Forces, 30. Oktober 1943, Washington, D.C. 1943, S. 8f.

Bild 13:
Versandhalle mit Steuerzentrum unter dem Kuppeldach von Heinz Isler, Coop Gebrauchsgüterzentrum, Wangen. Fotograf: Heinz Isler.
Bildnachweis: gta Archiv, Büro- und Privatnachlass von Heinz Isler.

Bild 14:
Werbung von GGK für IBM, 1971.
Bildnachweis: Grafiksammlung, Museum für Gestaltung Zürich, ZHdK.

3. Vom Transportstandard zur wilden Infrastruktur: Die Europalette

Bild 15:
David Cameron auf Europalette, 14. Mai 2016.
Bildnachweis: REUTERS / Eddie Keogh.

Bild 16:
Ersetzung von Handarbeit durch Material Handling in den 1920er Jahren, Werbung von Stuebing Cowan Co.
Bildnachweis: *Materials Handling and Distribution*, Dezember 1929, S. 71.

Bild 17:
»This is a Pallet.« Transportbretter transportieren auch amerikanische visuelle Kulturen und Rationalisierungsmethoden mit nach Europa, Army Services Manual, 1943.
Bildnachweis: United States Army Service Forces, Manual M703–4 Control Manual. Work Simplification (Materials Handling), Headquarter, Army Service Forces, 30. Oktober 1943, Washington, D.C. 1943, S. 77.

Bild 18:
Vom Fließband zum Materialfluss. Werbung der Automatic Transportation Company, Chicago, 1945.
Bildnachweis: *Flow* (October 1945), S. 1.

Bild 19 und 20:
Qualifikation durch Technisierung? Güterdienstarbeit mit Sackwagen und Hubfahrzeug bei den SBB, 1950er Jahre.
Bildnachweis: SBB Historic, Windisch: SBB41 b, P 127 und SBB R 3157, 5.

Bild 21:
Zwei auf einer Straße aufgestellte Paletten zur Freihaltung von Parkplätzen in Bukarest. Zeichnung: Oana Lohan.
Bildnachweis: Oana Lohan.

Bild 22:
Notwege mit Paletten nach Überflutung des Dorfes Stansstad durch den Vierwaldstättersee im Sommer 2021.
Bildnachweis: KEYSTONE / Urs Flüeler.

4. Vom Frachtzeichen zum Haken: Die Verpackung

Bild 23:
Kartonstück aus dem Konvolut Piktogramme zum Thema Transport. Konzept und Sammlung: Hans-Rudolf Lutz, 1975–1990.
Bildnachweis (Foto): Grafiksammlung, Museum für Gestaltung Zürich, ZHdK, KV LUTZ 26_5.

Bild 24:
Die Verpackung der Verpackung der Verpackung, *Typografische Monatsblätter*, 1983.
Bildnachweis: Hans-Rudolf Lutz, Die Verpackung der Verpackung der Verpackung, in: *Typografische Monatsblätter*, in: *Schweizer Grafische Mitteilungen* 102/2 (1983), S. 14.

Bild 25:
NO HOOK, aus dem Konvolut Piktogramme zum Thema Transport. Konzept und Sammlung: Hans-Rudolf Lutz, 1975–1990.
Bildnachweis: Grafiksammlung, Museum für Gestaltung Zürich, ZHdK, A LUTZ 2–3, NO HOOK.

Bild 26:
Paket mit Frachtbriefen von 1825 im Schweizerischen Wirtschaftsarchiv in Basel.
Bildnachweis: Schweizerisches Wirtschaftsarchiv, Basel. HS 345 M 211 Firmenarchiv J. S. Alioth & Cie. Briefe an die Firma.

Bild 27:
Rückseite eines gefalteten Frachtbriefs aus Lindau, 1775.
Bildnachweis: Schweizerisches Wirtschaftsarchiv, Basel. HS 17 Sammlung diverser Frachtbriefe, Zollpapiere, Transportscheine und Speditionsbücher (1727–1857).

Bild 28:
Vorderseite eines Frachtbriefs aus Schaffhausen, 1760.
Bildnachweis: Schweizerisches Wirtschaftsarchiv, Basel. HS 17 Sammlung diverser Frachtbriefe, Zollpapiere, Transportscheine und Speditionsbücher (1727–1857).

Bild 29:
Frachtbrief aus Lindau mit aufgeklebtem Zollschein Nr. 98, 1775.
Bildnachweis: Schweizerisches Wirtschaftsarchiv, Basel. HS 17 Sammlung diverser Frachtbriefe, Zollpapiere, Transportscheine und Speditionsbücher (1727–1857).

Bild 30:
Frachtbrief aus Lindau, mit Monogrammen und Zeichen, 1775.
Bildnachweis: Schweizerisches Wirtschaftsarchiv, Basel. HS 17 Sammlung diverser Frachtbriefe, Zollpapiere, Transportscheine und Speditionsbücher (1727–1857).

Bild 31 und 32:
Speditionsbuch der Firma Johann Georg Ewig aus Basel, 1834–1852.
Bildnachweis: Schweizerisches Wirtschaftsarchiv, Basel. HS 17 Z Sammlung diverser Frachtbriefe, Zollpapiere, Transportscheine und Speditionsbücher (1727–1857).

Bild 33:
Frachtbrief mit Fuhrwerk, Schiffen und Eisenbahn, 1852.
Bildnachweis: Schweizerisches Wirtschaftsarchiv, Basel Vo L I 5b Speditionsgewerbe: Frachtbriefe, Dokumentensammlung (1820–1989).

Bild 34:
Schweizerische Eisenbahnen, Eilgutfrachtbrief, 1866.
Bildnachweis: Schweizerisches Wirtschaftsarchiv, Basel Vo L I 5b Speditionsgewerbe: Frachtbriefe, Dokumentensammlung (1820–1989).

Bild 35:
Werbung für Stanley Steel Strapping Equipment, 1949.
Bildnachweis: *Flow* (September 1949), S. 10.

Bild 36:
Rationalisierung des Blicks. Werbung für Schablonenstanz-Maschinen, Diagraph-Bradley, St. Louis, 1947.
Bildnachweis: *Flow* (May 1947), S. 2.

Bild 37:
DIN 55402, Markierungszeichen für nicht gefährliche Güter, 1961.
Bildnachweis: W. Gampe, Normung der Zeichen für die Markierung nicht gefährlicher Güter, in: *DIN-Mitteilungen* 40/5 (1961), hrsg. vom Deutschen Normenausschuss (DNA), S. 257.

Bild 38:
Bildzeichen für zerbrechliche Güter im Buch *Die Hieroglyphen von heute*, 1990.
Bildnachweis: Hans-Rudolf Lutz, Rudolf Barmettler, Walter Keller, *Die Hieroglyphen von heute. Grafik auf Verpackungen für den Transport*, Zürich 1990, S. 354.

Bild 39:
Vielfalt im Standard, Pfeile aus dem Buch *Die Hieroglyphen von heute*, 1990.
Bildnachweis: Hans-Rudolf Lutz, Rudolf Barmettler, Walter Keller, *Die Hieroglyphen von heute. Grafik auf Verpackungen für den Transport*, Zürich 1990, S. 329.

5. Von den Kanban-Karten zu den Lieferketten: Just in Time

Bild 40:
Kanban-Karten im Lager der Motomachi-Fabrik von Toyota.
Bildnachweis: Toyota Motor Corporation (TMC).

Bild 41:
Ordering-point calculator: Eine Drehscheibe zur Ermittlung des optimalen Bestellzeitpunkts, 1934.
Bildnachweis: R. H. Wilson, A Scientific Routine for Stock Control, in: *Harvard Business Review* 13 (1934), S. 119.

Bild 42:
Kanban-Karte eines Zulieferers von Toyota: Bestellkarte der Ohashi Iron Works, 1978.
Bildnachweis: Taiichi Ōno, *Toyota Production System. Beyond Large Scale Production*, Cambridge Mass., Norwalk, Conn. 1988 [Tokyo 1978], S. 27.

Bild 43:
Das Netz der Zulieferbetriebe der Handelsfirma Li & Fung aus Hongkong, 1998.
Bildnachweis: Joan Magretta, Fast, Global, and Entrepreneurial: Supply Chain Management, Hong Kong Style. An interview with Victor Fung, in: *Harvard Business Review* 76/5 (1998), S. 107.

Bild 44:
Post-it-Kanban-Zettel für die Projektplanung des Medien-Start-ups *Republik*, 2017.
Bildnachweis: Republik / Laurent Burst.

6. Am Ende der Lieferketten: Zum Schluss

Bild 45:
Werbung von Goldman Sachs im Magazin *The New Yorker*, 2010.
Bildnachweis: *The New Yorker*, 8. November 2010, S. CV3.

Bild 46:
Manhattan Mini Storage, New York City, Mai 2010.
Bildnachweis: Monika Dommann

Register